BMW 316, 318 i

ab November 1982

1 Allgemeines

1.1 Einführung

Die Neuauflage der Serie 3 von BMW brachte zahlreiche Änderungen an Karosserie (aerodynamischer, leichter), Getriebe (längere Übersetzungen), Motoren (mehr Elektronik) und Aufhängung (feinere Abstimmung). Das Debüt erfolgte im November 1982. Im Herbst 1983 war der 3er erstmals auch mit vier Türen lieferbar. Auch auf technischer Seite veränderte sich die 3er Reihe in den letzten Jahren stetig (verschiedene Einspritzanlagen, elektronische Zündung und Vergaser, Katalysatortechnik usw.). Im Herbst 1984 bereicherte BMW die bewährte Modell-Palette um zwei Katalysator-Ausführungen; der BMW 318i und der 325e wurden lanciert. Sie stellen eine Entwicklung dar, die für eine fortschrittsorientierte Firma wie BMW nur logisch ist. In dieser Reparaturanleitung werden nur die Modelle 316 und 318i mit Vierzylindermotoren behandelt. Nachstehende Tabelle zeigt die wichtigsten Daten dieser Vierzylinder-Modelle:

Modelljahr 1983	*316*	*318i (ausser Schweiz)*	*318i (Schweiz)*
Hubraum	1767 ccm	1767 ccm	1767 ccm
Bohrung	89 mm	89 mm	89 mm
Hub	71 mm	71 mm	71 mm
Zylinderzahl	4 in Reihe		
Anzahl Kurbelwellenlager	5		
Leistung bei /min	90 PS 5500	105 PS 5800	102 PS 5800
Drehmoment bei /min	14,3 mkp 4000	14,8 mkp 4500	13,8 mkp 4500
Verdichtung	9,5:1	10,0:1	9,3:1

Modelljahr 1983	*316*	*318i (ausser Schweiz)*	*318i (Schweiz)*
Oktanbedarf	Super	Super	Super
Kraftstoff-aufbereitung	Vergaser Solex 2 B 4	Einspritzung Bosch K-Jetronic	
Hinterachs-übersetzung	3,64:1	3,64:1	3,64:1

Modelljahr 1984	*316*	*318i*
Hubraum	1767 ccm	1767 ccm
Bohrung	89 mm	89 mm
Hub	71 mm	71 mm
Zylinderzahl	4 in Reihe	
Anzahl Kurbel-wellenlager	5	
Leistung bei /min	90 PS 5500	105 PS 5800
Drehmoment bei /min	14,3 mkp 4000	14,8 mkp 4500
Verdichtung	9,5:1	9,5:1
Oktanbedarf	Super	Super
Kraftstoff-aufbereitung	Vergaser Pierburg 4/2 BE (elektronisch)	Einspritzung Bosch L-Jetronic
Hinterachs-übersetzung	3,64:1	3,64:1

Modelljahr 1985	*316*	*318i*	*318i Kataly-sator*
Hubraum	1767 ccm	1767 ccm	1767 ccm
Bohrung	89 mm	89 mm	89 mm
Hub	71 mm	71 mm	71 mm
Zylinderzahl	4 in Reihe		
Anzahl Kurbel-wellenlager	5		
Leistung bei /min	90 PS 5500	105 PS 5800	102 PS 5700
Drehmoment bei /min	14,3 mkp 4000	14,8 mkp 4500	14,2 mkp 4500
Verdichtung	9,5:1	9,5:1	9,3:1
Oktanbedarf	Super	Super	Normal unverbleit
Kraftstoff-aufbereitung	Vergaser Pierburg 4/2 BE (elektro-nisch)	Einspritzung Bosch LE-Jetronic	
Hinterachs-übersetzung	3,91:1	3,64:1 oder 3,91:1	

1.2 Fahrzeugerkennung

Bild 1 zeigt die Lage der verschiedenen Nummern und Kennzeichnungen am Fahrzeug. Das Typenschild, die Fahrgestellnummer und die Farb-Referenz befinden sich im Motorraum auf der Innenseite des rechten Kotflügels. Die Motornummer ist hinten links in den Kupplungsflansch des Motors eingeschlagen. Beim Bestellen von Ersatzteilen ist die Angabe der Ersatzteilnummer, Motor- und Fahrgestellnummer sowie des Jahrgangs des Fahrzeuges unerlässlich, da der Hersteller, im Sinne von Verbesserungen, oft kleine Änderungen an den Fahrzeugen vornimmt.

1.3 Allgemeine Anweisungen bei Reparaturen

Die Beschreibungen in dieser Reparaturanleitung sind in einfacher Weise und allgemein verständlich gehalten. Die Mass- und Einstelltabelle (Kapitel 20) sowie die Anzugsdrehmoment-Tabelle (Kapitel 21)

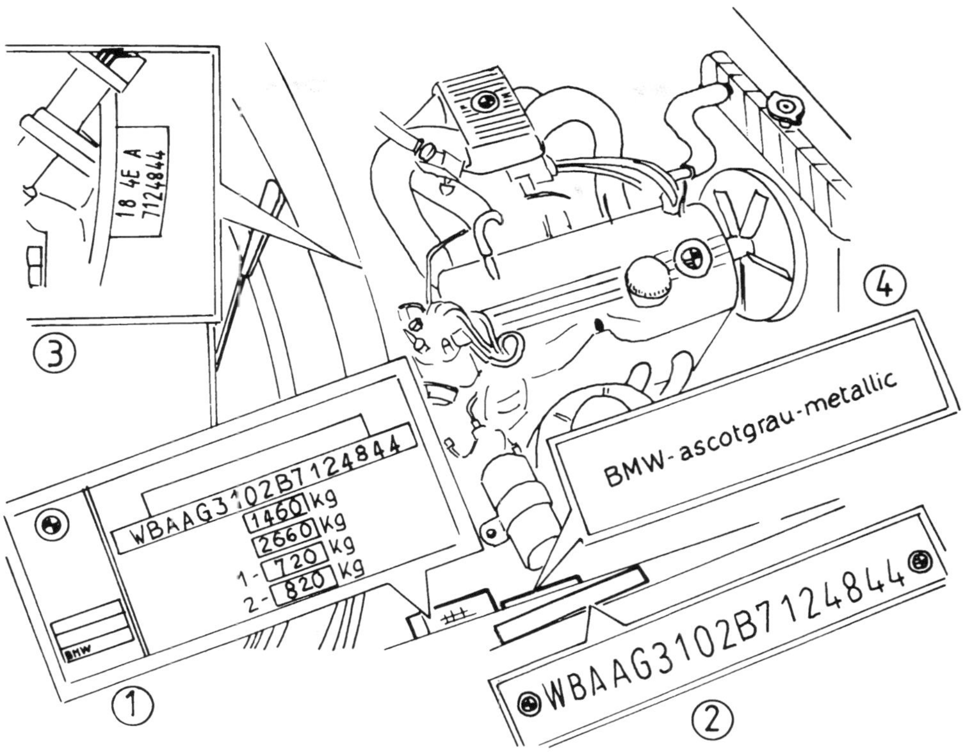

Bild 1
Identifizierungsnummern

1 Typenschild
2 Seriennummer
3 Motornummer
4 Farbcode

sind hierbei wichtige Hilfen, die bei allen Arbeiten am Fahrzeug hinzugezogen werden müssen. Einfache Handgriffe wie zum Beispiel «Motorhaube öffnen» werden nicht immer erwähnt, da diese als selbstverständlich vorauszusetzen sind. Dagegen befasst sich der Text ausführlich mit schwierigen Arbeiten. Hier folgend eine Reihe wichtiger Hinweise, die bei jeder Reparatur beachtet werden sollten:

- Schrauben und Muttern sind immer in sauberem Zustand und leicht eingeölt zu verwenden. Mutternflächen und Gewindegänge immer auf Beschädigungen untersuchen und vorhandene Grate entfernen. Im Zweifelsfalle neue Schrauben und Muttern verwenden. Einmal gelöste selbstsichernde Muttern sollten immer ersetzt werden. Hartnäckig festsitzende Schrauben können meist mit Kriechspray gelöst werden. Ausgerissene, defekte Gewinde können mit einem Helicoil-Einsatz repariert werden (siehe Kapitel 1.5).
- Stets die in der Anzugsdrehmoment-Tabelle (Kapitel 20) erwähnten Anzugsmomente einhalten. Diese Werte sind in gleichen Gruppen zusammengefasst wie die Abschnitte in dieser Reparaturanleitung. Sie lassen sich somit leicht auffinden.
- Alle Dichtscheiben, Dichtungen, Sicherungsbleche, Sicherungsscheiben, Splinte und «O»-Dichtringe (Rundschnurringe) sind beim Zusammenbau zu erneuern. Auf die Dichtungen für einwandfreie Abdichtung Dichtungsmasse auftragen. Öldichtringe (Radialdichtringe, Simmerringe) sollten immer erneuert werden. Die Lippe eines Dichtringes ist vor dem Zusammenbau mit Fett einzuschmieren. Sie muss in die Richtung weisen, aus welcher Öl oder Fett austreten kann.
- Hinweise auf die rechte und linke Seite des Fahrzeuges beziehen sich auf die Fahrtrichtung bei Vorwärtsfahrt.
- Ganz besonders ist darauf zu achten, dass bei Arbeiten am hochgebockten Wagen für eine sichere Unterstützung des Fahrzeuges gesorgt wird und die nicht hochgebockten Räder gegen Wegrollen gesichert werden. Der Bordwagenheber ist nur zum Radwechsel unterwegs vorgesehen. Falls er dennoch bei Reparaturen zu Hilfe genommen wird, ist lediglich der Wagen damit anzuheben und dann auf geeignete Montageblöcke abzulassen.
- Fette, Öle, Unterbodenschutz und alle mineralischen Substanzen wirken auf Gummiteile des Fahrzeuges und der Bremsanlage aggressiv. Besonders von den Teilen der hydraulischen Anlage sind solche Mittel, zu denen auch Kraftstoff gehört, fernzuhalten. Für Reinigungsarbeiten an der Bremsanlage soll nur Bremsflüssig-

keit oder Spiritus verwendet werden. Hierbei sei aber darauf verwiesen, dass Bremsflüssigkeit giftig ist und z. B. Autolacke auflöst.

- Zur Erzielung der besten Reparaturergebnisse ist die Verwendung von Original-Ersatzteilen Voraussetzung. Um späteren Schwierigkeiten aus dem Weg zu gehen, sollte der Einbau irgendwelcher Fremdprodukte unterbleiben.
- Bei Bestellungen von Ersatz- und Austauschteilen müssen die genauen Modellbezeichnungen mit Fahrgestell-Nummer, gegebenenfalls die Motornummer und das Baujahr angegeben werden. Damit beschleunigt man die Bestellung, und das Beziehen von falschen Teilen wird vermieden.
- Wenn eine komplizierte Baugruppe zerlegt werden soll, sind für den späteren Zusammenbau mittels geeignetem Mittel Markierungen an geeigneten Stellen anzubringen. Dabei ist zu beachten, dass die Funktion der Baugruppe nicht gefährdet werden darf.
- Alle Arbeiten am Auto, besonders solche an der Bremsanlage und an der Lenkung, sind mit Sorgfalt und Umsicht auszuführen. Die Verkehrssicherheit des Fahrzeuges muss nach jeder Reparatur gewährleistet sein.

1.4 Arbeitsbedingungen und Werkzeuge

Um eine Generalüberholung durchzuführen, benötigt man einen sauberen, gut beleuchteten Arbeitsplatz mit Werkbank und Schraubstock. Vor der Demontage sollten Motor- und Getriebegehäuse sauber sein, um ein Eindringen von Schmutz zu verhindern. Es soll auch genügend Platz vorhanden sein, um die verschiedenen Komponenten auszulegen und zu ordnen. In einer guten Werkstatt kann die Maschine in einer sauberen Umgebung zerlegt und wieder zusammengebaut werden.

Wer selbst an seinem Auto Reparaturen vornimmt, braucht einen Wagenheber, vier Böcke und ein gutes, stabiles Werkzeug. Neben einer Grundausrüstung sind immer einige Spezialwerkzeuge notwendig. Billiges Werkzeug kann auf weite Sicht teuer werden, falls man damit abrutscht oder es zerbricht und dabei teuren Schrott baut. Die Grundlage jedes Werkzeugsets ist ein Satz Ringgabelschlüssel. Stecknüsse stellen ebenfalls eine lobenswerte Investition dar. Weitere notwendige Werkzeuge sind ein Satz Kreuzschlitzschraubenzieher und normale Schraubenzieher. Nützlich sind ebenfalls eine Gripzange, eine rückschlagfreier Hammer und ein paar spezielle Werkzeuge, wie ein Schlagschraubenzieher und ein Drehmomentschlüssel.

Viele Arbeiten lassen sich nicht ohne die richtige Ausrüstung ausführen. Diese Ausrüstung beinhaltet zum Beispiel eine Fühlerlehre, eine Schublehre, ein Schliesswinkel- und Vielfachmessgerät, eine Zündblitzpistole, ein Batterieladegerät, eine Messuhr mit entsprechendem Zubehör oder sogar ein CO-Messgerät. Man muss im einzelnen selbst entscheiden, ob sich eine Anschaffung lohnt.

Obschon in dieser Reparaturanleitung gezeigt wird, wie sich verschiedene Komponenten auch ohne Spezialwerkzeuge aus- und einbauen lassen (falls nicht unbedingt nötig), empfiehlt es sich, die Anschaffung der gebräuchlichsten Spezialwerkzeuge in Betracht zu ziehen. Dies wird sich besonders dann lohnen, wenn man das Auto über längere Zeit behalten will. Auch mit den vorgeschlagenen improvisierten Methoden und Werkzeugen lassen sich verschiedene Teile ohne Gefahr von Beschädigungen aus- und einbauen. In jedem Falle lässt sich aber mit den Spezialwerkzeugen, die vom Hersteller produziert und verkauft werden, von vornherein Zeitverlust (und Ärger) sparen.

1.5 Erneuerung von Leichtmetallgewinden

Abgenützte oder beschädigte Gewinde können durch den Einbau von Helicoil-Gewinden (Bild 2) wieder instandgesetzt werden. Im wesentlichen umfasst die Reparatur das Aufbohren der beschädigten Gewinde, das Gewindeschneiden mit einem Spezialbohrer und den Einbau des Helicoil-Gewindeeinsatzes ins neue Gewindeloch.

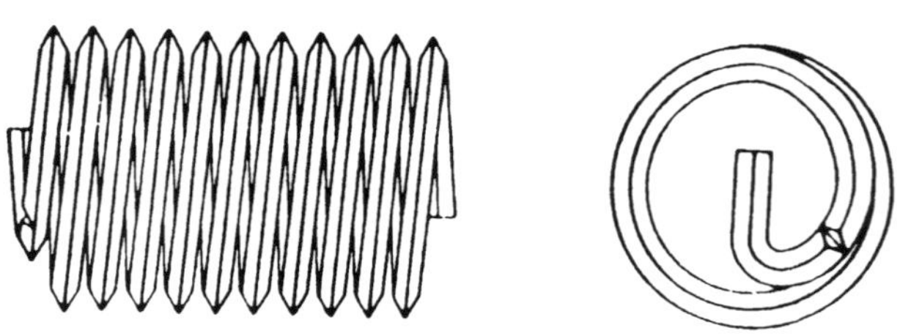

Bild 2
Helicoil-Gewindeeinsatz

2 Der Motor

Die BMW-Motoren der Vierzylinderreihe sind bewährte und äusserst ausgereifte Antriebsaggregate. Der Vierzylinder wird heute nur noch in einer Hubraumvariante hergestellt, nämlich als 1767ccm-Motor in verschieden «getunten» Ausführungen. In diesem Motor mit Zylinderblock aus Grauguss und Zylinderkopf aus Leichtmetall liegt einiges an Reserve, wurde er doch im Verlaufe der Zeit in Leistungsstufen von 75 bis 170 PS gebaut. Die Stahlkurbelwelle ist fünffach gelagert, und die Kolben bestehen aus Leichtmetall. Die V-förmig im Zylinderkopf hängenden Ventile werden über Kipphebel direkt von der Nockenwelle betätigt. Einzig der Antrieb der Nockenwelle zeigt, dass der Motor keine Neukonstruktion ist, denn diese wird nach altbewährter Art über eine Rollenkette angetrieben. Eine zweite Kette treibt die in der Ölwanne liegende Ölpumpe an. Der Zündverteiler und die eventuell vorhandene mechanische Kraftstoffpumpe werden von der Nockenwelle aus getrieben. Damit entfällt die bei den meisten OHC-Motoren vorhandene Nebenantriebswelle, die zusätzliche Reibungsverluste bringt. Bild 3 zeigt die einzelnen Teile im Innern dieses standhaften Motors.

2.1 Aus- und Einbau des Motors

Da der Motor ein schweres Bauelement darstellt, soll ein Ausbau nur vorgenommen werden, wenn man über einen geeigneten Flaschenzug verfügt. Beim Ausbau des Motors ist folgendermassen vorzugehen:

- Motorhaube ausbauen.
- Getriebe ausbauen (Kapitel 8.1).
- Massekabel von der Batterie abklemmen.
- Bei Modellen mit Servolenkung die Servopumpe lösen und auf die Seite drücken.
- Luftfilter abbauen.
- Kabel von der Zündspule abziehen. Kabelbaum aus Halterungen aushängen. Stecker der elektronischen Zündung ausziehen.
- Elektrische Stecker an den Einspritzventilen, am Zusatzluftschieber unter Ansaugkollektor und gegebenenfalls am Kaltstartventil abziehen (wenn jeweils vorhanden).
- Unterdruckschlauch von Zündverteiler abziehen.
- Kraftstoffleitungen abklemmen.
- Pluskabel am Anlasser lösen und durch Öse nach vorne ziehen.

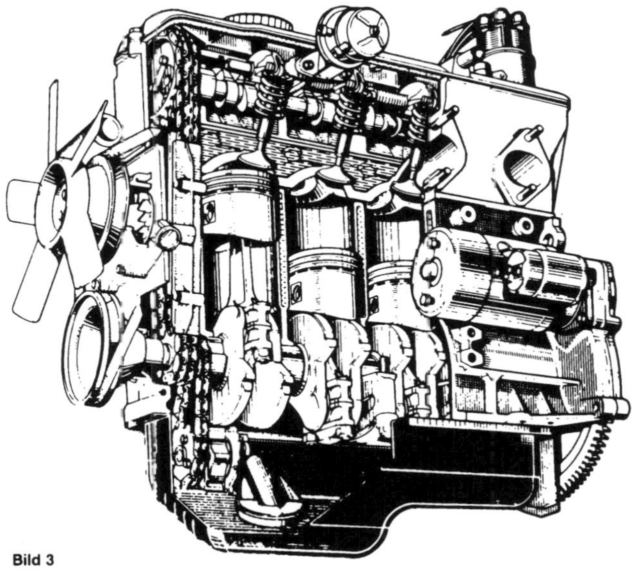

Bild 3
Teilschnitt durch den Motor

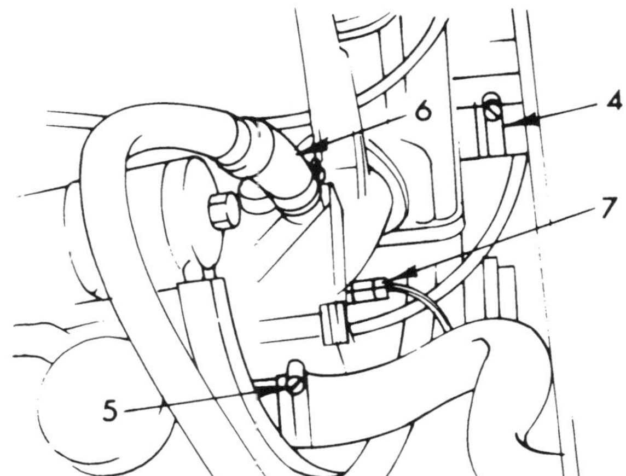

Bild 4
Einzelheiten zum Motorausbau

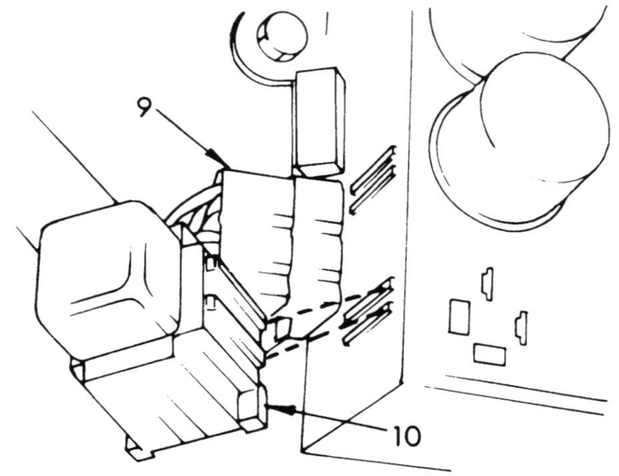

Bild 5
Einzelheiten zum Motorausbau

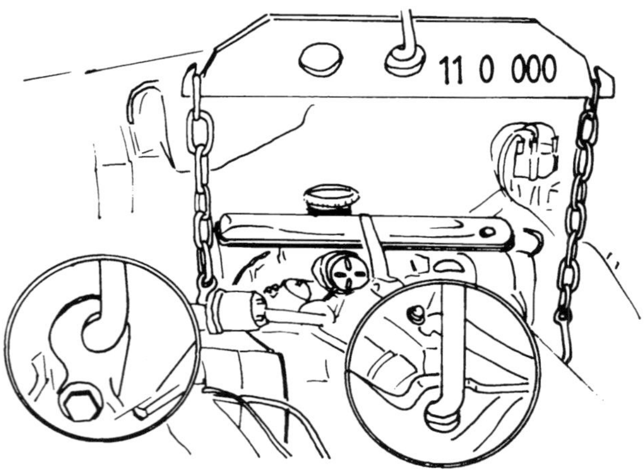

Bild 6
Herausheben des Motors

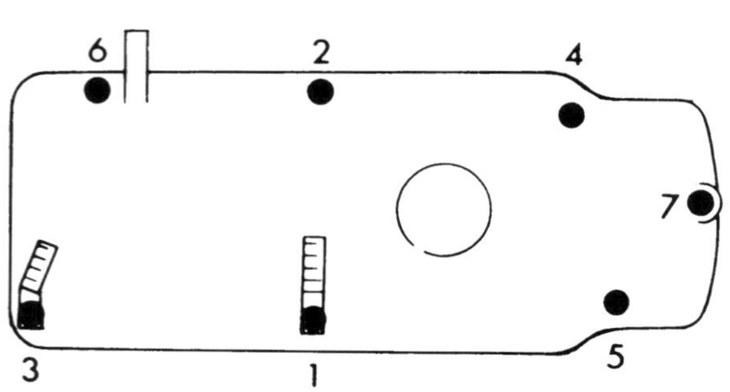

Bild 7
Zylinderkopfhaube

- Warmwasserschläuche (4) und (5) in Bild 4 abbauen. Unterdruckschlauch (6) und Kabel (7) abziehen (hier am Beispiel des Vergaser-Motors).
- Mutter der Gaszughalterung lösen und den Bowdenzug seitwärts herausnehmen.
- Schutzdeckel abnehmen und Zentralstecker (9) und Stecker (10) in Bild 5 abziehen bzw. herausheben. Kabelbaum aus Halterung am Radhaus herausnehmen.
- Heber vorne und hinten in die Halteösen des Motors einhängen (Bild 6).
- Massekabel vom Motorträger links abbauen. Mutter der Motorlagerung links lösen. Eventuell Motordämpfer oben abbauen.
- Motorlagerung rechts lösen und Motor mit Hilfe des Hebers nach vorne-oben ausbauen.

Der Einbau erfolgt in umgekehrter Reihenfolge. Dabei vorgeschriebene Anzugsmomente beachten. Nach dem Einbau den Gaszug einstellen.

2.2 Zylinderkopf

2.2.1 Aus- und Einbau des Zylinderkopfes

Zu dieser Arbeit braucht der Motor nicht ausgebaut zu werden. Beim Ausbau des Zylinderkopfes folgendermassen vorgehen:

- Luftfiltergehäuse abbauen. Luftschlauch am Luftmengenmesser lösen (nur 318i).
- Unterdruckschläuche abziehen.
- Muttern und Schrauben (1 bis 7 in Bild 7) lösen und Zylinderkopfhaube ausbauen.
- Massekabel von der Batterie lösen.
- Kühlwasser ablassen.
- Wasserschläuche (1) und (2) in Bild 8 sowie Kabel (3) abbauen.

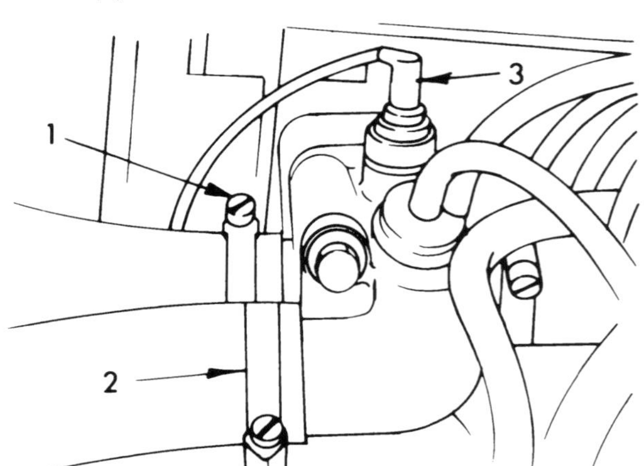

Bild 8
Einzelheiten zum Zylinderkopfausbau

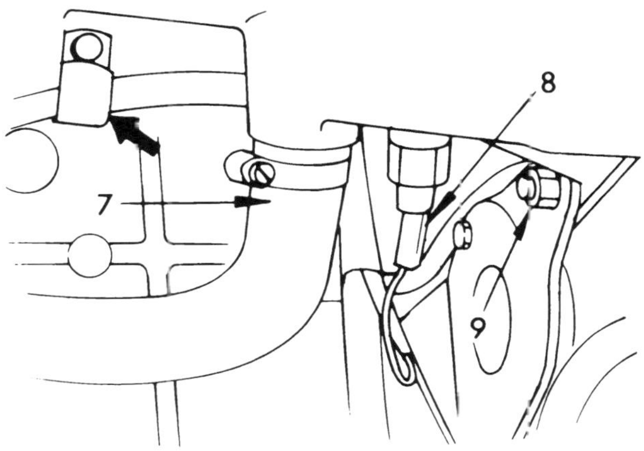

Bild 9
Einzelheiten zum Zylinderkopfausbau

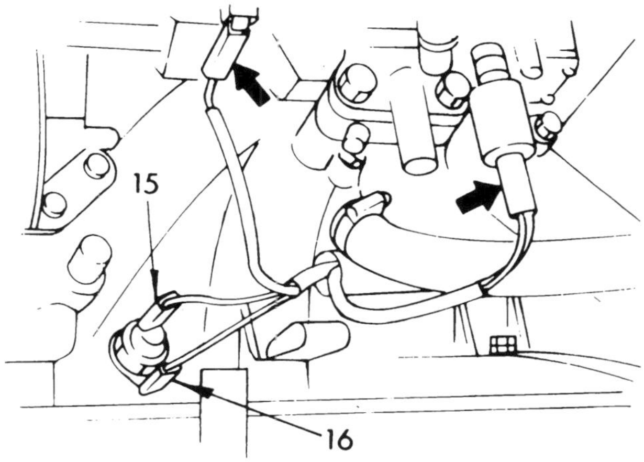

Bild 10
Einzelheiten zum Zylinderkopfausbau

- Wasserschlauch (7) abbauen, Kabel (8) abziehen und Schraube (9) lösen (siehe Bild 9). Kabelbaum aushängen.
- Vor- und Rücklaufschlauch der Kraftstoffversorgung von der Kraftstoffpumpe resp. vom Rücklaufventil abbauen (ausser 318i).
- Halterung des Ölmessstabes lösen.
- Kraftstoffleitungen an Einspritzventilen und Kaltstartventil lösen (nur 318i); Kaltstartventil kann fehlen (LE-Jetronic).
- Schlauch am Zusatzluftschieber abklemmen (nur 318i).
- Grün-weisses Kabel vom Thermostatventil des Vergasers abziehen (wenn vorhanden).
- Gaskabel entfernen.
- Den Stecker am Zündverteiler der elektronischen Zündung ausziehen.
- Kabel vom Öldruckschalter abziehen und Kabelbaum aus der Halterung herausnehmen.
- Wasserschläuche vom Zylinderkopf und gegebenenfalls Vergaser abbauen.
- Anlasserbefestigung am Ansaugkollektor lösen (ausser 318i).
- Kabel vom Leerlaufabschaltventil und Startautomatik abziehen (siehe Pfeile in Bild 10); Kabel (15) und (16) vom Lufttemperaturschalter abziehen; Kabelbaum durch die Öffnung am Ansaugkrümmer nach unten herausziehen (alles nur, wenn vorhanden).
- Oberen Räderkastendeckel abbauen.
- Verteilerdeckel abnehmen und Kerzenstecker abziehen.
- Kolben im Zylinder 1 auf OT stellen. Verteilerfinger und Riemenscheibe müssen dabei auf die in Bild 11 gezeigten Positionen gebracht werden.

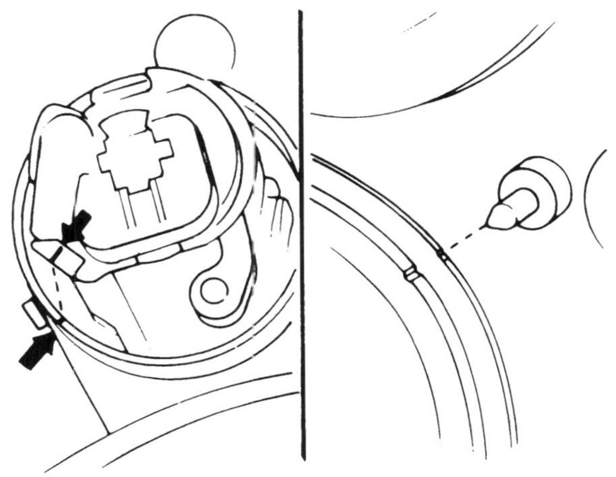

Bild 11
OT-Marken für Zylinder 1

- Kolben für Kettenspanner ausbauen (siehe Hinweise unter Kapitel 2.5).
- Sicherungsbleche am Kettenrad der Nockenwelle öffnen und Kettenrad mit Kette abbauen.
- Auspuffrohr vom Dreieckflansch des Auspuffkrümmers lösen.
- Die zehn Zylinderkopfschrauben lösen und Zylinderkopf abnehmen (Bild 12).

Der Einbau erfolgt in umgekehrter Reihenfolge wie der Ausbau, jedoch sind folgende Punkte speziell zu beachten:

- Immer neue Zylinderkopfdichtung einbauen (Motortyp beachten).

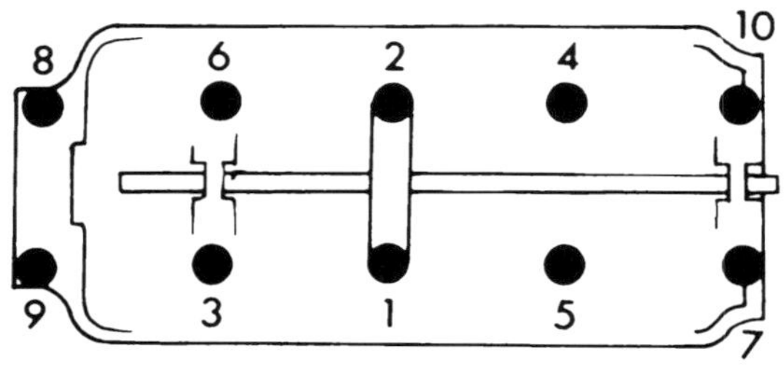

Bild 12
Anzugsreihenfolge der Zylinderkopfschrauben

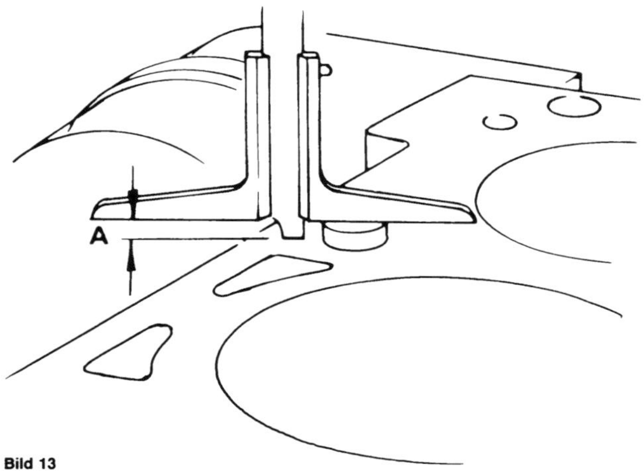

Bild 13
Überstand der Führungshülsen des Zylinderkopfs
A maximal 5 mm

- Vor dem Einbau die Dichtflächen an Kopf- und Kurbelgehäuse sorgfältig reinigen und den Überstand der Führungshülsen für den Zylinderkopf und die Dichtung mit dem Tiefenmass kontrollieren (siehe Bild 13). Der Überstand «A» darf maximal 5 mm betragen.
- In den Sacklöchern darf sich kein Öl befinden, da sonst die Gefahr besteht, dass der Zylinderkopf nicht völlig gleichmässig festgezogen werden kann. Überdies könnte das Kurbelgehäuse reissen.
- Zylinderkopfschrauben in drei Durchgängen, zuerst auf 35 bis 45 Nm, dann auf 60 bis 65 Nm und zuletzt auf 72 Nm festziehen. Die Reihenfolge, in welcher festgezogen wird, ist Bild 12 zu entnehmen.
- Eventuell defekte Dichtung am Auspuffflansch ersetzen.
- Für den Einbau des Nockenwellen-Kettenrades müssen sich Verteilerfinger und Riemenscheibe in den in Bild 11 gezeigten Positionen befinden. Nockenwellenflansch in die in Bild 14 gezeigte Position bringen und Kettenrad mit Kette (ohne Spiel auf der Zugseite) am Nockenwellenflansch befestigen.

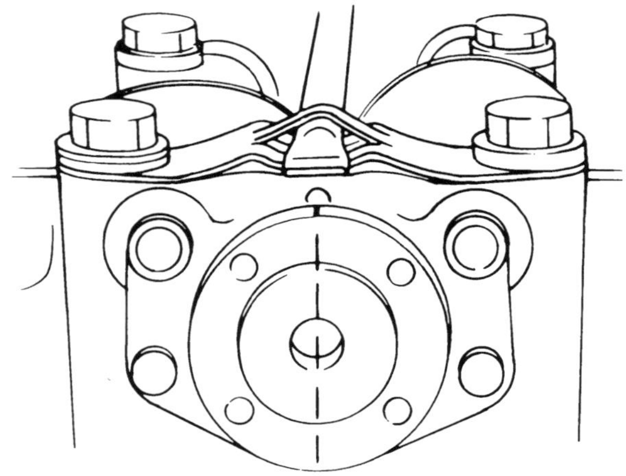

Bild 14
Position des Nockenwellenflansches

- Vor Anbau des Räderkastendeckels die Trennflächen mit Dichtungsmasse (Atmosit oder Kuril K2) bestreichen. Deckel zuerst mit den beiden senkrechten Schrauben leicht festmachen, dann die sechs anderen festziehen und zuletzt die beiden senkrechten Schrauben mit 9 bis 25 Nm festziehen.
- Gaszug einstellen.
- Kühlsystem auffüllen und entlüften (Kapitel 4.2). Nach erfolgtem Einbau den Motor auf Betriebstemperatur bringen und nach anschliessender Abkühlung auf ca. 35° C die Zylinderkopfschrauben wieder leicht lösen und nochmals in der richtigen Reihenfolge mit 68 bis 72 Nm festziehen.
- Generell vorgeschriebene Anzugsdrehmomente beachten (siehe Kapitel 21).
- Abschliessend Ventilspiel (Kapitel 2.2.3) und Motorleerlauf (Kapitel 5) einstellen.
- Nach ca. 1000 km Fahrstrecke müssen die Zylinderkopfschrauben bei ca. 35° C warmem Motor leicht gelöst und in der vorgeschriebenen Reihenfolge mit 68 bis 72 Nm wieder festgezogen werden.

2.2.2 Überholen des Zylinderkopfes

2.2.2.1 Zerlegung und Zusammenbau

Die Zylinderkopfteile sind in Bild 15 und 16 zu sehen. Folgendermassen vorgehen:

Bild 15
Zylinderkopf mit Haube

1 Kopf
2 Kopfdichtung
3 Haube
4 Haubendichtung
5 Düse
6 Distanzhülse
7 Ventilsitzring Einlass
8 Ventilsitzring Auslass

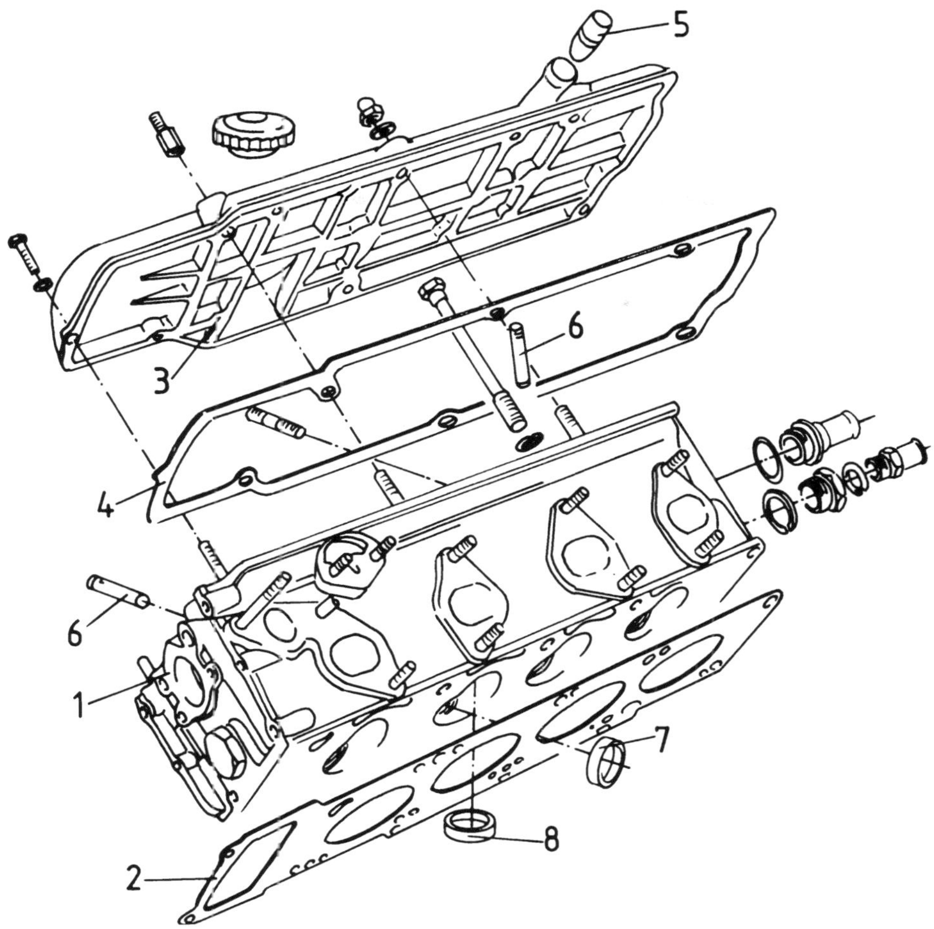

- Zylinderkopf ausbauen (Kapitel 2.2.1).
- Sich für den Wiedereinbau die Lage der Unterdruckdose zum Zylinderkopf merken, Klemmschraube lösen und Zündverteiler herausziehen.
- Zylinderkopf in Montagerahmen (BMW 111 040) setzen und Ölleitung abbauen.
- Kraftstoffpumpe abbauen. Dichtung und Isolierflansch prüfen und gegebenenfalls ersetzen; Betätigungsstössel herausziehen (ausser 318i).
- Einstellexzenter der Ventile auf grösstmögliches Ventilspiel einstellen.
- Kipphebel-Klavier mit Druckrahmen (BMW 111 040) vorspannen.
- Mit der Fühlerlehre Axialspiel zwischen Führungsblech und Nockenwellenflansch prüfen (siehe Bild 17). Das zulässige Spiel beträgt 0,02 bis 0,13 mm. Bei übermässigem Spiel ist das Führungsblech und/oder die Nockenwelle auszuwechseln.
- Führungsblech ausbauen und Nockenwelle vorsichtig herausziehen.
- Zum Ausbau der Kipphebelachsen Anlaufringe und Kipphebel zurückschieben und Sprengringe ausheben.
- Zündverteilerflansch abbauen und Kipphebelachsen mit Dorn (BMW 113 040) heraustreiben. Eingelaufene Achsen ersetzen.
- Befestigung der Gleitsteine an den Kipphebeln überprüfen. Lose Steine bedingen den Ersatz der Kipphebel, da sie sich im Betrieb durch überlautes Ventilgeräusch bemerkbar machen.
- Ventilsitze resp. Ventile folgendermassen auf Dichtheit prüfen: Brennräume bei eingebauten Zündkerzen mit Brennstoff füllen. Läuft der Brennstoff in die Ansaug- resp. Auslasskanäle, so müssen Ventil und Sitz nachgearbeitet werden.
- In die Montagevorrichtung BMW 111 040 Holzunterlage einlegen und Zylinderkopf aufsetzen.
- Die Ventilfedern mit Hilfe des Montagerahmens zusammendrücken und die Ventilkeile ausbauen. Besitzt man keinen Montagerahmen, so können die Ventile auch mit Hilfe einer Ventilfederzange ausgebaut werden (Bild 18). Federtel-

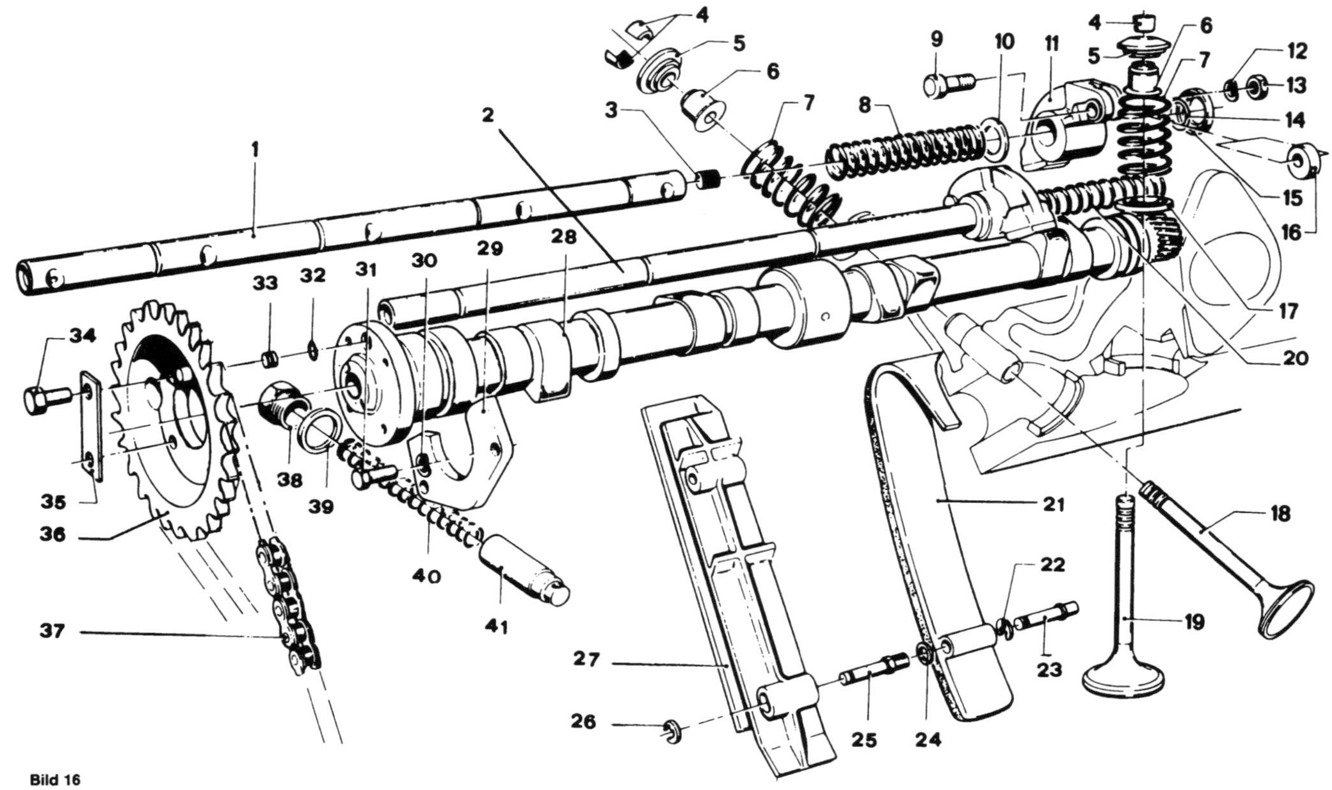

Bild 16
Ventilsteuerung

1 Kippphebelachse Einlass
2 Kipphebelachse Auslass
3 Stopfen
4 Ventilkegel
5 Oberer Federteller
6 Ventilschaftabdichtung
7 Ventilfeder
8 Feder
9 Passschraube
10 Scheibe
11 Kipphebel mit Buchse
12 Scheibe
13 Sechskantmutter
14 Sprengring
15 Anlaufring
16 Exzenter
17 Unterer Federteller
18 Auslassventil
19 Einlassventil
20 Feder
21 Spannschiene
22 Sicherungsscheibe
23 Lagerbolzen
24 Scheibe
25 Lagerbolzen
26 Sicherungsscheibe
27 Gleitschiene
28 Nockenwelle
29 Führungsblech
30 Federscheibe
31 Schraube
32 Sprengring
33 Zylinderstift
34 Schraube
35 Sicherungsblech
36 Kettenrad
37 Steuerkette
38 Verschlussschraube
39 Dichtring
40 Druckfeder
41 Kolben

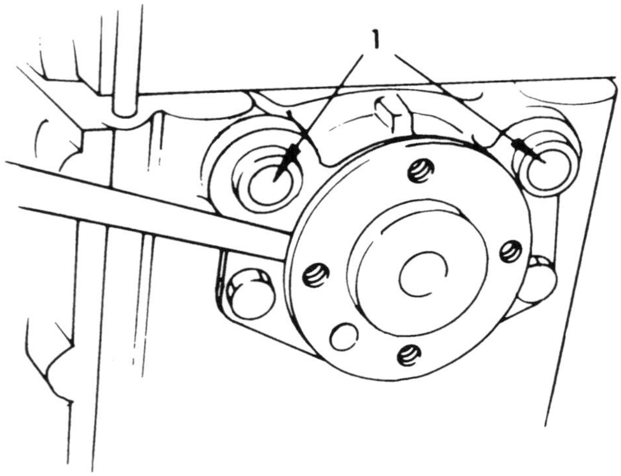

Bild 17
Axialspiel der Nockenwelle prüfen

Bild 18
Demontage der Ventile

ler und Feder abnehmen und so ablegen, dass man eindeutig sehen kann, zu welchem Zylinder die Teile gehören.

- Vor dem Ausbau der Ventile eventuell vorhandene Grate am Ventilschaft beseitigen, um Schäden an den Ventildichtungen und Ventilführungen zu vermeiden.
- Beschädigte Ventildichtungen müssen ersetzt werden, da sie erhöhten Ölverbrauch des Motors verursachen. Dieser Schaden tritt bei älteren BMW-Motoren besonders häufig auf; solche BMWs sind dann für den nachfolgenden Automobilisten infolge Geruchsbelästigung besonders lästig.
- Die Ventilführungen müssen ersetzt werden, wenn das zulässige Radialaufspiel überschritten wird (Masse für Laufspiel, Ventilführungsübergrössen und Bohrungen siehe Mass- und Einstelltabelle).

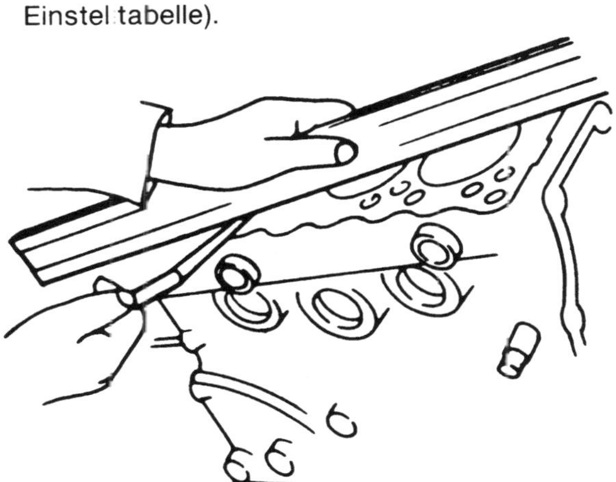

Bild 19
Prüfen des Zylinderkopf- bzw. Zylinderblockverzuges
(Prüfung kreuz und quer und längs und breit, Mitte und Rand vornehmen)

- Bei nicht mehr planer Zylinderkopfdichtfläche (Kontrolle mit Hilfe eines Lineals, siehe Bild 19) kann diese abgezogen, respektive geplant werden (Arbeit für Zylinderschleifwerk). Dabei ist zu beachten, das möglichst wenig Material abgenommen wird. (Übrigens erhöht sich die Verdichtung pro abgenommenen Zehntelmillimeter um etwa 0,13 Einheiten und die eventuelle Bleifrei 95-Tauglichkeit nimmt stetig ab.)

Der Zusammenbau des Zylinderkopfes erfolgt in umgekehrter Reihenfolge der Zerlegung; es sind jedoch folgende Punkte zu beachten:

- Vorgeschriebene Anzugsdrehmomente einhalten (Kapitel 21).
- Vor dem Einbau der Ventilfedern deren ungespannte Länge kontrollieren (Werte siehe Kapitel 20).
- Kipphebelachsen beim Einbau so ausrichten, dass die Zylinderkopfschrauben in die Aussparungen passen. Fixierstifte einsetzen.
- Die einlassseitige Kipphebelachse muss hinten offen sein, während die Achse der Auslassseite verschlossen ist. Lose oder fehlende Verschlussstopfen mit Loctite (Kenn-Nr. 270) einsetzen.

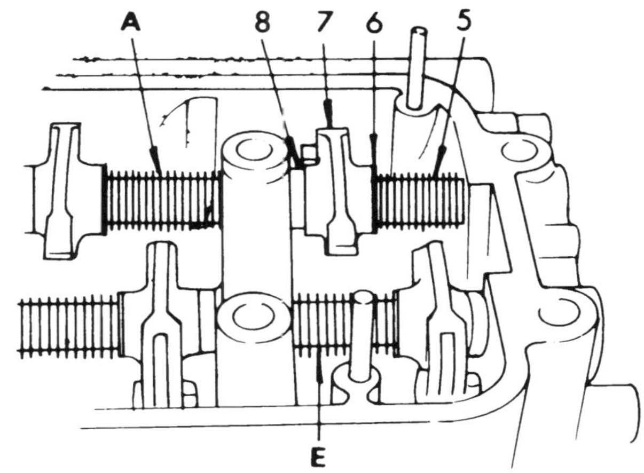

Bild 20
Einbaulage der Einzelteile des Kipphebelmechanismus

5 Feder
6 Scheibe
7 Kipphebel
8 Anlaufring
A Auslassseite
E Einlassseite

- Bild 20 zeigt die Einbaulage der Einzelteile des Kipphebelmechanismus. Beim Anbau des Zündverteilerflansches selbstdichtende Scheibe und Cobritoldichtung nicht vergessen. Nach erfolgter Montage des Führungsbleches muss sich die Nockenwelle leicht drehen lassen.
- Ventilspiel einstellen (Kapitel 2.2.3).

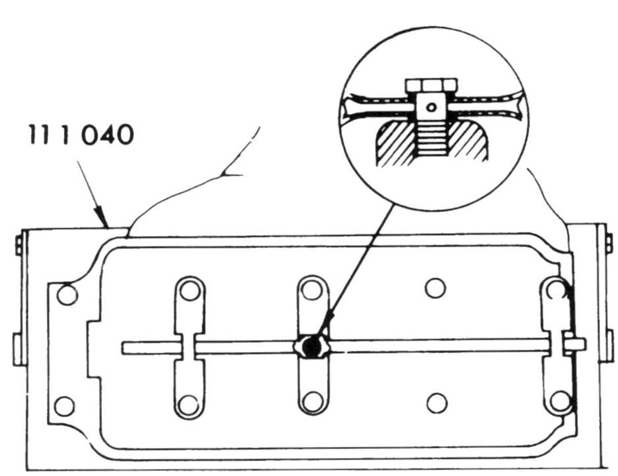

Bild 21
Zum Anbau der Ölleitung – Lage der Dichtringe

- Ölleitung so anbauen, dass die Spritzrichtung der Ölbohrungen zwischen den Kipphebeln bzw. Nockenbahnen eines Ein- und Auslassventils liegt. Dichtringe an der Ölzufuhr beidseitig am Rohr an der Quetschstelle anbauen (siehe Bild 21).
- Für den Einbau des Zündverteilers den Verteilerläufer ca. 3,5 cm im Gegenuhrzeigersinn von der Kerbe im Verteilergehäuse wegbewegen. Stellung der Unterdruckdose beachten und Verteilerantrieb in den Nockenwellenabtrieb einführen.
- Zündzeitpunkt einstellen (Kapitel 6.1.4).

2.2.2.2 Ventilführungen

Den Ersatz der Ventilführungen folgendermassen vornehmen:

- Einzelne Ventilführung kalt mit Dorn BMW 111 100 in Richtung Verbrennungsraum heraustreiben.
- Bohrung im Zylinderkopf überprüfen. Falls zulässiges Mass überschritten wird (siehe Kapitel 19), Bohrung aufreiben und Führung mit Übermass einbauen. Dazu Zylinderkopf auf 220 bis 250° C erwärmen und Ventilführung von der Nockenwellenseite gegen den Verbrennungsraum einpressen. Die Konusnut muss dabei zur Nockenwelle hin zeigen.
- Zum Einpressen den Dorn BMW 111 120 verwenden. Sofern dieser nicht vorhanden ist, beachten, dass das Überstehmass «A» 14,5 bis 15,5 mm betragen muss (siehe Bild 22).

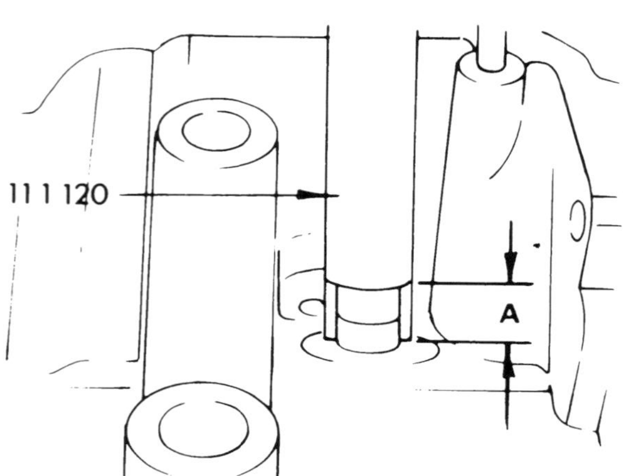

Bild 22
Montage der Ventilführungen

- Nach dem Einpressen und Erkalten muss die Ventilführung auf das vorgeschriebene Innenmass von 8,000 bis höchstens 8,015 mm aufgerieben werden. Neue Ventildichtungen verwenden.

2.2.2.3 Ventile und Ventilsitze

Ventile und Ventilsitze, welche den in Kapitel 2.2.2.1 beschriebenen Dichtheitstest nicht bestanden haben, untersuchen. Weisen Ventile oder Sitze kraterartige Verbrennungen auf, so müssen sie ersetzt werden. Der Ersatz der Ventilsitzringe ist eine Arbeit für das Zylinderschleifwerk. Bei geringen Beschädigungen können Ventil und Sitz folgendermassen überholt werden:

- Ventil auf einer Ventilschleifmaschine mit einem Winkel von 45° 30' schleifen. Dabei muss die Mindestranddicke («A» in Bild 23) erhalten bleiben (Werte für «A» siehe Kapitel 20).

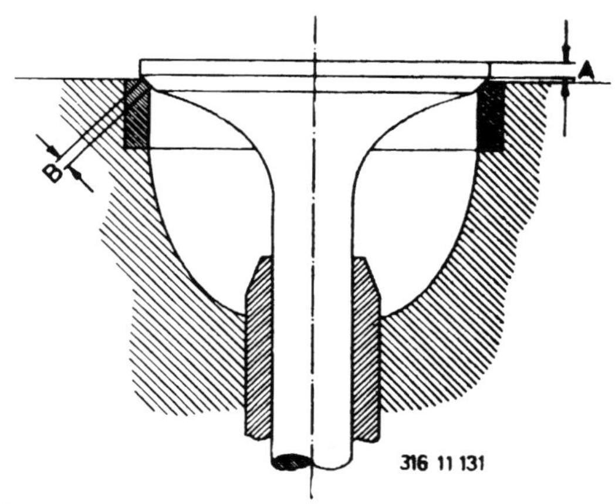

Bild 23
Schnittansicht eines Ventiles

- Ventilsitze mit einem Ventilsitzbearbeitungsgerät auf einen Winkel von 45° bringen. Anschliessend mit einem 15°-Korrekturfräser die vorgeschriebene Ventilsitzbreite herstellen (Mass «B» in Bild 23). Werte siehe Kapitel 20.
- Qualität und Lage des Sitzes mit etwas Tuschierpaste kontrollieren.
- Perfekte Dichtheit des Sitzes wird erreicht, wenn Ventil und Sitzring zusätzlich mit etwas Schleifpaste bestrichen und mit Hilfe eines handelsüblichen Einschleifwerkzeuges eingeschliffen werden (Bild 24). Ventil und Sitz anschliessend sorgfältig reinigen.
- Oben beschriebene Dichtheitskontrolle wiederholen.

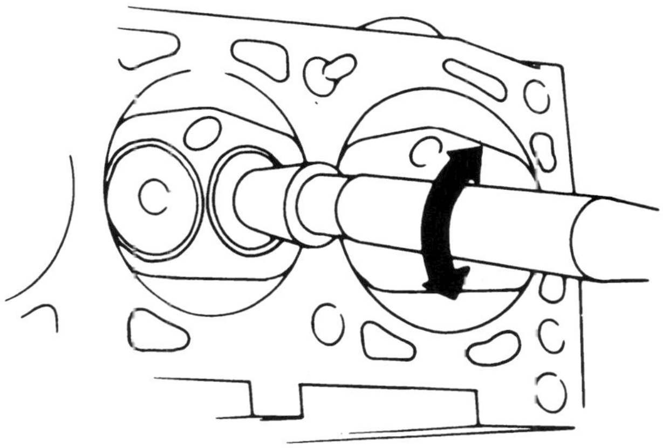

Bild 24
Einschleifen der Ventile

2.2.3 Ventilspiel einstellen

- Zylinderkopfhaube (Nockenwellendeckel) abbauen.
- Für folgende Arbeiten den Motor bei eingelegtem 3. Gang durch Verschieben des Fahrzeuges vorwärts- und rückwärtsdrehen.
- Die Einstellreihenfolge entspricht der Zündreihenfolge 1-3-4-2 (Zylinder Nr. 1 befindet sich in Fahrtrichtung zuvorderst).
- Die richtige Stellung eines Kolbens zur Einstellung (OT-Stellung bei Zündung) ergibt sich, wenn die Ventile des um 360° zurückliegenden Zylinders sich in der Phase der Überschneidung befinden (beide Ventile voll geöffnet). Also:

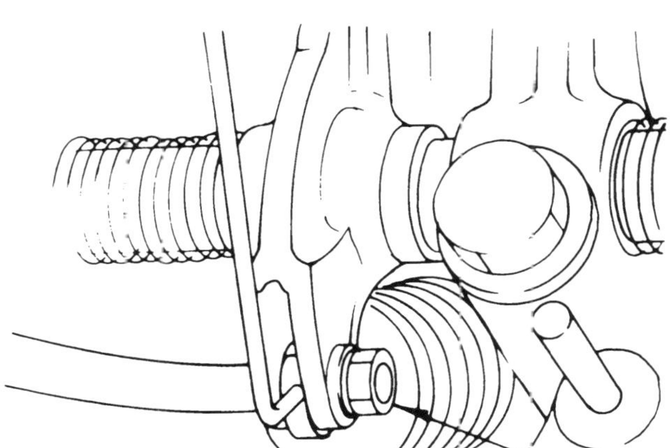

Bild 25
Einstellen des Ventilspieles

Ventilspiel-Einstellreihenfolge	
Zünd-OT	*Ventilüberschneidung*
Zylinder Nr. 1	Zylinder Nr. 4
Zylinder Nr. 3	Zylinder Nr. 2
Zylinder Nr. 4	Zylinder Nr. 1
Zylinder Nr. 2	Zylinder Nr. 3

- Kontermutter (1 in Bild 25) lösen und durch Drehen des Einstellexzenters das Ventilspiel mit Hilfe einer Fühlerlehre zwischen Ventil und Exzenter einstellen, Kontermutter wieder festziehen und Ventilspiel nachkontrollieren.
- Das Ventilspiel beträgt bei Motortemperaturen unter 35° C 0,20 bis 0,25 mm, bei Motortemperaturen über 35° C 0,25 bis 0,30 mm.

Wichtig: Das Ventilspiel darf auf keinen Fall zwischen Gleitsteinen und Nocken eingestellt werden. Ein zu knappes Ventilspiel ist häufig Anlass zu verbrannten Auslassventilen, während zu grosses Spiel Leistung kostet und zu erhöhten mechanischen Geräuschen führt.

2.3 Kurbeltrieb

Die Kurbelwelle ist fünffach gelagert und besitzt vier Gegengewichte. Teile des Kurbeltriebes siehe Bild 26.

2.3.1 Kurbelwelle ausbauen

Zum Überholen des Kurbeltriebes folgendermassen vorgehen:

- Motor ausbauen und die Motorlager demontieren (Kapitel 2.1).
- Motor mit Hilfe der Aufnahmeplatte BMW 110 100 am Montageblock BMW 001 500 befestigen.
- Zylinderkopf abbauen (Kapitel 2.2.1).
- Kupplung abbauen (Kapitel 7.2).
- Steuerkette ausbauen (Kapitel 2.5).
- Ölpumpe ausbauen (Kapitel 3.2).
- Vor dem Ausbau der Kurbelwelle ihr Axialspiel mit Hilfe einer Messuhr mit Stativ kontrollieren

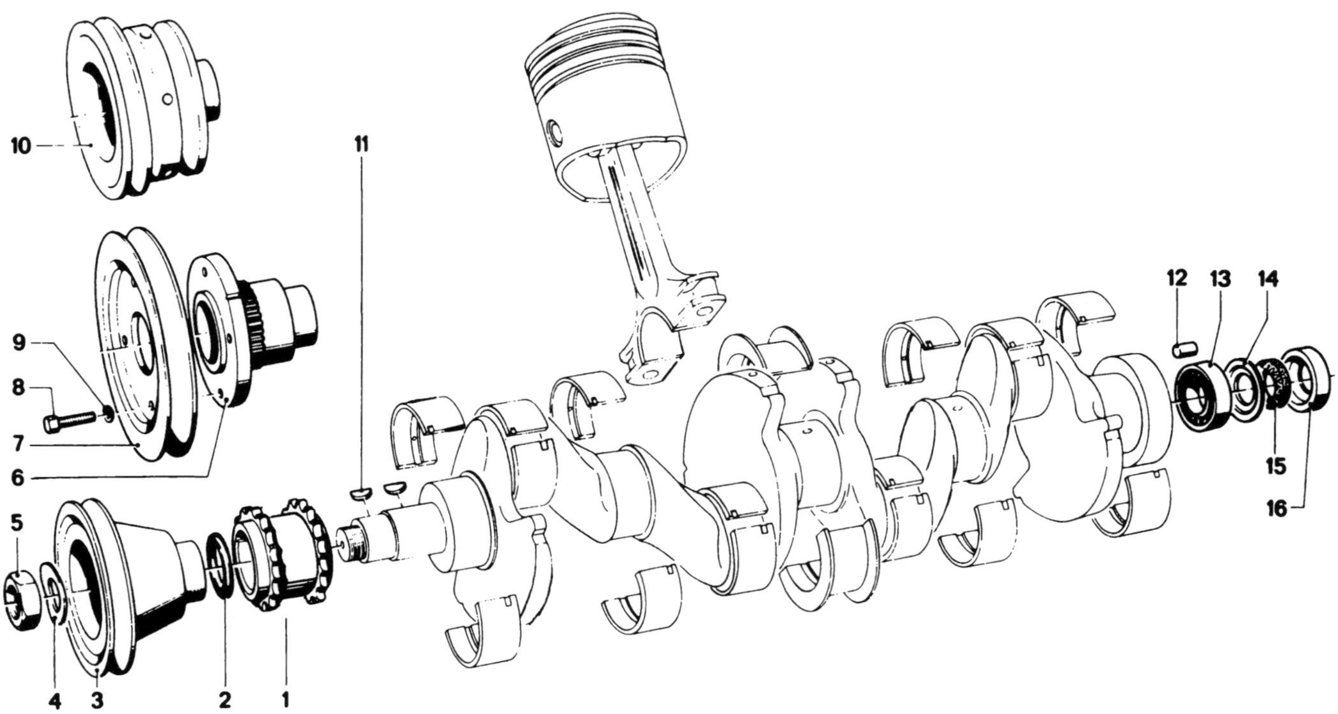

Bild 26
Explosionsbild der Kurbelwelle

1 Kettenrad
2 Rundschnurring
3 Riemenscheibe
4 Federscheibe
5 Sechskantmutter
6 Nabe
7 Riemenscheibe
8 Schraube
9 Federscheibe
10 Riemenscheibe
11 Keile
12 Passhülse
13 Rillenlager
14 Deckblech
15 Filzring
16 Kapsel zu Filzring

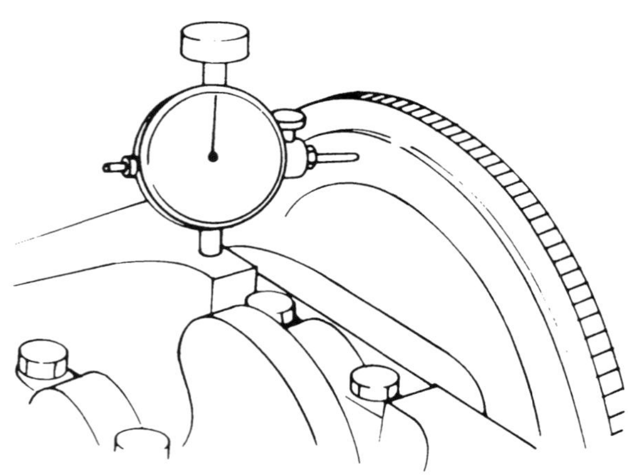

Bild 27
Ausmessen des Kurbelwellen-Axialspiels

(siehe Bild 27). Wird ein maximales Spiel von 0,174 mm überschritten, so sind die Hauptlager zu prüfen.

- Schwungrad resp. Mitnehmerscheibe (Automatik-Modelle) abbauen (siehe Kapitel 2.6.1).
- Hinteren Abschlussdeckel demontieren.
- Pleuel und Lagerdeckel zueinander und zum jeweiligen Zylinder kennzeichnen und Pleuellagerdeckel in UT-Stellung des Kolbens abbauen.
- Pleuel und Kolben nach oben ausbauen.
- Kurbelwellen-Lagerdeckel für Wiedereinbau kennzeichnen und abbauen. Kurbelwelle herausheben.

2.3.2 Kurbelwelle überprüfen

Die Kurbelwelle wird folgendermassen kontrolliert (zulässige Werte siehe Kapitel 20):

- Durchmesser von Haupt- und Pleuellagerzapfen (Bild 28), und zwar an je zwei Stellen am Umfang und entlang der Lagerbreite.
- Unwucht, dynamisch auf entsprechender Maschine gemessen, ohne Schwungrad, sowie fakultativ zusätzlich mit Schwungrad (dieses in der richtigen Lage montieren).
- Schlag am mittleren Hauptlagerzapfen bei Aufnahme der Kurbelwelle in den äusseren Lagerzapfen (Bild 29).

Die Kurbelwellenlagerung und die Pleuellagerung werden am besten mit Hilfe von «Plastigage» über-

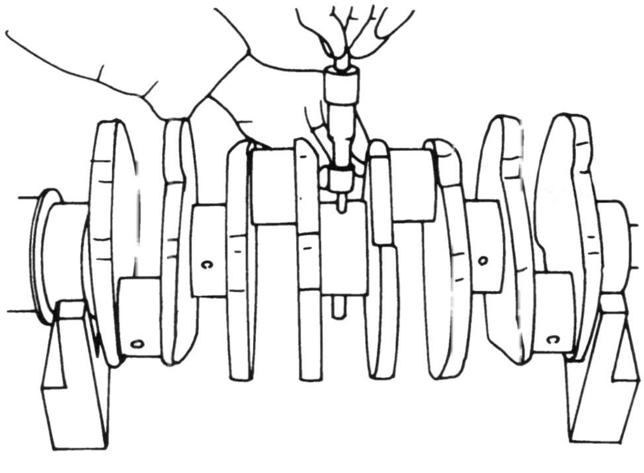

Bild 28
Ausmessen eines Hauptlagers

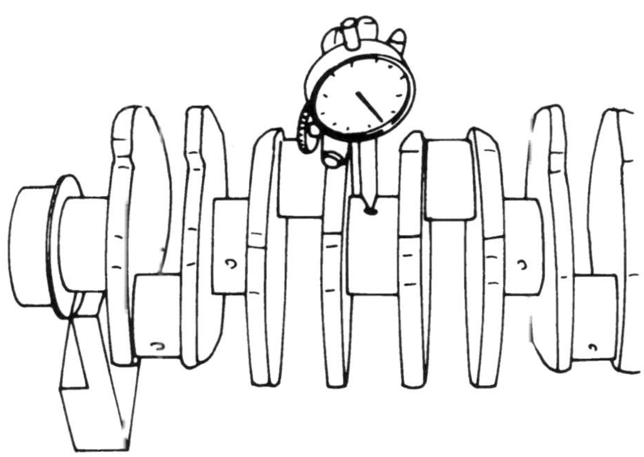

Bild 29
Messen des Kurbelwellenschlages

prüft (sofern nicht schon eine einfache Sichtprüfung defekte Lagerung erkennen lässt). Dazu Herstellerangaben beachten und jede einzelne Lagerstelle folgendermassen vermessen:

- Plastikfaden in der Totpunktstellung auf die öltrockene Lagerstelle legen.
- Richtigen Lagerdeckel in richtiger Lage (siehe Zusammenbau) auflegen und mit vorgeschriebenem Drehmoment festziehen (siehe Tabellenanhang, Kapitel 21). Dabei die Kurbelwelle keinesfalls verdrehen. Deckel wieder abbauen und Lagerspiel an der Breite des gequetschten Plastikfadens mit Hilfe der Messskala bestimmen (je kleiner das Lagerspiel, desto breiter der gequetschte Faden und umgekehrt). Siehe dazu Bild 30.

Die Kurbelwelle ist teniferiert, was beim Nachschleifen beachtet werden muss. Muss die Kurbel-

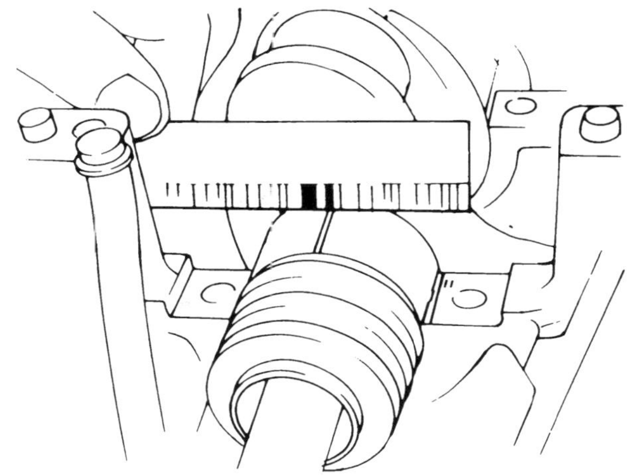

Bild 30
Ausmessen des Lagerspiels mit Hilfe von «Plastigage»

welle nachgeschliffen und/oder die Lagerung ersetzt werden, so geben folgende Markierungen Aufschluss über die richtigen Paarungen:

- Kurbelwellen mit Originalschliff besitzen rote oder blaue Punkte auf den Ausgleichsgewichten.
- Nachgeschliffene Kurbelwellen sind mit Farbstrichen bei «A» für Pleuellagerzapfen und «B» für Hauptlagerzapfen gekennzeichnet (siehe Bild 31). Die Anzahl Striche «A» oder «B» verrät, ob es sich um Wellen der ersten, zweiten oder dritten Schleifstufe handelt (siehe Kapitel 20).
- Die neuen Lagerschalen sind nun so auszuwählen, dass sie dieselben roten oder blauen Farbkennzeichen tragen wie die Kurbelwelle bei «A» und «B».

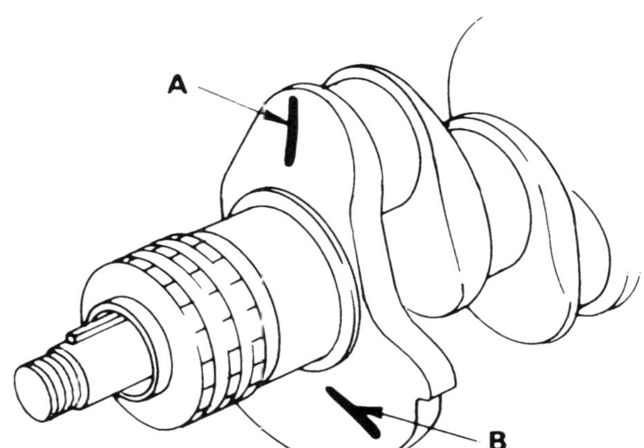

Bild 31
Kurbelwellen-Markierungen

A = Markierung für Pleuellagerzapfen
B = Markierung für Hauptlagerzapfen

2.3.3 Kurbeltrieb zusammenbauen

Der Zusammenbau erfolgt prinzipiell in umgekehrter Reihenfolge des Zerlegens. Folgende Punkte sind speziell zu beachten:

- Alle vorgeschriebenen Anzugsdrehmomente beachten (Kapitel 21).
- Lagerstellen mit etwas Motoröl einstreichen und Pleuel und Hauptlagerdeckel am richtigen Ort in der richtigen Lage einbauen: Zylinderbezugszahlen und Bearbeitungszahlen müssen immer zur selben Seite zeigen; Zylinder Nr. 1 befindet sich, in Fahrtrichtung gesehen, zuvorderst. Hauptlagerdeckel so einbauen, dass Nut zu Nut zu liegen kommt (siehe Pfeile in Bild 32).

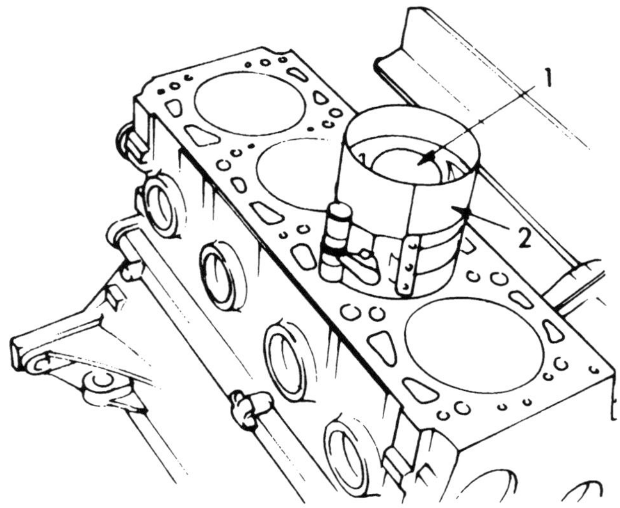

Bild 33
Einbau der Kolben mit Hilfe eines Kolbenringspannbandes

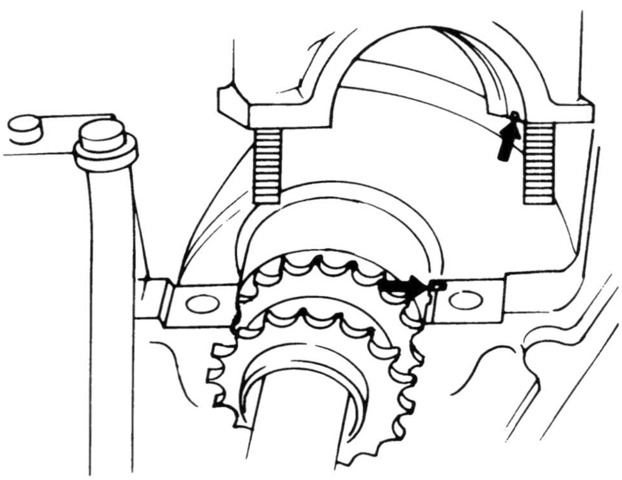
Bild 32
Richtige Montage der Hauptlagerdeckel

- Kolbenringstossstellen so versetzen, dass die Ringe ganz in die Nut einrasten können, und Kolben mit Hilfe eines Kolbenringspannbandes (oder ähnlicher Vorrichtung) in den Zylinder einbauen (Bild 33). Der Pfeil auf dem Kolbenboden muss dabei in Fahrtrichtung zeigen.
- Übergang an der Trennfuge Abschlussdeckel/Ölwanne mit Atmosit oder Kuril K2 bestreichen.

2.4 Kolben, Pleuel, Zylinderblock

Bild 34 zeigt die Art der Montage von Kolben und Pleuel. Kolben und Zylinder müssen ersetzt respektive geschliffen werden, wenn das Verschleissspiel mehr als 0,1 bis 0,15 mm beträgt. Zur Bestimmung dieses Masses werden die Zylinderlaufbahn mit einer Messuhr (Bild 35) und der Kolben an der in Bild 36 gezeigten Stelle ausgemessen. Der Messpunkt (Distanz «A» von der Kolbenunterkante) befindet sich bei den verschiedenen Fabrikaten und Modellen an folgenden Stellen:

— Fabrikat «Mahle»: 16,0 mm
— Fabrikat «KS»: 24,0 mm

Die Werte in der Mass- und Einstelltabelle geben Auskunft über die richtige Paarung von Übermasskolben mit bearbeiteten Zylinderlaufflächen.

Es dürfen nur Kolben gleicher Gewichtsklasse und gleichen Fabrikats in einen Motor eingebaut werden. Die Gewichtsklasse ist mit «+» oder «–» auf dem Kolbenboden eingeschlagen.

Die Kolbenringe werden auf Stoss- und Flankenspiel geprüft. Das Flankenspiel lässt sich bei eingebauten Ringen mit Hilfe einer Fühlerlehre messen (Bild 37). Zur Bestimmung des Stossspieles werden die Kolbenringe mit einer Kolbenringzange ausgebaut (Bild 38), mit einem leeren Kolben in den Zylinder geschoben und dort mit Hilfe der Fühlerlehre das Spiel gemessen (siehe Bild 39).

Werte für Stoss- und Flankenspiel siehe Mass- und Einstelltabelle.

Pleuel sind ersatzteilmässig mit bearbeiteten Pleuelbuchsen erhältlich. Es ist darauf zu achten, dass innerhalb eines Motors nur Pleuel mit einer Gewichtstoleranz von ± 4 g zum Einbau kommen (gleiche Farbmarkierung an allen Pleueln eines Motors). Die Pleuel sind auf Parallelität und Verdrehung zu prüfen. Beim Überschreiten der Grenz-

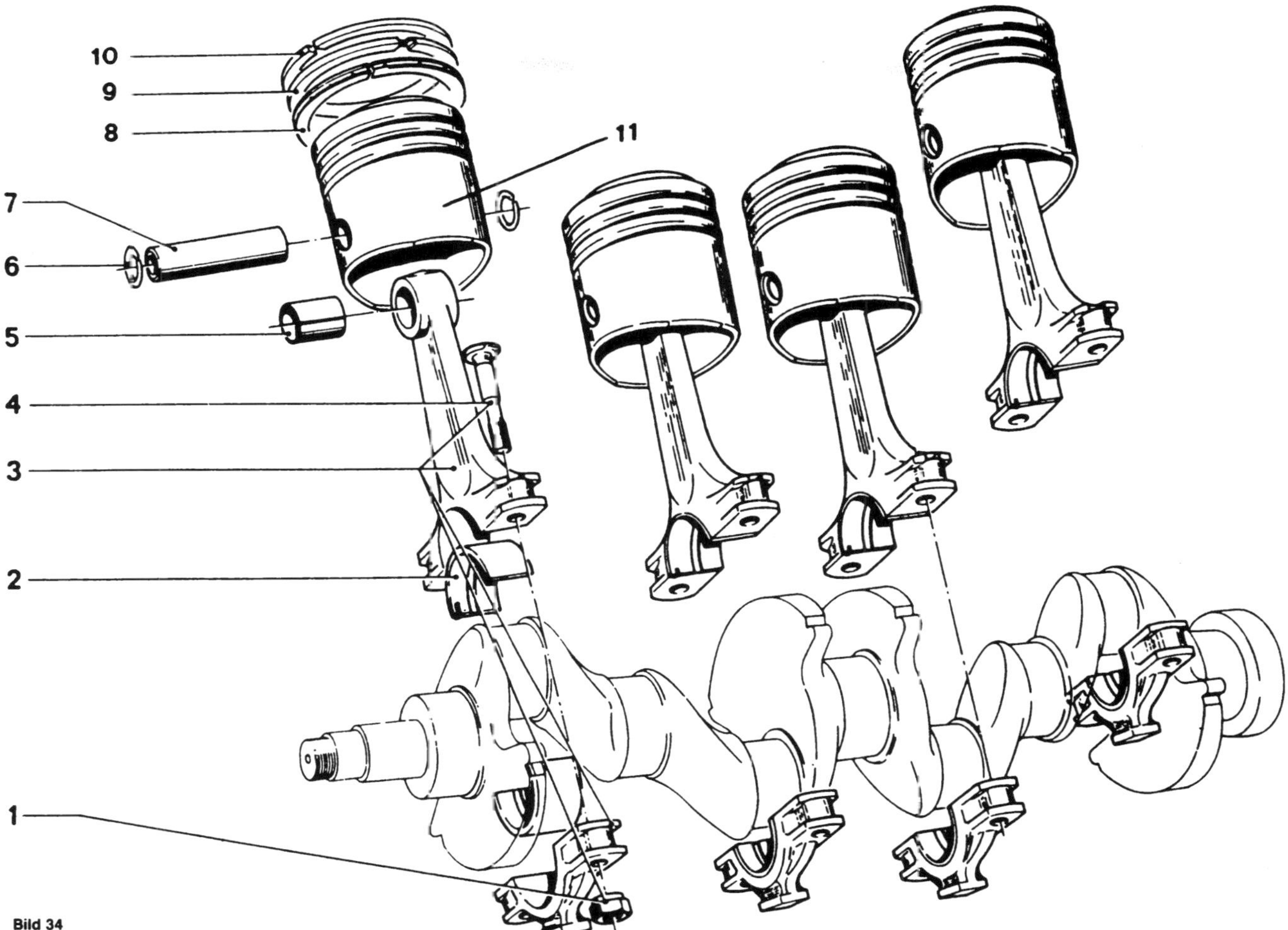

Bild 34
Kolben, Kolbenringe, Pleuel

1 Sechskantmutter
2 Lagerschale
3 Pleuelstange komplett
4 Pleuelschraube
5 Pleuelbuchse
6 Kolbenbolzensicherung
7 Kolbenbolzen
8 Kolbenring (Gleichfasenring)
9 Kolbenring (Nasenring)
10 Kolbenring (Rechteckring)
11 Kolben

Bild 35
Ausmessen des Zylinderinnendurchmessers

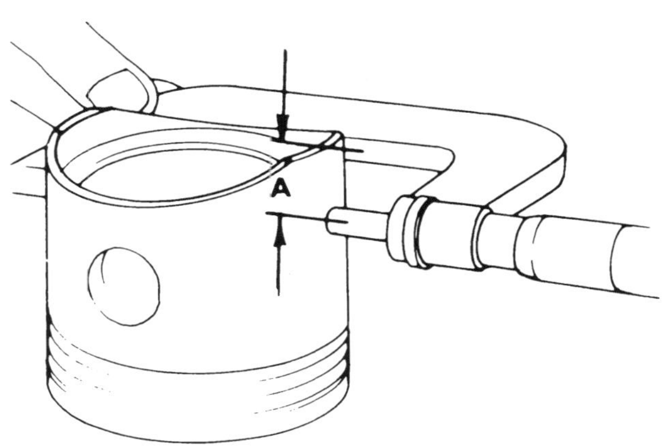

Bild 36
Ausmessen des Kolbendurchmessers

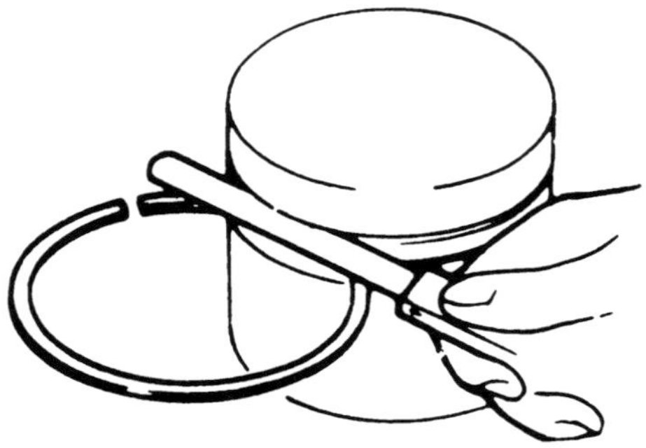

Bild 37
Kolbenringhöhenspiel

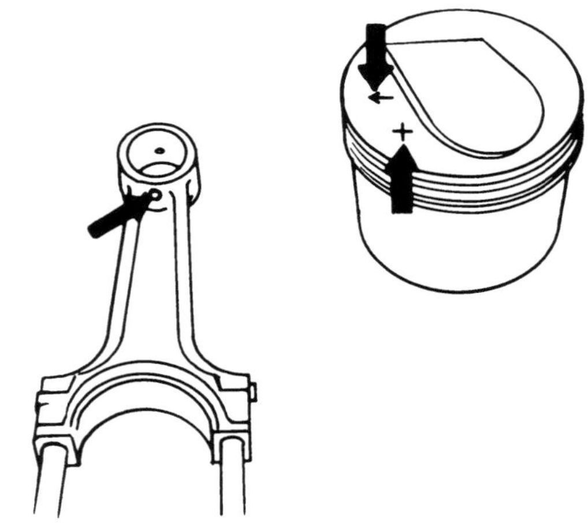

Bild 40
Ölbohrung an Pleuel und Marken auf Kolben müssen in gleiche Richtung zeigen

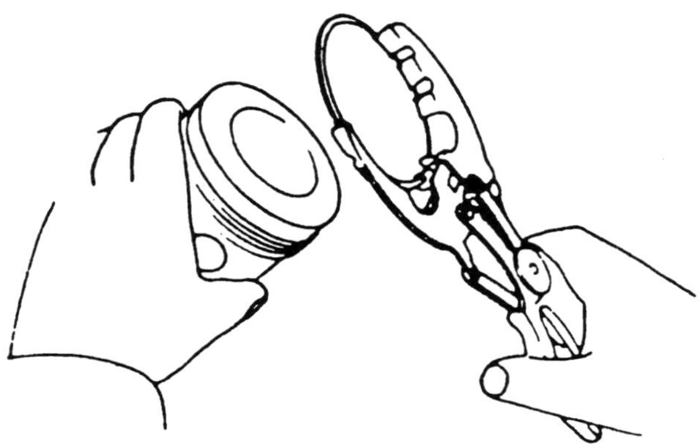

Bild 38
Kolbenringzange

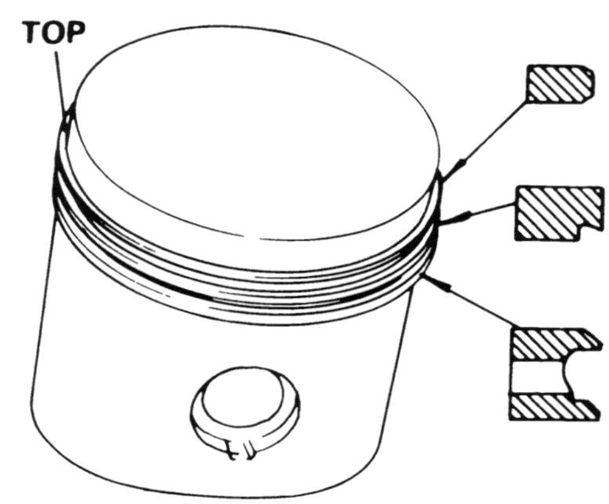

Bild 41
Reihenfolge und Form der Kolbenringe

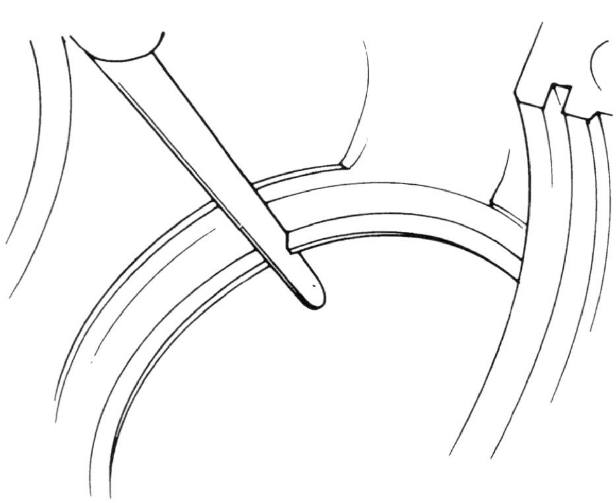

Bild 39
Kolbenringstossspiel

werte (Kapitel 20) sind die Pleuel auszuwechseln. Falls Kolben und Pleuel getrennt wurden, ist zu beachten, dass Kolbenbolzen und Kolben gepaarte Teile sind. Vor dem Zusammenbau kontrollieren, ob der Kolbenbolzen unter leichtem Daumendruck durch die Pleuelbuchse gleitet. Kolben und Pleuel so zusammenbauen, dass die Ölbohrung im Pleuelauge in dieselbe Richtung wie der Pfeil auf dem Kolbenboden zeigt (Bild 40). Neue Kolbenbolzensicherungen verwenden. Kolbenringe mit einer Kolbenringzange so einbauen, dass die Beschriftung «TOP» zum Kolbenboden zeigt. Bei Verwendung eines alten Kolbens müssen zuerst die Nutengründe gesäubert werden (am besten mit Hilfe eines alten, abgebrochenen Kolbenringes). Zur Einbaulage der drei Kolbenringe siehe Bild 41.

2.5 Steuerung

Die Teile der Steuerung sind in den Bildern 16 und 42 gezeigt.

2.5.1 Ausbau

- Verteilerkappe abnehmen.
- Kolben in Zylinder Nr. 1 auf OT stellen. Dabei

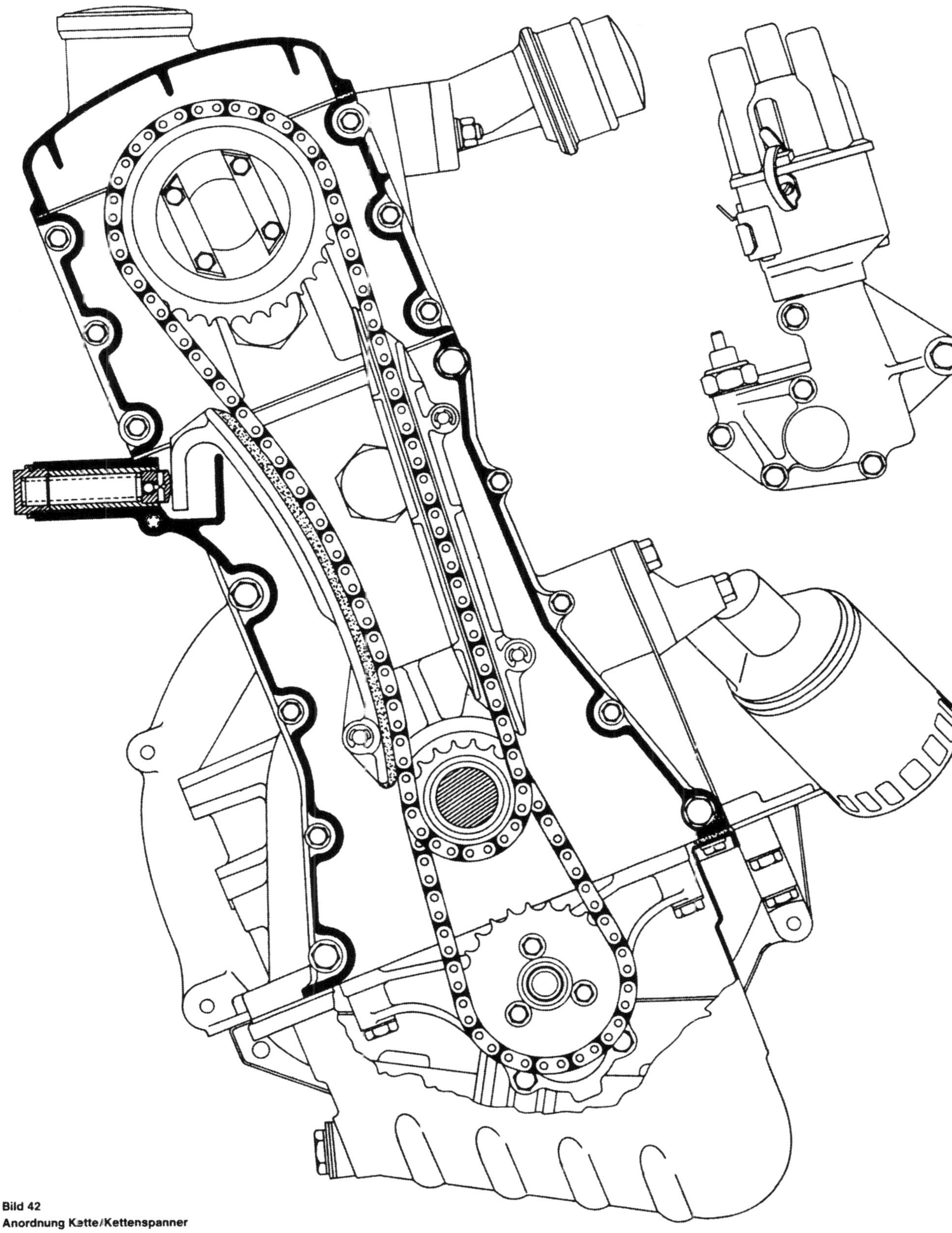

Bild 42
Anordnung Kette/Kettenspanner

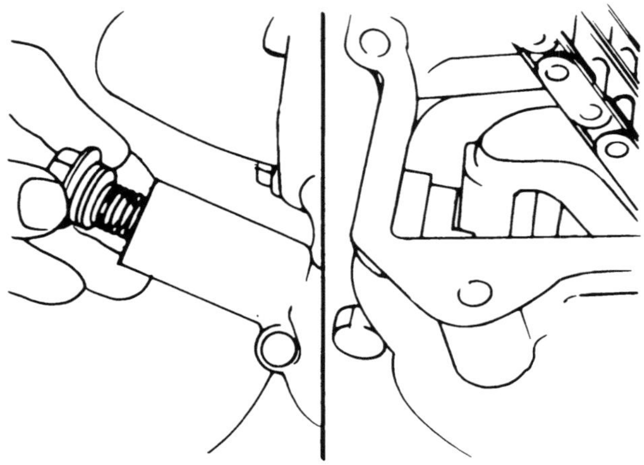

Bild 43
Zur Demontage der Ventilsteuerung

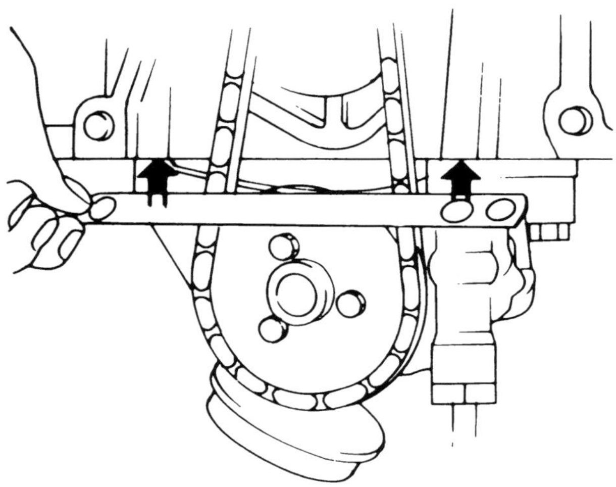

Bild 44
Zur Einstellung der Kettenspannung

müssen Verteilerfinger und Riemenscheibe die in Bild 11 gezeigten Positionen einnehmen.

- Zylinderkopfhaube (Nockenwellendeckel) abbauen.
- Masseband von der Batterie abklemmen und Wasserpumpe ausbauen.
- Oberen Räderkastendeckel abbauen.
- Verschlussschraube des Kettenspannkolbens herausdrehen (siehe Bild 43). Vorsicht, starker Federdruck! Feder und Kolben herausnehmen.
- Drehstromgenerator ausbauen.
- Staubschutzblech beim Schwungrad ausbauen. Zahnkranz mit Vorrichtung BMW 112 100 blokkieren. Mutter der Riemenscheibe lösen und Riemenscheibe abziehen.
- Ölwanne abbauen.
- Unteren Räderkastendeckel abbauen.
- Sicherungsbleche am Nockenwellenrad öffnen und Nockenwellenrad abbauen.
- Sicherungen an den Lagerbolzen der Gleitschiene ausheben und Lagerbolzen so weit herausdrehen, bis die Gleitschiene an der Zylinderkopfdichtung anliegt.
- Steuerkette von den Steuerrädern abnehmen, Gleitschiene nach unten herausziehen und nach rechts schwenken; Steuerkette aus der Gleitschiene nehmen.
- Falls die Kettenräder ersetzt werden müssen, ist dies nach Ausbau des Ölpumpenantriebes und Entfernen der Kettenräder mittels Abzieher möglich (siehe auch Bild 26).

2.5.2 Einbau

Der Zusammenbau der Steuerung erfolgt in umgekehrter Reihenfolge des Ausbaus. Dabei sind speziell folgende Punkte zu beachten:

- Vorgeschriebene Anzugsdrehmomente (siehe Kapitel 21) einhalten.
- Falls die Kettenräder ersetzt wurden, muss nach dem Einbau des Ölpumpenantriebes dessen Kettenspannung kontrolliert werden: Die Ölpumpenkette muss sich mit leichtem Daumendruck eindrücken lassen. Gegebenenfalls stehen zwei Kettenlängen zur Verfügung, nämlich Normallänge mit roter Farbmarkierung und Überlänge mit grüner Farbmarkierung. Sollte die Kettenspannung mit beiden Kettenlängen nicht einwandfrei einstellbar sein, so sind ersatzteilmässig Distanzbleche lieferbar (siehe Bild 44). Dabei Lage der Ölbohrung im Distanzblech beachten.
- Gegebenenfalls Gleit- und Spannschiene ersetzen. Beim Einbau darauf achten, dass die Spannschienenlagerung leichtgängig ist und Axialspiel aufweist.
- Nockenwellenrad mit Kette in der in Bild 14 gezeigten Position des Nockenwellenflansches anbauen. Zylinder Nr. 1 muss dabei unverändert in OT-Lage verbleiben (siehe Bild 11).
- Beim Einbau des unteren Räderkastendeckels die Trennfläche zwischen Ölwanne und Kurbelgehäuse mit etwas Dichtmasse bestreichen (Atmosit oder Kuril K2). Beim Anbau des Deckels darauf achten, dass der Aufnahmesteg für den Spannkolben in die Öltasche zu liegen kommt.

- Kolben und Feder des Kettenspanners vor dem Einbau wie folgt prüfen:
  — Mit Pressluft feststellen, ob die Entlüftungsschlitze (1) im Kolbenkopf frei sind. Gegebenenfalls reinigen und beim Zusammenbau darauf achten, dass die Entlüftungsschlitze nicht durch die Lochscheibe verdeckt werden (Bild 45).
  — Kolbeneinbaumass «A» und ungespannte Federlänge «B» gemäss Bild 46 kontrollieren (Masse siehe Kapitel 20).
- Kolben und Feder des Kettenspanners so einbauen, dass das konisch gewickelte Federende zur Verschlussschraube zeigt und die Aussparung im Kolben das Spannschienenende aufnimmt (siehe Bild 16 und 43 rechts).
- Kolben folgendermassen entlüften:
  — Verschlussschraube leicht eindrehen.
  — Öltasche mit Motoröl füllen.
  — Spannschiene hin- und herbewegen, bis Öl an der Verschlussschraube austritt.
- Falls am Übergang zwischen Zylinderkopf und Räderkastendeckel zwei zusätzliche Bohrungen in der Dichtung erscheinen, sind diese mit etwas Dirko-Dichtmasse zu füllen. Andernfalls Trennflächen zwischen Zylinderkopf und Räderkastendeckel mit etwas Atmosit oder Kuril K2 bestreichen.
- Oberen Räderkastendeckel zuerst mit den beiden senkrechten Schrauben leicht festmachen, anschliessend die sechs waagrechten Schrauben festschrauben und zum Schluss die beiden senkrechten Schrauben festziehen.

2.6 Schwungrad

2.6.1 Aus- und Einbau des Schwungrades

- Kupplung ausbauen (Kapitel 7.2).
- Schwungrad auf Axialschlag prüfen (Bild 47). Der zulässige Axialschlag beträgt 0,1 mm. Liegt er ausserhalb dieser Norm, so muss das Schwungrad nachgeschliffen werden. Die zulässige Mindestdicke der Reibfläche «A» in Bild 49 beträgt 14,5 mm. Die Reibfläche darf keine Riefen aufweisen, sonst ist sie ebenfalls nachzuschleifen.
- Schwungrad mit Halter oder Schraubenzieher blockieren (Bild 48).

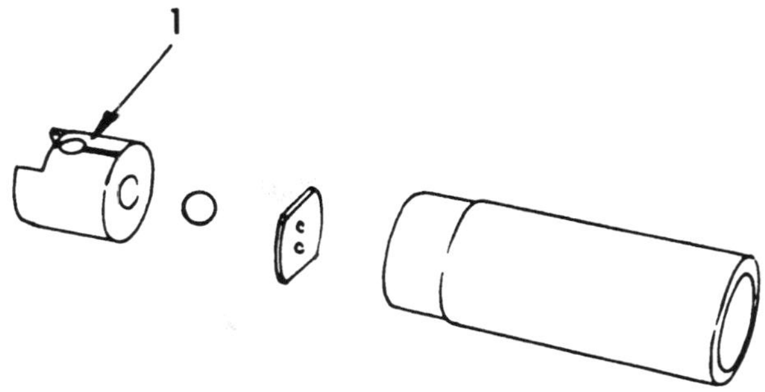

Bild 45
Entlüftungsschlitz (1) im Kolbenkopf des Kettenspanners

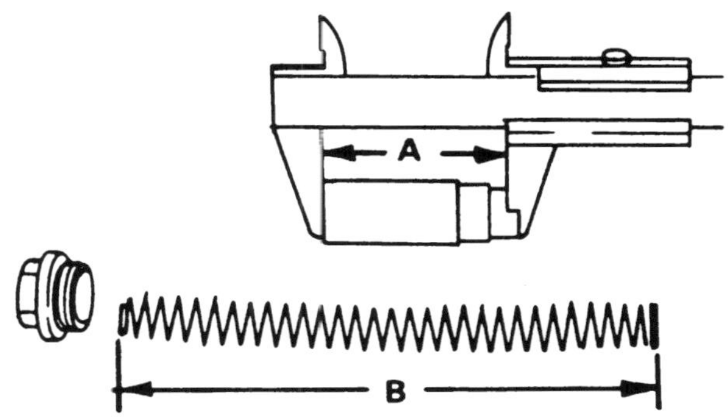

Bild 46
Kolbeneinbaumass «A» und ungespannte Federlänge «B» des Kettenspanners

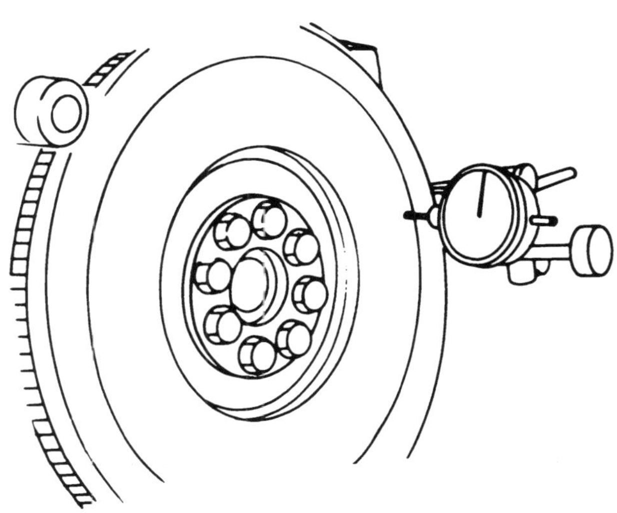

Bild 47
Schlag des Schwungrades ausmessen

- Einbaulage Schwungrad-Kurbelwelle kennzeichnen.
- Bei gewissen Modellen (6-Loch-Befestigung) Sicherungsblech aufbiegen.
- Schrauben lösen und Schwungrad abnehmen.

Folgende Punkte sind beim Einbau zu beachten:

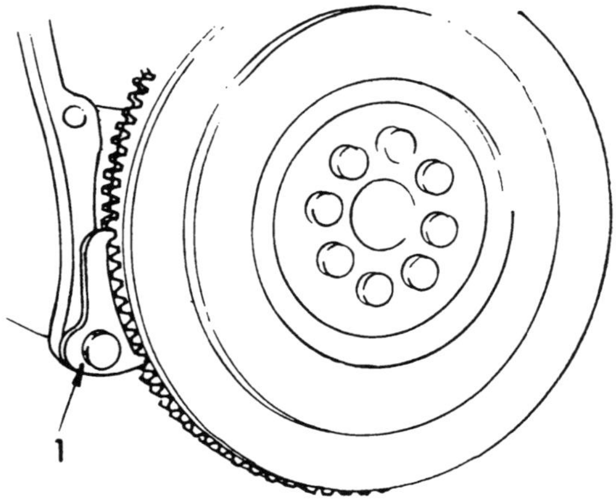

Bild 48
Blockieren des Schwungrades mit Spezialhalter (1)

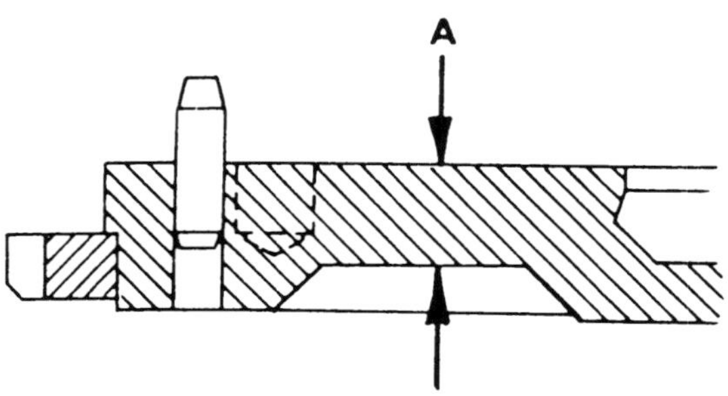

Bild 49
Dicke »A« des Schwungrades

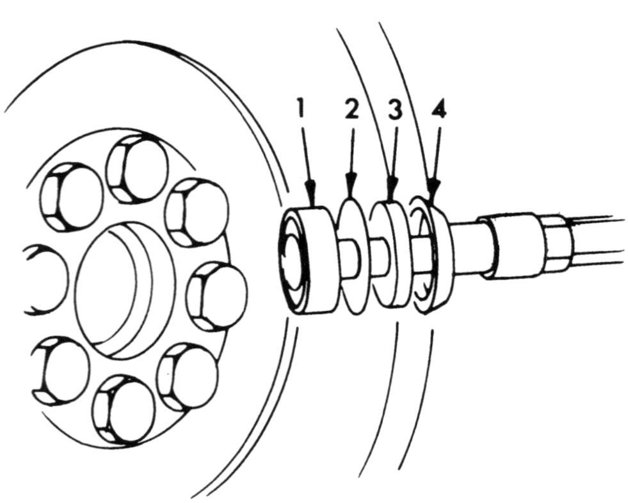

Bild 50
Rillenkugellager im Kurbelwellenende

1 Rillenkugellager
2 Abdeckblech
3 Filzring
4 Kapsel

- Für Schwungrad mit 6-Loch-Befestigung ein neues Sicherungsblech verwenden.
- Gewindebohrungen einwandfrei säubern und neue Dehnkopfschrauben mit LOCTITE rot Kenn-Nr. 41 und Aktivator T zur schnelleren Aushärtung einbauen. Die Schrauben mit 100 bis 115 Nm festziehen.

2.6.2 Anlasserkranz ersetzen

- Schwungrad ausbauen (Kapitel 2.6.1).
- Zahnkranz unter einer Zahnlücke mit einem 6,5-mm-Bohrer ca. 8 mm tief anbohren.
- Zahnkranz mit einem Meisselschlag an der Bohrseite trennen.
- Neuen Zahnkranz auf 200 bis 230° C erwärmen und durch Schläge mit einem Messingdorn satt zur Anlage bringen. Die Zahnabschrägung muss zur Motorseite hin zeigen.

2.6.3 Rillenkugellager in der Kurbelwelle ersetzen

Das Rillenkugellager zentriert die Getriebeeingangswelle und wird folgendermassen ersetzt:

- Kupplung ausbauen (Kapitel 7.2).
- Rillenkugellager (1 in Bild 50) mit einem Kukkoauszieher mitsamt Abdeckblech (2), Filzring (3) und Kapsel (4) aus der Kurbelwelle herausziehen.
- Neues Lager mit Mehrzweckfett (Tropfpunkt 180° C) füllen und einsetzen.
- Abdeckblech mit Prägung gegen aussen einsetzen.
- Filzring vor dem Einbau in heissem Talg tränken.
- Kapsel bis zum Festsitz eintreiben.

2.7 Radialdichtringe im Räderkastendeckel ersetzen

- Verstellhalterung des Drehstromgenerators lokkern und Keilriemen abnehmen.
- Abdeckblech beim Schwungrad ausbauen und Schwungrad blockieren.
- Mutter der Riemenscheibe lösen und Riemenscheibe abziehen.
- Radialdichtring im Räderkastendeckel mit geeignetem Auszieher abziehen (z. B. BMW 005 000).

Der Einbau erfolgt in umgekehrter Reihenfolge. Dabei ist folgendes zu beachten:

- Neuen Radialdichtring mit Fett füllen und satt bis zum Gehäuse eindrücken. Bei stark eingelaufener Nabe Dichtring so einsetzen, dass die Dichtlippe vor oder nach der Einlaufrille trägt.
- Riemenscheibe mit 140 bis 150 Nm festziehen.

2.8 Kompression prüfen

Die Kompressionsprüfung erlaubt Rückschlüsse auf den Zustand des Motors. Bei der Prüfung lässt sich feststellen, ob die Ventile in Ordnung bzw. verschlissen sind. Ausserdem zeigen die Prüfwerte an, ob der Motor austauschreif ist bzw. komplett überholt werden muss. Für die Prüfung wird ein Kompressionsdruckprüfer benötigt. Der Druck soll zwischen 9,5 und 12 bar liegen, je nach Motor (siehe Kapitel 19). Der niedrigste Einzel-Messwert darf nicht weniger als 75 % des höchsten Messwertes betragen. Man gehe folgendermassen vor:

- Motor auf Betriebstemperatur bringen.
- Alle Zündkerzen ausschrauben. Verbindungsstecker der elektronischen Zündung zwischen Steuergerät und Zündverteiler ausziehen (Sicherheitsmassnahme).
- Kompressionsprüfer auf Kerzenloch drücken.
- Mit dem Anlasser den Motor so lange durchdrehen, bis der Maximaldruck erreicht ist.
- Alle Zylinder nacheinander messen und dann zwischen höchstem und niedrigstem Kompressionsdruck vergleichen.

Sind ein oder mehrere Werte zu niedrig, dann 2 bis 3 ml Öl in die entsprechende Zündkerzenbohrung einspritzen und die Messung wiederholen. Steigt der Kompressionsdruck durch diese Prozedur nicht an, so sind die betreffenden Ventile nicht in Ordnung, oder anders gesagt, der Verschleiss liegt im Zylinderkopf.

3 Das Schmiersystem

Das Schmiersystem hat die Aufgabe, den Schmierfilm an den Gleitstellen (Schmierstellen) aufrechtzuerhalten sowie den Motor von innen her zu kühlen. Der Schmierfilm verhindert, dass Metall auf Metall reibt und muss enormen Drücken widerstehen. Ein ungenügender Öldruck ist Indiz für zunehmendes Lagerspiel oder weist auf eine defekte Ölpumpe hin.

3.1 Aus- und Einbau der Ölwanne

Die Ölwanne kann bei eingebautem Motor demontiert werden

- Schrauben (1) und (2) lösen und Lenkung vom Vorderachsträger wegziehen (siehe Bild 51).

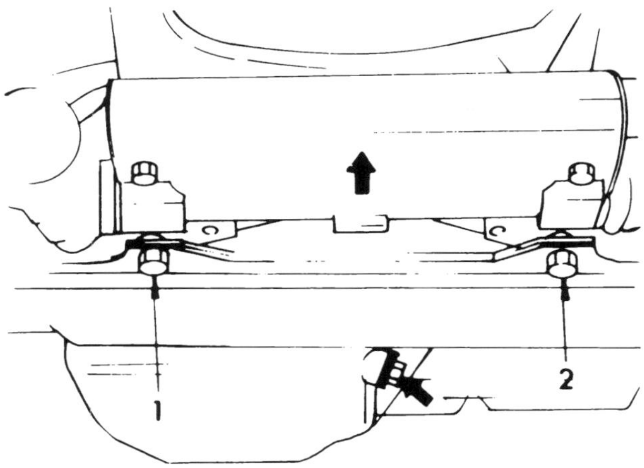

Bild 51
Befestigungen des Lenkgehäuses am Vorderachsträger

- Auffangbecken unterstellen, Ölablassschraube entfernen und Motoröl ablassen.
- Ölwanne rundum lösen und nach unten schwenken.
- Wenn nötig, Kurbelwelle verdrehen und Ölwanne nach vorne wegnehmen.

Der Einbau erfolgt in umgekehrter Reihenfolge. Dichtflächen säubern und Übergänge am Räderkastendeckel und am hinteren Abschlussdeckel mit «Atmosit» oder «Curil K2» bestreichen. Neue Dichtung auflegen. Anzugsdrehmomente beachten. Über Öleinfüllstutzen am Zylinderkopfdeckel korrekte Menge (etwa 4,0 Liter) frisches Motorenöl einfüllen.

3.2 Aus- und Einbau der Ölpumpe

- Ölwanne ausbauen (Kapitel 3.1).
- Kettenrad der Ölpumpe abbauen.
- Sicherungsbleche öffnen und die beiden Ölpumpenhalteschrauben herausdrehen. Ölpumpe abnehmen.

Der Einbau erfolgt in umgekehrter Reihenfolge. Dabei Einbaulage des O-Ringes zwischen Gehäuse und Überdruckleitung beachten. Spannung der Ölpumpenkette kontrollieren und evtl. korrigieren (siehe Kapitel 2.5).

3.3 Überholen der Ölpumpe

Zum Überholen der Ölpumpe unter Bezug auf Bild 52 vorgehen:

- Verschraubung (1) lösen, Druckfeder (2) und Kolben (3) herausnehmen (siehe Bild 53). Ungespannte Federlänge nicht verändern. Ölpumpendeckel (4) abbauen.
- Folgende Spiele kontrollieren (zulässige Masse siehe Kapitel 20):

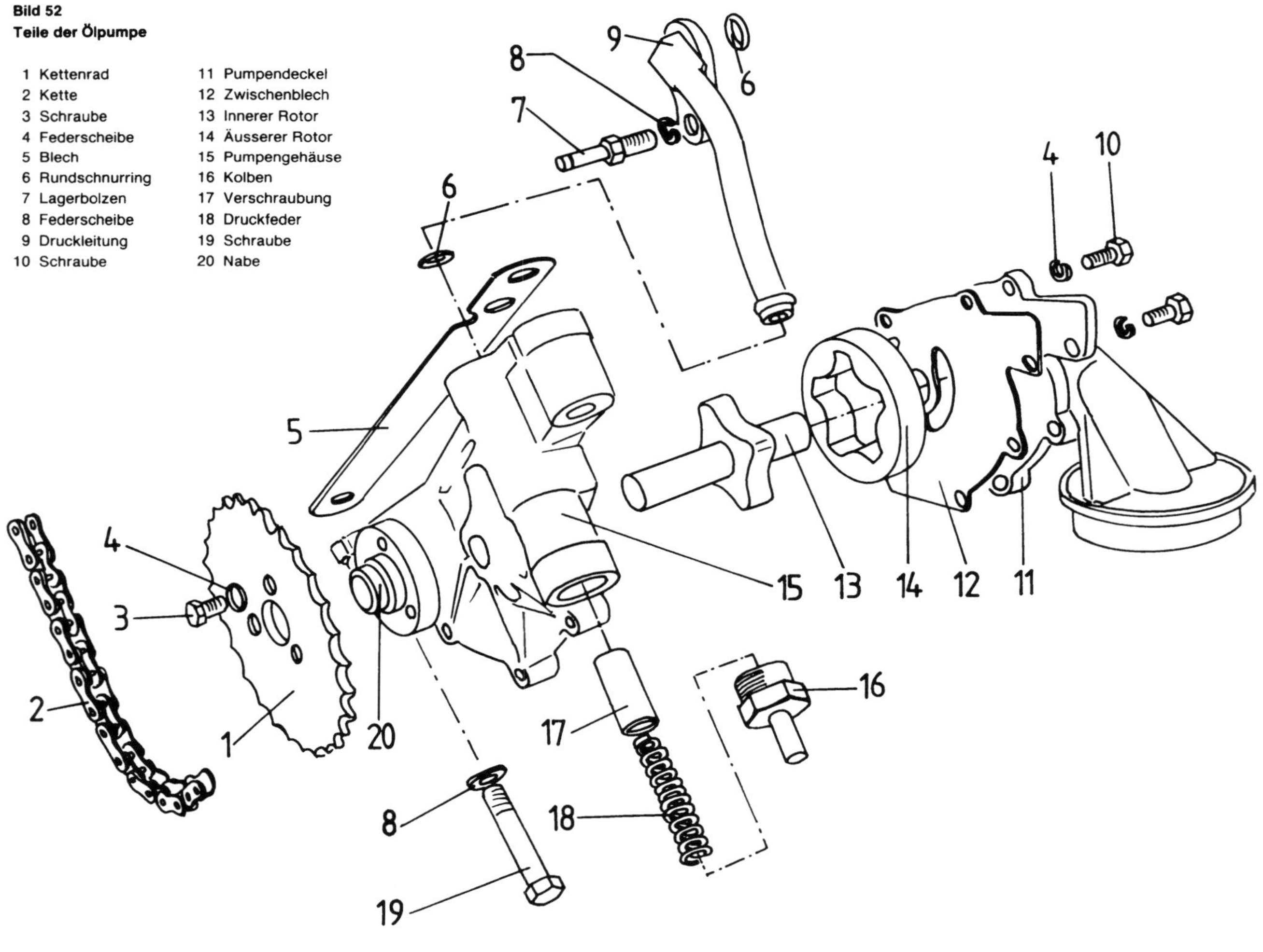

Bild 52
Teile der Ölpumpe

1 Kettenrad
2 Kette
3 Schraube
4 Federscheibe
5 Blech
6 Rundschnurring
7 Lagerbolzen
8 Federscheibe
9 Druckleitung
10 Schraube
11 Pumpendeckel
12 Zwischenblech
13 Innerer Rotor
14 Äusserer Rotor
15 Pumpengehäuse
16 Kolben
17 Verschraubung
18 Druckfeder
19 Schraube
20 Nabe

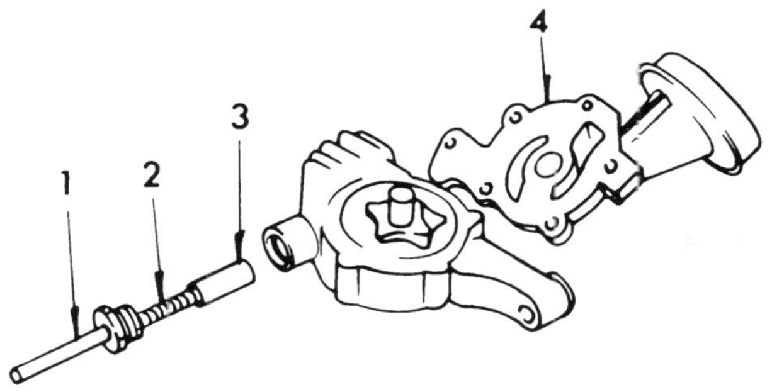

Bild 53
Ölpumpe zerlegt

1 Verschraubung   2 Druckfeder   3 Kolben   4 Ölpumpendeckel

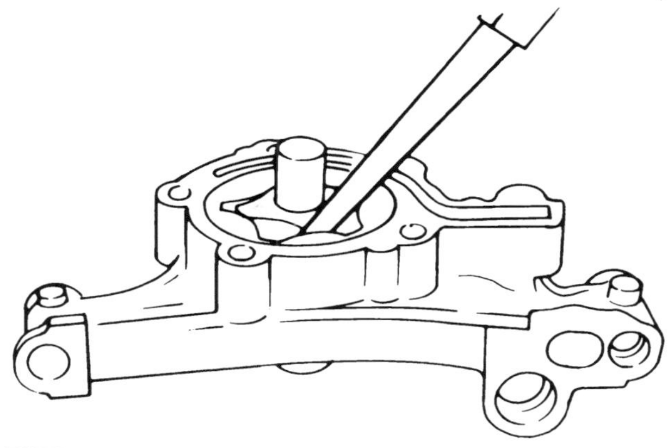

Bild 54
Spiel zwischen den Rotoren

- Radialspiel zwischen Aussenrotor und Pumpengehäuse prüfen. Wird das maximale Spiel überschritten, muss das Pumpengehäuse ersetzt werden.
- Spaltmass zwischen Innen- und Aussenrotor prüfen (siehe Bild 54). Wird das maximale Spaltmass überschritten, so müssen Aussen- und Innenrotor ersetzt werden.
- Mit Hilfe von Lineal und Fühlerlehre Axialspiel zwischen Rotordichtfläche und Pumpengehäuse prüfen. Wird das maximale Axialspiel überschritten, so muss das Pumpengehäuse ersetzt werden.

● Gegebenenfalls Nabe abziehen (nicht abdrükken). Beim Zusammenbau Distanz «A» zwischen Flansch und Innenrotor beachten. «A» soll zwischen 42,6 und 42,8 mm sein (siehe Bild 55).

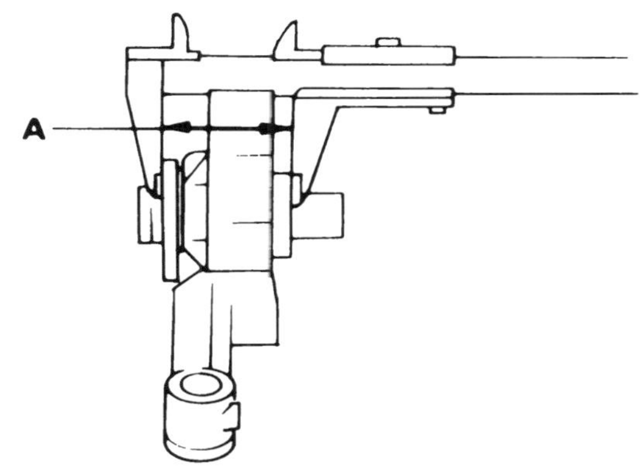

Bild 55
Distanz zwischen Flansch und Innenrotor

Der Zusammenbau erfolgt in umgekehrter Reihenfolge. Anzugsdrehmomente beachten.

4 Die Kühlanlage

Der grösste Teil der Energie, die im Kraftstoff steckt, geht als Wärme verloren. Ein grosser Teil dieser Wärme muss durch das Kühlsystem abgeführt werden, der grosse Rest geht durch Abstrahlung und vor allem durch die Auspuffgase weg.
Das Kühlsystem ist als Flüssigkeitskühlung mit Pumpe und Thermostat ausgelegt (Bild 57a). Das Kühlmittel agiert korrosionsverhütend und bietet einen Langzeit-Frostschutz. Ein Überdruckventil in der Kühlerverschlusskappe ermöglicht einen erhöhten Siedepunkt der Flüssigkeit (weit jenseits von 100° C).

BMW verwendet bei der 3er Reihe einen leistungssparenden Elektroventilator oder einen mit Hydroschlupfkupplung. Im ersten Fall sitzen links unten am Kühler zwei Temperaturschalter für den elektrischen Kühlerventilator.
Bei beiden Varianten wird die Wasserpumpe über einen Keilriemen angetrieben, das heisst, im Falle eines gerissenen Keilriemens bricht der Kühlmittelkreislauf zusammen; man kann sich dann höchstens noch mit einem an den Enden verknüpften Nylonstrumpf als Keilriemenersatz über die Runden retten, da sich der Motor ohne Wasserpumpe,

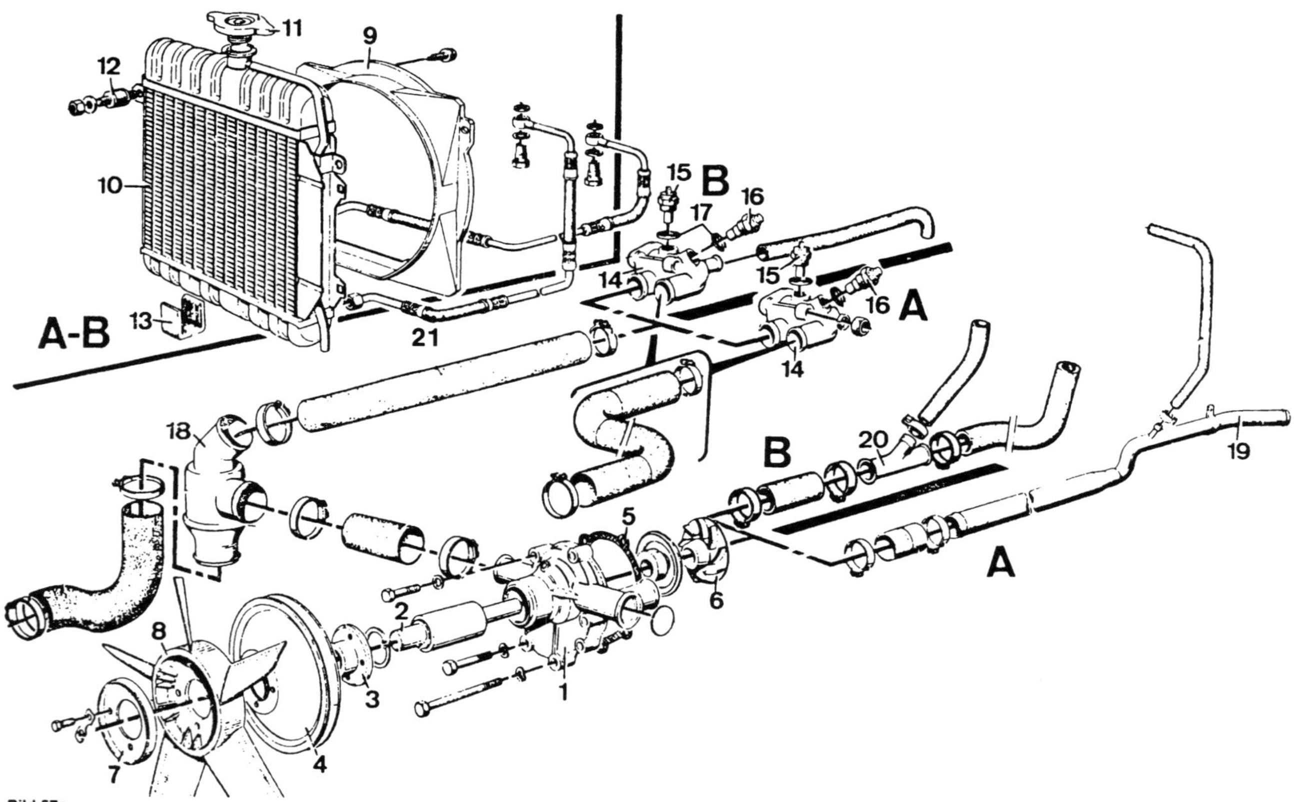

Bild 57a
Kühlsystem
A Erste Variante
B Zweite Variante

1 Wasserpumpe
2 Pumpenwelle
3 Nabe
4 Riemenrad
5 Dichtung
6 Turbinenrad
7 Flansch
8 Ventilatorflügel
9 Luftleithutze
10 Kühler
11 Kühlerverschluss
12 Silentblock
13 Untere Verankerung
14 Verteilerstück
15 Thermokontakt
16 Thermokontakt
17 Runddichtungen
18 Thermostatgehäuse
19 Rücklauf
20 Verzweigungsstück
21 Ölleitungen (autom. Getriebe)

trotz evtl. funktionierender Ventilation, hoffnungslos überhitzt.

4.1 Kühlsystem auf Dichtheit prüfen

- Handelsübliches Prüfgerät nach Entfernen der Verschlusskappe am Expansionsgefäss befestigen.
- Mit Handpumpe im Kühlsystem einen Überdruck von 1 atü erzeugen.
- Das Kühlsystem ist dann als dicht zu betrachten, wenn nach ca. 1 bis 2 Minuten kein Druckabfall ersichtlich ist.
- Bei übermässigem Druckabfall sind die Stellen zu suchen, wo Kühlmittel austritt, und die Lecks zu beheben. Lässt sich trotz Druckabfall kein austretendes Wasser feststellen, so muss auf einen inneren Kühlmittelverlust im Motor geschlossen werden (z. B. defekte Zylinderkopfdichtung). Letzteres kann wegen der daraus resultierenden Ölverdünnung zu einem kapitalen Motorschaden führen.
- Um die Funktion des Kühlerverschlussdeckels zu prüfen, wird er mit einem Verbindungsstück am Prüfgerät befestigt. Mit der Handpumpe wird Druck erzeugt, bis der Deckel bei 0,85 bis 1,15 atü zum Druckabbau führt. Gegebenenfalls Verschlussdeckel ersetzen; einen Deckel mit der Kennzahl 100 nehmen.

4.2 Aus- und Einbau des Wasserkühlers

Kühlflüssigkeit in sauberen Behälter ablassen und auffangen:

- Druckverschluss öffnen, Heizlufttemperaturhebel im Armaturenbrett auf «warm» stellen.
- Kühlerschlauch unten rechts am Wassserkühler lösen und Kühlflüssigkeit ausfliessen lassen. Oberen Schlauch links zusammen mit dünnem Schlauch ebenfalls vom Kühler abbauen.
- Links unten am Kühler sitzen zwei Temperaturschalter für den elektrischen Kühlerventilator (wenn vorhanden). Von diesen sind die elektrischen Stecker abzuziehen.
- Bei Fahrzeugen mit Getriebeautomatik ist ein Getriebeölkühler in den Wasserkühler integriert. Die Schläuche dieses Ölkühlers müssen vor dem Kühlerausbau demontiert und unter Ausschluss jeglichen Schmutzes verschlossen und hochlagernd am Motor festgebunden werden (es lässt sich nicht vermeiden, dass dabei etwas ATF ausläuft, das abgefangen werden muss). Nach dem Einbau des Kühlers ist das ATF auf den vorgeschriebenen Stand zu ergänzen (siehe Kapitel 10.3).
- Die beiden Befestigungsschrauben links und rechts des Kühlers lösen und diesen aus dem Motorraum heben. Die unteren Auflagegummis für das Kühlaggregat auf Brüchigkeit sichten.

Beim Einbau eventuell defekte Auflagegummis des Kühlers ersetzen, das Kühlsystem folgendermassen neu befüllen:

- Heizlufthebel auf «warm» stellen und Kühler über Ausgleichsgefäss langsam mit Frostschutzmischung füllen.
- Druckverschluss durch Drehen bis auf Raste II schliessen.
- Motor auf Betriebstemperatur bringen, und zwar auf mehr als 80° C Wassertemperatur, da der Thermostat mindestens teilweise geöffnet sein sollte.
- Kühlerverschluss auf Raste I zurückdrehen und damit das Kühlsystem entlüften.
- Verschlussdeckel abnehmen und Flüssigkeit bis maximal 2 cm unter obere Marke in Expansionsgefäss nachfüllen.
- Deckel wieder aufsetzen und auf Raste II drehen.

4.3 Kühlwasserthermostat prüfen

- Kühlwasser ablassen und auffangen (Kapitel 4.2).
- Wasserschlauch am Thermostatgehäusedeckel lösen, Deckel losschrauben und Thermostat ausbauen.
- Thermostat folgendermassen prüfen:

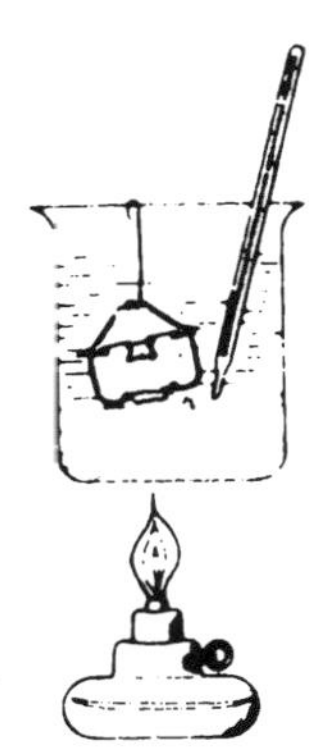

Bild 56
Prüfen des Thermostates

— Thermostat in Wasserbehälter hängen und Wasser erwärmen (Bild 56).

— Öffnungsbeginn und Schaltweg ermitteln. Folgende Werte müssen eingehalten werden: Öffnungsbeginn: 78,5 bis 81,5° C. Öffnungsweg: 8 mm (bei 94 bis 95° C).

● Thermostat gegebenenfalls ersetzen.

Nach dem Einbau des Thermostates das Kühlsystem befüllen und entlüften wie unter Kapitel 4.2 geschildert.

4.4 Wasserpumpe

4.4.1 Ausbau und Einbau

● Wasserkühler ausbauen (siehe Kapitel 4.2).

● Falls vorhanden, den Viskoselüfter auf Wasserpumpen-Riemenscheibe ausbauen (zuvor ist das Sicherungsblech aufzubiegen).

● Drehstromgenerator, Keilriemen und Riemenscheibe der Wasserpumpe abbauen.

● Schlauchschellen lockern und Wasserschläuche abziehen.

● Wasserpumpe demontieren.

Der Einbau erfolgt in umgekehrter Reihenfolge. Dabei Dichtflächen sorgfältig reinigen und neue Dichtung verwenden. Keilriemen gemäss Kapitel 18.2.3 spannen.

4.4.2 Wasserpumpe überholen

Unter Bezug auf Bild 57b vorgehen:

● Nabe mittels Kukko-Abzieher abziehen.

● Seegerring hinter der Nabe ausheben.

● Welle mit Lager aus dem Flügelrad und dem Gehäuse auspressen.

● Lager (1) und Gleitdichtring (2) ersetzen (siehe Bild 58). Flügelrad (3) gegebenenfalls ersetzen.

Beim Zusammenbau das Flügelrad mit Loctite aufpressen. Aufpressdruck ca. 440 bis 500 kg. Dabei ist die Distanz «B» von 0,8 bis 1,2 mm unbedingt einzuhalten (siehe Bild 59).

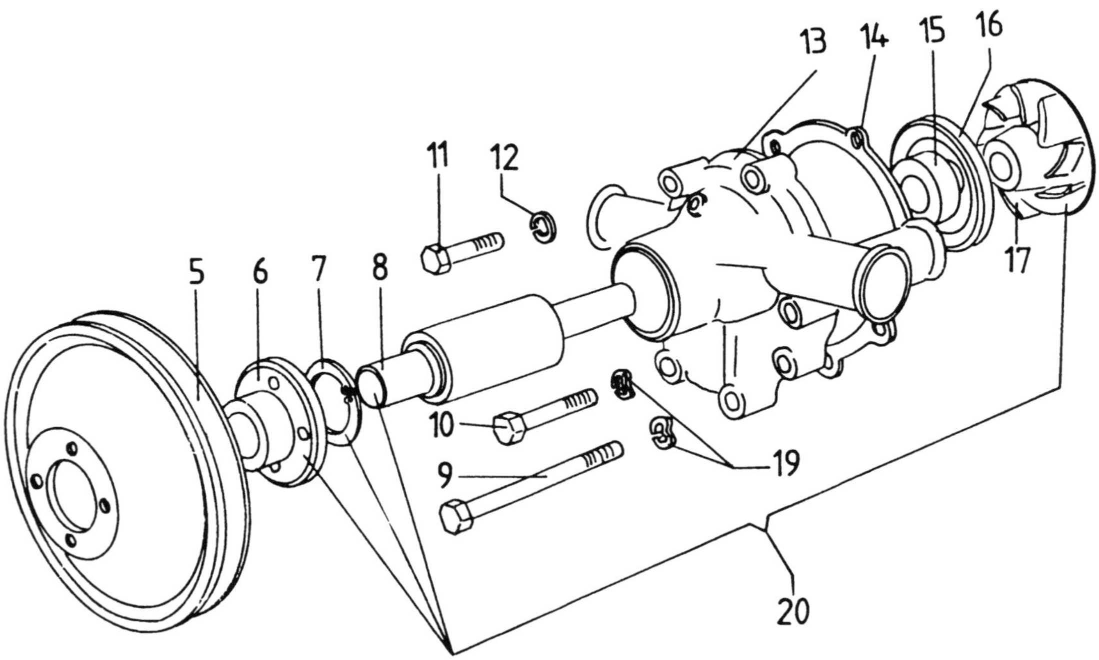

Bild 57b
Explosionsbild der Wasserpumpe

5 Riemenscheibe
6 Nabe
7 Sicherungsring
8 Wasserpumpenlager
9 Schraube
10 Schraube
11 Schraube
12 Sicherungsring
13 Wasserpumpengehäuse
14 Dichtung
15 Gleitringdichtung
16 Abdeckring
17 Flügelrad
19 Federscheiben
20 Pumpenbestandteile

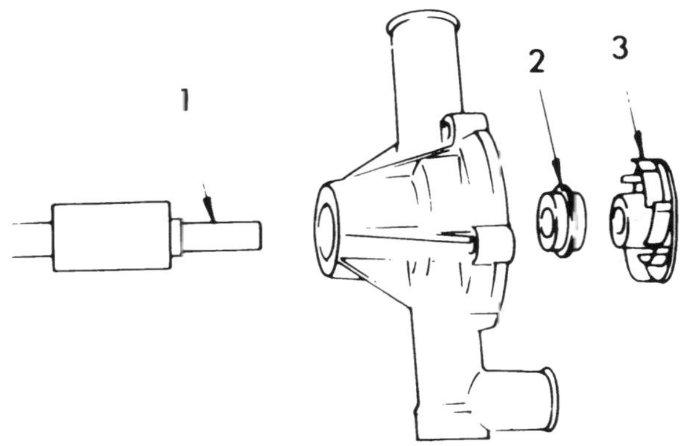

Bild 58
Wichtigste Teile der Wasserpumpe

1 Lager 2 Gleitdichtring 3 Flügelrad

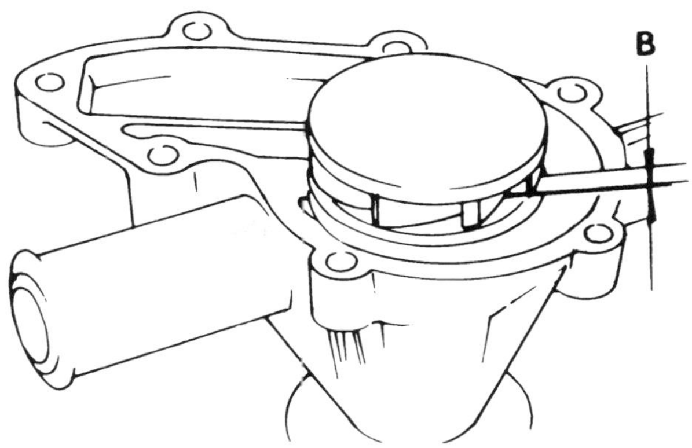

Bild 59
Einzuhaltendes Spaltmass beim Zusammenbau der Wasserpumpe

B 0,8 – 1,2 mm

5 Kraftstoffanlage

Der BMW 316 ist mit einem Solex-Registervergaser oder ab Modell 1984 mit dem elektronischen Pierburg-Vergaser von Bosch ausgerüstet. Der 318i des Modelljahrganges 1983 ist mit K-Jetronic-Einspritzung, derjenige von 1984 mit L-Jetronic- und derjenige von 1985 mit LE-Jetronic-Einspritzung ausgerüstet. Als Besonderheit wird zusätzlich ein Modell des Jahrgangs 1985 mit Katalysator und Lambda-Sonde angeboten.
Dieser letzte, modernste Entwicklungsstand war für BMW ein Muss, wollte die Firma ihrem Ruf gerecht werden, technisch immer an der Front zu sein. Allerdings bleiben solche Spitzentechnologien auch bei BMW relativ lange in der Schublade, nämlich so lange, bis der Kunde wirklich danach verlangt (z. B. als Folge der Diskussion über das Waldsterben).

5.1 Vergaser Solex 2B4 (BMW 316 Modell 83)

Bei diesem Register-Vergaser (wie er im Modell 316 Baujahr 83 verwendet wurde) handelt es sich um einen Vergaser konventioneller Bauart. Solche Vergaser werden in den nächsten Jahren immer mehr vom Markt verschwinden, da besseres Abgasverhalten bei guter Alltagstauglichkeit mit elektronischen Mitteln deutlich billiger erreicht werden kann (siehe z. B. Kapitel 5.2).

5.1.1 Aus- und Einbau des Vergasers

- Luftfiltergehäuse ausbauen.
- Gaskabel aushängen.
- Kabel vom Startergehäuse und vom Leerlaufabschaltventil abziehen.

- Muttern links und rechts vom Leerlaufabschaltventil lösen.
- Schläuche vom Starterdeckel abbauen.
- Haltebügel des Gasbowdenzuges abbauen (Bügel bleibt am Gaszug).
- Kabel vom Thermostatventil abziehen.
- Kraftstoffrückführungsventil vom Stützwinkel und vom Kraftstoffschlauch zum Vergaser lösen.
- Unterdruckschlauch abziehen.
- Haltemuttern entfernen und Vergaser herausheben.

Der Einbau erfolgt in umgekehrter Reihenfolge. Neue Dichtung verwenden. Anschliessend Gasbowdenzug und Motorleerlauf (Kapitel 5.1.3) einstellen.

5.1.2 Vergaser reinigen

- Vergaser ausbauen und gemäss Explosionszeichnung (Bild 60) zerlegen (bestimmte Auslegeordnung einhalten, was beim Zusammenbau einiges erleichtert).
- Teile des Vergasers in Petrol reinigen.

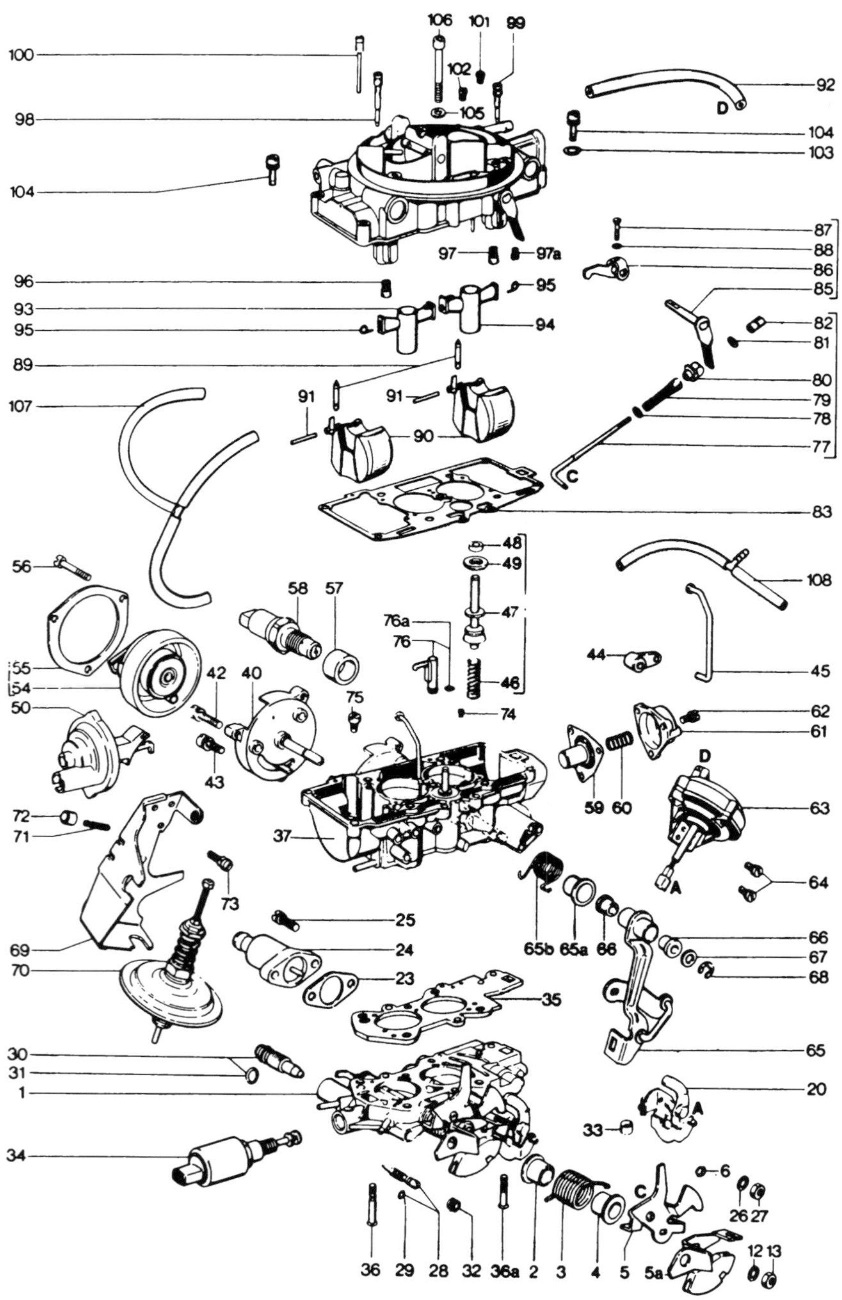

Bild 60
Vergaser Solex 2B4

1 Drosselklappenteil
2 Buchse
3 Feder
4 Buchse
5 Hebel
5a Hebel Automat
6 Scheibe
12 Scheibe
13 Mutter
20 Hebel
23 Dichtung
24 Stellantrieb
25 Schraube
26 Scheibe
27 Mutter
28 Gemischregulierschraube
29 O-Ring
30 Umluftregulierschruabe
31 O-Ring
32 Verschlussstopfen
33 Schutzkappe für Drosselklappenanschlagschraube
34 Kraftstoffabschaltventil
35 Dichtung
36 Schraube
36a Schraube
37 Gehäuse
40 Starterkörper
42 Schraube
43 Schraube
44 Hebel
45 Verbindungsstange
46 Feder
47 Kolben
48 Sicherungsring
49 Scheibe
50 Unterdruckdose
54 Starterdeckel
55 Klemmring
56 Schraube
57 Dichtring
58 Stellantrieb
59 Kolben
60 Feder
61 Deckel
62 Schraube
63 Unterdruckdose
64 Schrauben
65a Betätigungsarm der Beschleunigungspumpe
65b Buchse
66 Buchse
67 Scheibe
68 Sicherungsscheibe
69 Halter
70 Steuerdose
71 Gewindestift
72 Kappe
73 Schraube
74 Hauptdüse 2. Stufe
75 Ventil
76 Einspritzrotor
76a O-Ring
77 Stange
78 Scheibe
79 Feder
80 Mutter
81 Scheibe
82 Mutter
83 Dichtung
85 Hebel
86 Hebel
87 Schraube
88 Scheibe
89 Schwimmernadeln
90 Schwimmer
91 Achse
92 Schlauch
93 Zerstäuber
94 Zerstäuber
95 Haltefeder
96 Hauptdüse
97 Hauptdüse
97a Düse
98 Leerlaufluftdüse
99 Leerlaufluftdüse
100 Düse
101 Luftkorrekturdüse
102 Übergangsdüse
103 Federring
104 Schraube
105 Federring
106 Schraube
107 Schlauch
108 Schlauch

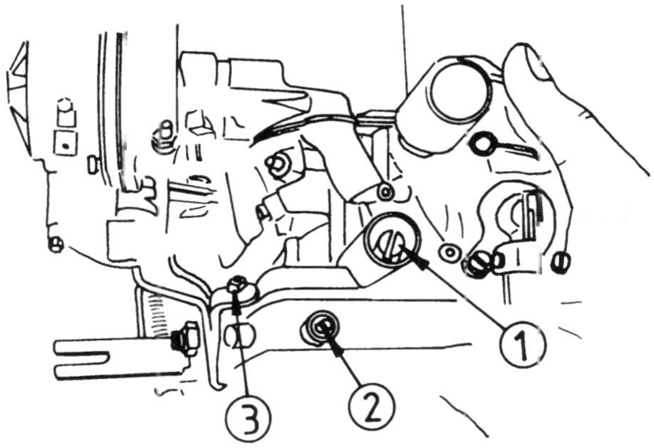

Bild 61
Leerlaufeinstellung am Vergaser Solex 2B4

1 Leerlaufdrehzahl-Einstellschraube
2 Gemischeinstellschraube (CO)
3 Grundeinstellschraube

Bild 62
Einstellen des automatischen Chokes an der Pull-down Schraube (1)

- Alle Düsen und Bohrungen mit Pressluft durchblasen.
- Teile mit fusselfreiem Lappen trocknen.
- Beim Zusammenbau neue Dichtungen verwenden. Anschliessend Einspritzmenge kontrollieren (Kapitel 5.1.6).
- Nach dem Wiedereinbau nachfolgende Einstellungen vornehmen.

5.1.3 Leerlaufeinstellung

Voraussetzungen für korrekte Leerlaufeinstellung sind:

- Betriebswarmer Motor.
- Sauberer Luftfiltereinsatz.
- Den vorgeschriebenen Werten entsprechende Einstellungen von Zündzeitpunkt und Ventilspiel.
- Geeichter und betriebswarmer CO-Tester.

Danach folgendermassen vorgehen:

- Leerlaufdrehzahl an Schraube (1) in Bild 61 auf 900/min einstellen.
- CO-Wert kontrollieren.

Ist der CO-Wert höher als 1 %, so muss das Leerlaufgemisch folgendermassen eingestellt werden:

- Schutzkappe an der CO-Schraube (2 in Bild 61) entfernen und den CO-Wert auf 1 % einstellen.
- Falls sich bei dieser Prozedur die Leerlaufdrehzahl verändert hat, so ist diese, wie oben beschrieben, wieder auf 900/min einzustellen.
- Die beiden letzten Operationen wiederholen, bis die Leerlaufdrehzahl und der CO-Wert konstant bleiben (1 % CO bei 900/min).

Sind diese Werte nicht erreichbar, so muss eine Grundeinstellung der Drosselklappe vorgenommen werden:

- Schraube (1) in Bild 61 ganz hineindrehen.
- Leerlaufdrehzahl mit Schraube (3) auf 550/min einstellen.
- Nach Entfernen der Schutzkappe an Schraube (2) den CO-Wert auf 2,2 % einstellen.
- Leerlaufdrehzahl an Schraube (1) auf 900/min erhöhen.
- CO-Wert an Schraube (2) auf 1 % einstellen.
- Die beiden letzten Operationen wiederholen, bis der CO-Wert und die Leerlaufdrehzahl konstant auf 1 % und 900/min bleiben.
- CO-Schraube (2 in Bild 61) mit neuer Schutzkappe versehen.

5.1.4 Automatischen Choke einstellen

- Deckel des automatischen Chokes entfernen.
- Hebel gegen die Pull-down-Kapsel drücken (Bild 62) und den Spalt der Starterklappe mit einem 4,2 mm dicken Stab nachkontrollieren.
- Die Einstellung erfolgt an der Pull-down-Schraube (1 in Bild 62).

5.1.5 Drosselklappenöffnung für Schnell-Leerlauf einstellen

Unter Bezug auf Bild 63 vorgehen:

- Vorspannung der Feder «A» soll 23 mm betragen. Die Einstellung erfolgt an der Mutter (1).

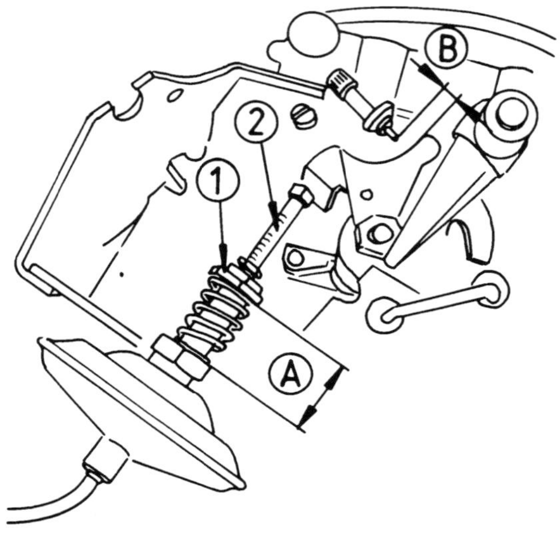

Bild 63
Einstellung der Drosselklappenöffnung

1 Gewindestange 2 Einstellmutter

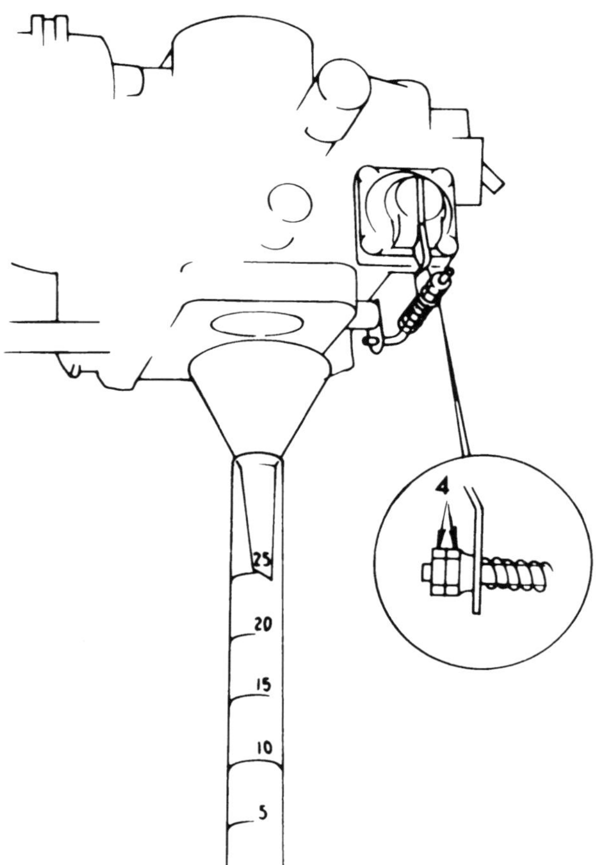

Bild 64
Einstellen der Einspritzmenge der Beschleunigungspumpe

4 Einstellmutter und Kontermutter

- Mass «B» zwischen Anschlagschraube und Drosselklappenarm soll 5 mm betragen und wird an der Gewindestange (2) eingestellt.

5.1.6 Beschleunigungspumpe einstellen

Die Beschleunigungspumpe soll nur eingestellt werden, wenn sich schlechte Übergänge ergeben (Abmagerungsruckeln oder verzögertes Ansprechen infolge Überfettung) und/oder der Kraftstoffverbrauch zu hoch ist. Dem Umweltschutz und dem Geldbeutel zuliebe sollte die Einspritzmenge möglichst niedrig gehalten werden. Die Einstellung erfolgt bei ausgebautem Vergaser (Kapitel 5.1.1):

- Schwimmerkammer über die Belüftung mit Kraftstoff füllen.
- Vergaser mit Trichter über Messzylinder halten (siehe Bild 64).
- Beschleunigungspumpe durch zehnmaliges, langsames Hin- und Herbewegen des Drosselklappenhebels betätigen. Erhaltene Menge durch 10 dividieren. Die Menge pro Hub muss zwischen 0,5 und 0,9 ml betragen, wobei eher 0,5 ml anzustreben sind.
- Eine eventuelle Korrektur ist durch Verdrehung der Einstellmutter (4 in Bild 64) möglich, wobei eine Rechtsdrehung die Einspritzmenge vergrössert und umgekehrt (Kontermutter lösen, Einstellmutter darunter verdrehen, Kontermutter festziehen).

5.1.7 Schwimmerniveau kontrollieren

- Vergaserdeckel und Dichtung entfernen.
- Mass zwischen dem höchsten Punkt jedes Schwimmers und der Dichtfläche des Vergaserdeckels messen. Das Mass soll beim 1. Schwimmerkörper 28 mm und beim 2. Schwimmerkörper 30 mm betragen.
  Die Schwimmerhöhen werden durch Verbiegen der Haltelaschen eingestellt.

5.2 Bosch-Pierburg-Vergaser mit elektronisch beeinflussten Funktionen (BMW 316 ab Modell 84)

Mit gestiegenen Ansprüchen an das Kaltstartverhalten, den Warmlauf und durch die strengeren Abgasbestimmungen ist der Aufbau des mechanischen Vergasers immer komplexer geworden.

ECOTRONIC-Vergaser mit elektronischem Steuergerät:

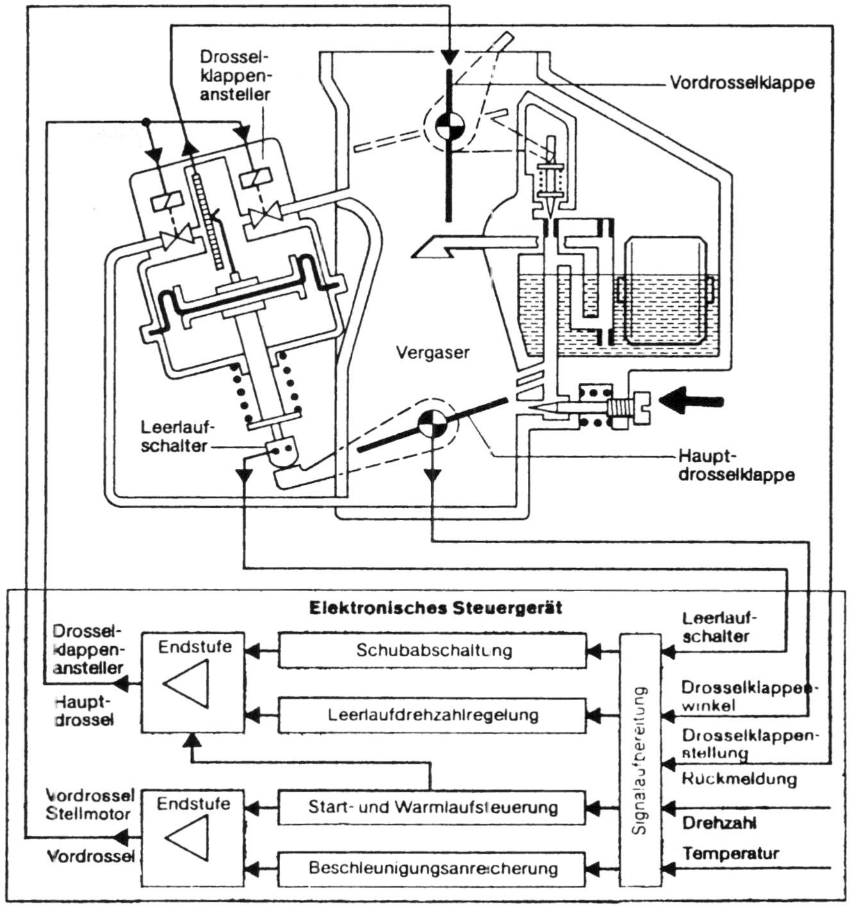

Bild 65
Schema des elektronischen Bosch-Pierburg-Vergasers

Noch komplexere Aufgaben sind mit konventionellen, mechanischen Mitteln nicht mehr zu bewältigen.

Moderne Mikroelektronik bietet die Möglichkeit, deutlich vereinfachte Vergaser mit elektrischen Steuerelementen zu versehen, die ihre Funktion mit hoher Genauigkeit dem jeweiligen Verbrauchs- und Emissionsoptimum anpassen.

Bild 65 zeigt den schematischen Aufbau des Pierburg-Vergasers. Es handelt sich dabei um einen einfachen Vergaser, der beim Ausfall der Elektronik sichere Notlaufeigenschaften gewährleistet und der mit einem Drosselklappenansteller und einem Vordrossel-Stellmotor versehen ist. Als intelligentes Bauteil dient ein kleiner dreiteiliger Mikrocomputer (Eingabeteil, 8-Bit-Mikroprozessor, Ausgabeteil). Dieser Mikrocomputer verarbeitet laufend Signale von folgenden Sensoren: Motordrehzahl, Motortemperatur, Drosselklappenwinkelstellung, Drosselklappenanstellerposition (Rückmeldung) und Leerlaufschalter.

Die Arbeitsweise des Elektronik-Vergasers ist einfach und einleuchtend: In Abhängigkeit der gemessenen Betriebsparameter wählt das elektronische Steuergerät die Einstellung der Vordrossel zur Gemischanreicherung und die Vorsteuerung der Hauptdrosselanstellung zur Beeinflussung der Füllung. Erreicht werden damit bei jeder Aussentemperatur kurze Startzeiten und sicherer Hochlauf. Weiterhin wird während des Warmlaufs eine magere Anpassung bei gutem Fahrverhalten erzielt. Die hohe Stellgeschwindigkeit des Vordrosselstellmotors erlaubt es, die Vordrossel zur Beschleunigungsanreicherung einzusetzen; derartige Übergangszustände werden über den Drosselklappenwinkelgeber erfasst.

Der vereinfachte Vergaser ist auf das gewünschte Mischungsverhältnis im Stationärbetrieb bei betriebswarmem Motor abgestimmt. Deshalb besitzt der elektronische Vergaser auch nach Ausfall des elektronischen Steuersystems gute Notlaufeigenschaften im gesamten Kennfeldbereich.

Eine weitere Eigenschaft der Elektronik ist die Möglichkeit, die Leerlaufdrehzahl unabhängig vom Reibmoment im Motor (oder Drehmomentbedarf bei Belastung durch irgendwelche Aggregate) zu

stabilisieren. Das Ganze funktioniert über Drehzahlvergleich mit Solldrehzahl und anschliessender Regelung mittels Drosselklappenansteller.
Im Schubbetrieb gibt der Motor keine Leistung ab. Deswegen benötigt er in dieser Betriebsphase keinen Kraftstoff. Die Abschaltung des Kraftstoffes im Schubbetrieb erfolgt bei Drehzahlen oberhalb der «Schubdrehzahlschwelle» durch Schliessen der Hauptdrosselklappe bis unterhalb der Leerlaufstellung. Dadurch gelangt der Leerlaufgemischaustritt über die geschlossene Drosselklappe in den Bereich des atmosphärischen Druckes, so dass die Kraftstofförderung aus dem Leerlaufsystem vollständig aufhört. Auch beim Abstellen des Motors wird auf diese Weise das sogenannte «Nachdieseln» verhindert. Die Verbrauchsersparnis durch die Schubabschaltung beträgt 5 % und mehr.
Da der Grundaufbau des Vergasers sehr einfach ist und die Elektronik für die ganze Lebensdauer des Vergasers gleichbleibende und äusserst exakt an die Gegebenheiten angepasste Gemischaufbereitung bietet, brauchen praktisch keine Einstellungen vorgenommen zu werden. Warmlauf und Leerlaufdrehzahl sind durch die Elektronik gegeben, deshalb muss als einzige Einstellung diejenige des CO-Wertes vorgenommen werden.

5.2.1 Aus- und Einbau des Vergasers

- Luftfiltergehäuse ausbauen.
- Gaskabel aushängen und vom Vergaser abbauen.
- Kabel zur Vergaserelektronik abziehen.
- Unterdruckschlauch vom Vergaser abziehen.
- Kraftstoffleitungen abklemmen.
- Haltemuttern entfernen und Vergaser herausheben.

Der Einbau erfolgt in umgekehrter Reihenfolge. Neue Dichtung verwenden. Anschliessend Gasbowdenzug und CO-Wert (Kapitel 5.2.3) einstellen.

5.2.2 Vergaser reinigen

Zerlegung und Zusammenbau des Elektronik-Vergasers sind wegen des einfachen Grundaufbaus kein Problem und brauchen daher nicht in allen Einzelheiten beschrieben zu werden:

- Vergaser ausbauen (Kapitel 5.2.1) und unter Einhaltung einer bestimmten Auslegeordnung zerlegen.
- Teile des Vergasers in Petrol reinigen.
- Alle Düsen und Bohrungen mit Pressluft durchblasen.
- Teile mit fusselfreiem Lappen trocknen.
- Beim Zusammenbau neue Dichtungen verwenden.
- Nach dem Einbau Motor warmlaufen lassen und CO-Wert einstellen (Kapitel 5.2.3).

5.2.3 CO-Wert einstellen

Voraussetzungen für korrekte CO-Einstellung sind:
— Betriebswarmer Motor.
— Sauberer Luftfiltereinsatz.
— Den vorgeschriebenen Werten entsprechende Einstellungen von Zündzeitpunkt und Ventilspiel.
— Geeichter und betriebswarmer CO-Tester.

Danach folgendermassen vorgehen:

- Schutzkappe an einziger Einstellschraube des Vergasers entfernen (Pfeil in Bild 65).
- CO-Wert auf 1 % einstellen und neue Schutzkappe anbringen (Drehung im Uhrzeigersinn vermindert CO-Wert und umgekehrt).

Anders als beim vollmechanischen Vergaser kann sich während dieser Einstellung die Leerlaufdrehzahl nicht verändern, da die Elektronik diese gegebenenfalls blitzschnell nachregelt; sie beträgt übrigens 900/min.

5.3 Kraftstoffpumpe (Vergasermodelle)

In diesem Kapitel wird die mechanische Kraftstoffpumpe der Vergasermotoren beschrieben. Die verschiedenen Einspritzanlagen des BMW sind mit einer elektrischen Kraftstoffpumpe versehen. Der Antrieb der am Zylinderkopf sitzenden mechanischen Kraftstoffpumpe erfolgt über Nocken und Stössel von der Nockenwelle her (die Membranpumpe sitzt daher am Zylinderkopf).

5.3.1 Kraftstoffpumpendruck und Schwimmernadelventil prüfen

- Prüfgerät zwischen Kraftstoffpumpe und Vergaser schalten (siehe Bild 66).
- Motor im Leerlauf drehen lassen.
- Liegt der Pumpendruck unter 0,05 atü, so ist die Kraftstoffpumpe defekt und muss ersetzt werden.
- Hahn (1) schliessen und Motor abstellen. Der

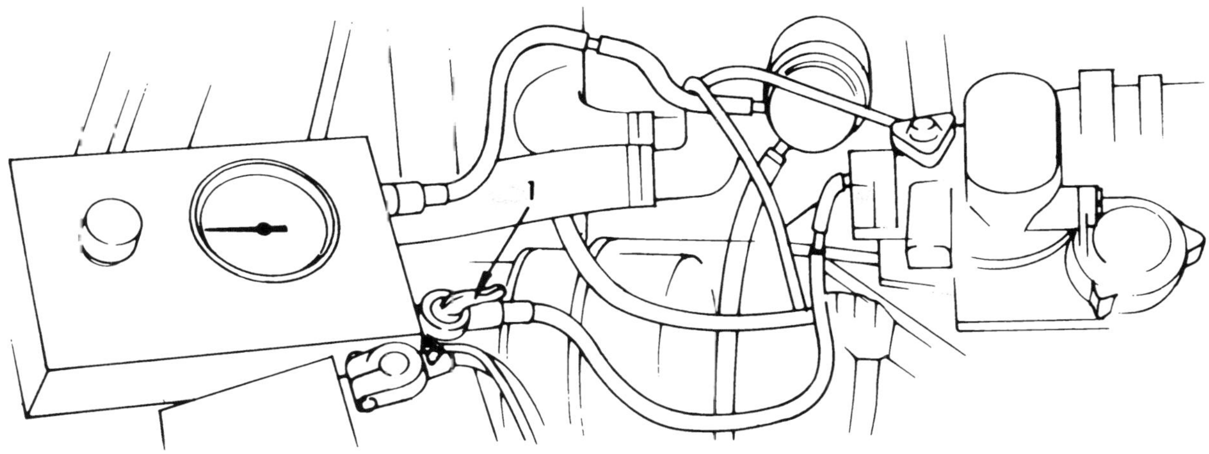

Bild 66
Messen des Kraftstoffpumpendruckes bei Vergasermotoren

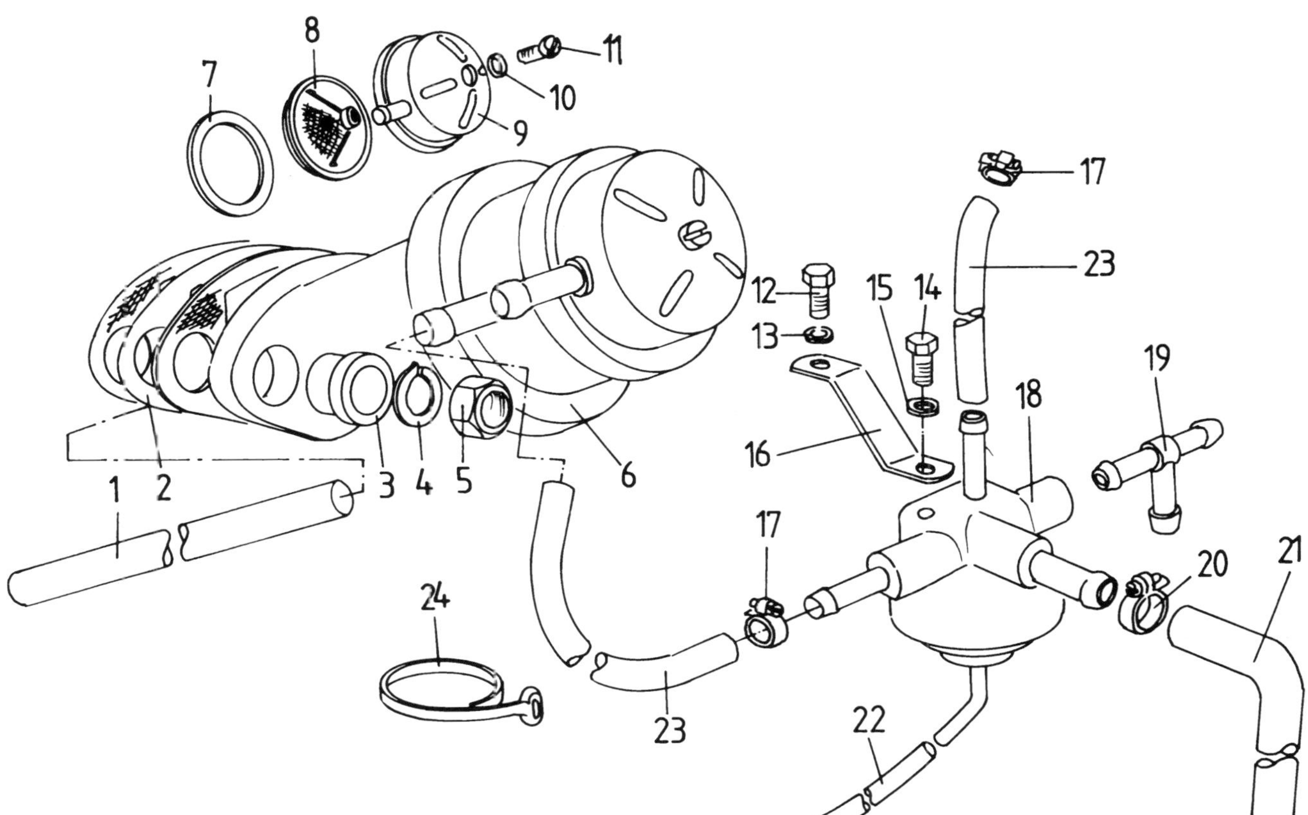

Bild 67
Teile der mechanischen Kraftstoffpumpe

1 Pumpenstössel
2 Isolierflansch mit Dichtung
3 Isolierbuchse
4 Federscheibe
5 Mutter
6 Kraftstoffpumpe
7 Dichtring
8 Kraftstoffilter
9 Kappe
10 Dichtring
11 Zylinder
12 Schraube
13 Federscheibe
14 Schraube
15 Federscheibe
16 Winkel
17 Schelle
18 Rücklaufventil
19 Drosseldüse
20 Schelle
21 Schlauch
22 Unterdruckschlauch
23 Schlauch
24 Kabelband

Belastungsdruck muss zwischen 0,21 und 0,3 atü stehen bleiben. Bei Druckabfall ist das Schwimmernadelventil zu ersetzen.

5.3.2 Kraftstoffpumpe reinigen

Unter Bezug auf Bild 67:

- Deckel über der Pumpe abbauen.
- Sieb und Dichtung herausnehmen.
- Sieb und Druckraum säubern.
- Das Ganze wieder zusammenbauen.

5.3.3 Kraftstoffpumpe ersetzen

Liefert die mechanische Pumpe nicht mehr den vorgeschriebenen Kraftstoffdruck, so kann sie komplett ersetzt werden (Bild 67).

- Kraftstoffschläuche von der Pumpe abbauen.
- Pumpe ausbauen.
- Isolierflansch und Dichtungen überprüfen und gegebenenfalls ersetzen.
- Neue Pumpe einbauen. Isolierbuchsen unter den Haltemuttern nicht vergessen.

5.3.4 Kraftstoffrücklaufventil

Bei Modellen, die mit Kraftstoffrücklaufventil ausgerüstet sind, soll dieses Überfettung im Leerlauf und Schiebebetrieb sowie Heissstartschwierigkeiten verhindern. Eine Funktionsprüfung kann folgendermassen vorgenommen werden:

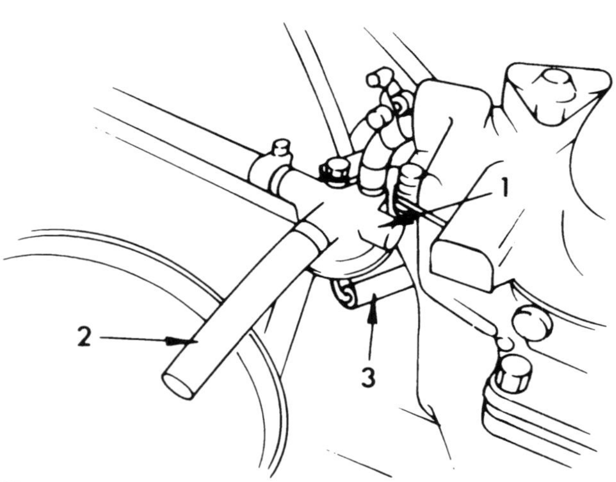

Bild 68
Kraftstoffrücklaufventil

1 Rücklaufventil
2 Schlauchstück (10 cm)
3 Unterdruckschlauch

- Rücklaufschlauch vom Rücklaufventil (1) in Bild 68 abziehen und durch ein ca. 10 cm langes Schlauchstück (2) ersetzen.
- Geeignetes Gefäss zum Auffangen unter das Schlauchstück halten.
- Drehzahlmesser anschliessen und Motor starten.
- Bis ca. 2000/min soll über den gesamten Schlauchquerschnitt Kraftstoff abfliessen.
- Wird der Unterdruckschlauch (3) abgezogen, so darf kein Kraftstoff mehr abfliessen. Ist diese Forderung nicht erfüllt, so muss das Rücklaufventil ersetzt werden.

5.4 K-Jetronic-Einspritzanlage (BMW 318i Modell 83)

Es handelt sich bei der Bosch-K-Jetronic-Anlage um ein mechanisches Einspritzsystem mit Luftmengenmessung, welches ohne Antrieb vom Motor her auskommt.

Die angesaugte Luftmenge wird mit einem Luftmengenmesser gemessen, der vor der Drosselklappe eingebaut ist. Entsprechend der gemessenen Luftmenge teilt ein Mengenteiler den einzelnen Motorzylindern eine Kraftstoffmenge zu, die ein optimales Gemisch hinsichtlich Motorleistung, Kraftstoffverbrauch und Abgaszusammensetzung ergibt. Die genau bemessene Kraftstoffmenge wird den Einspritzventilen zugeleitet, die den Kraftstoff in fein zerstäubter Form kontinuierlich vor die Einlassventile jedes einzelnen Zylinders spritzen (jeder Zylinder erhält exakt das gleiche Gemisch).

5.4.1 Funktion der Bosch-K-Jetronic-Einspritzanlage

Die Funktionsbeschreibung bezieht sich auf Bild 69:

- Die elektrische Kraftstoffpumpe (2) pumpt den Kraftstoff in die Einspritzanlage. Es handelt sich um eine Rollenzellenpumpe.
- Der Druckspeicher (3) hält den Kraftstoffdruck über längere Zeit nach Abstellen des Motors aufrecht und verhindert so Dampfblasenbildung.
- Der Kraftstoffilter (4) schützt Mengenteiler und Düsen vor Verschmutzung.
- Der Systemdruckregler (6) hält den Kraftstoffdruck im System konstant.

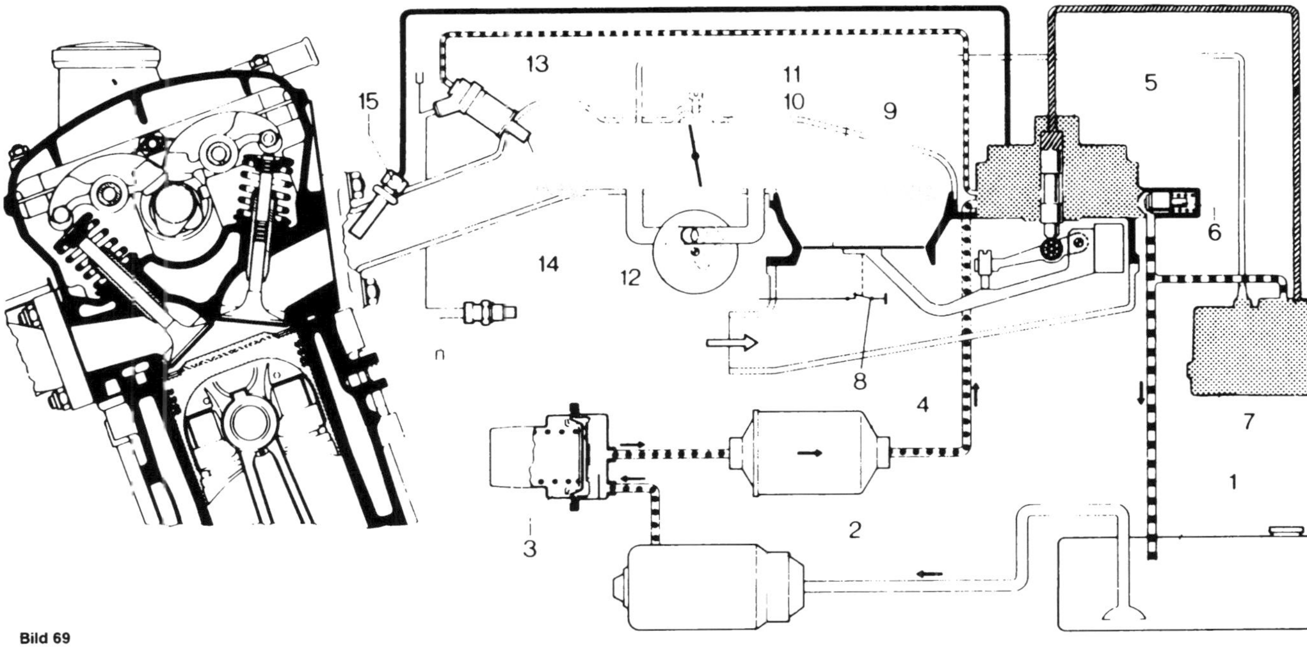

Bild 69
Schema der K-Jetronic-Einspritzanlage

1 Kraftstoffbehälter
2 Kraftstofförderpumpe
3 Druckspeicher
4 Kraftstoffilter
5 Gemischregler
6 Systemdruckregler
7 Warmlaufregler
8 Sicherheitsschalter
9 Stauscheibe
10 Drosselklappe
11 Leerlaufeinstellschraube
12 Zusatzluftschieber
13 Startventil
14 Thermozeitschalter
15 Einspritzventile

- Der Gemischregler (5) besteht aus Luftmengenmesser und Kraftstoffteiler und ist das wichtigste Gerät der Anlage. Die in Abhängigkeit von Drosselklappenstellung, Drehzahl und Motorzustand angesaugte Luftmenge hebt die Stauscheibe (9) an. Zugleich wird über einen kürzeren Hebelarm der Steuerkolben im Kraftstoffmengenteiler gegen den hydraulischen Steuerdruck angehoben. Dabei wird der durchströmenden Luft die nötige Kraftstoffmenge zugemessen und über Steuerschlitze den einzelnen Einspritzventilen (15) zugeführt. Der Kraftstoffmengenteiler besitzt ein Differenzdruckventil, welches bewirkt, dass die Durchflussmenge proportional zur Steuerschlitzöffnung zugemessen wird.
- Der Warmlaufregler (7) regelt den Druck über dem Steuerkolben. Er senkt den Steuerdruck während der Warmlaufphase und erzeugt so ein fetteres Gemisch. Ein elektrisch beheiztes Bimetall schaltet den Regler nach der Warmlaufzeit ab.
- Der Zusatzluftschieber (12) teilt dem Motor während der Warmlaufphase mehr Luft zu. Diese Umgehung der Drosselklappe wird in betriebswarmem Zustand verschlossen.
- Das Startventil (13) spritzt bei Kaltstart zusätzlichen Kraftstoff ins Saugrohr. Die Spritzdauer wird vom Thermozeitschalter (14) in Abhängigkeit der Motortemperatur gesteuert.

Eine spezielle Einrichtung zur Beschleunigungsanreicherung ist unnötig, da das System praktisch verzögerungsfrei arbeitet und zudem beim plötzlichen Öffnen der Drosselklappe der Luftmengenmesser sowohl die Luftmenge, die in die Brennräume gelangt, als auch die Luftmenge, die erforderlich ist, um den Druck im Saugrohr auf das neue Niveau anzuheben, misst. Die Stauscheibe schwingt dadurch kurzzeitig über den Hub bei voller Drosselklappenöffnung hinaus (siehe Bild 70). Dieses Überschwingen bewirkt eine höhere Kraftstoffzuteilung (Beschleunigungsanreicherung), mit der ein gutes Übergangsverhalten erreicht wird.

5.4.2 Sichtprüfung

Folgende Sichtprüfung ist bei laufendem und stehendem Motor vorzunehmen:

- Sichtbare Undichtheiten am Kraftstoffsystem durch Ersetzen oder Abdichten des entsprechenden Teils beseitigen.
- Unterdrucksystem auf lockere, bzw. poröse

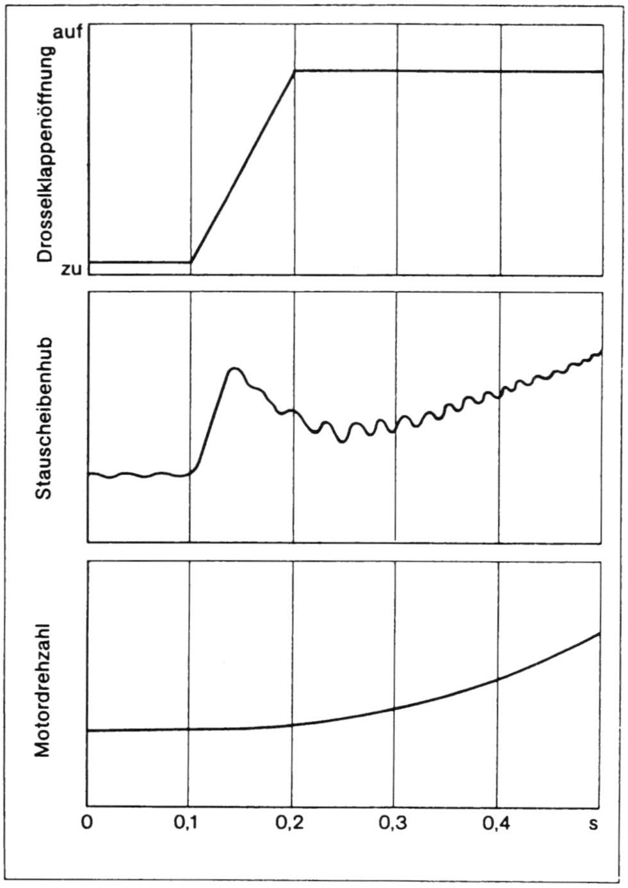

Bild 70
Verhalten der K-Jetronic-Einspritzung bei raschem Öffnen der Drosselklappe (Beschleunigungsvorgang)

Schlauchverbindungen, einwandfreie Beschaffenheit der Dichtungen am Startventil, den Einspritzventilen und Saugrohren überprüfen. Angesaugte Falschluft wird vom Luftmengenmesser nicht berücksichtigt und bewirkt unruhigen Motorlauf durch abgemagertes Gemisch.

5.4.3 Leerlaufeinstellung

Voraussetzung für die Einstellung ist:

— Betriebswarmer Motor (Öltemperatur mindestens 60° C).
— Den vorgeschriebenen Werten entsprechende Einstellungen von Zündzeitpunkt und Ventilspiel.
— Sauberer Luftfiltereinsatz.
— Drosselklappe und Stauscheibe korrekt eingestellt (Kapitel 5.4.4 und Kapitel 5.4.5).
— Geeichter und betriebswarmer CO-Tester.

Danach folgendermassen vorgehen:

- Drehzahlmesser und CO-Tester nach Herstellervorschrift anschliessen.
- Mit der Schraube (4) in Bild 71 den Motorleerlauf auf 900 ± 50/min einstellen.
- Verschlussstopfen am Kraftstoffmengenteiler herausziehen und mit dem Einstellschlüssel BMW 130 010 den CO-Wert auf 1,0 Vol.% einstellen (siehe Bild 72).

Während des Einstellvorganges kein Gas geben.

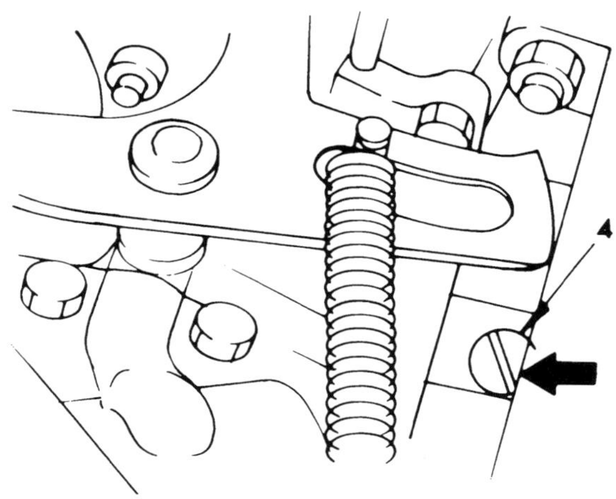

Bild 71
Leerlaufeinstellschraube

5.4.4 Grundeinstellung der Drosselklappe

- Gasseilzug aushängen.
- Schraube (3) zurückdrehen (siehe Bild 73).
- Zwischen Anschlag (1) und Hebel (2) mit der Schraube (3) einen Abstand von 1 bis 1,5 mm einstellen.

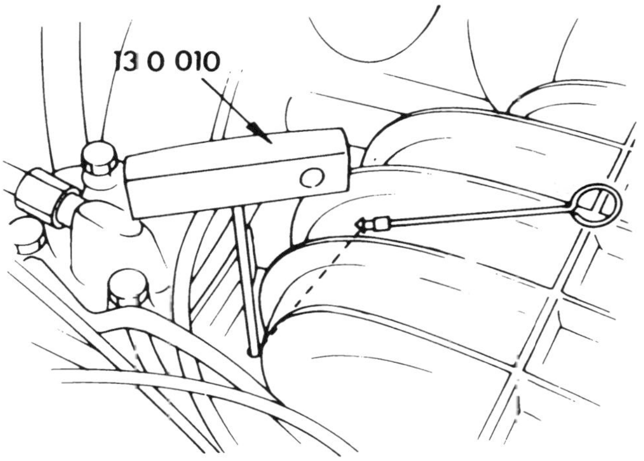

Bild 72
CO-Einstellschraube

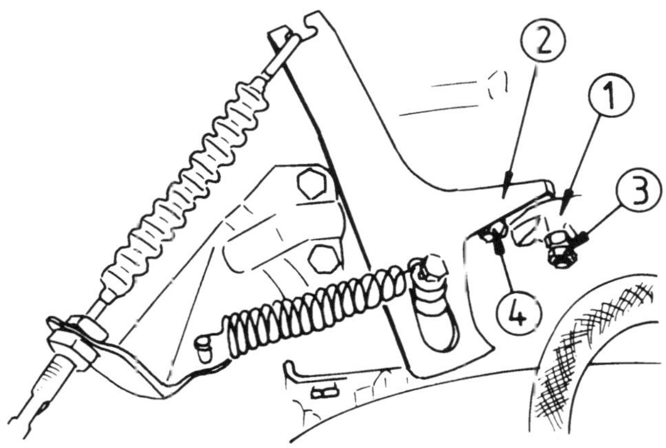

Bild 73
Zur Grundeinstellung der Drosselklappe

1 Anschlag
2 Hebel
3 Einstellschraube
4 Klemmschraube

- Klemmschraube (4) lockern.
- Drosselklappe im Gehäuse spielfrei zur Anlage bringen und Klemmschraube (4) festziehen.
- Schraube (3) eine Umdrehung hineindrehen, damit die Drosselklappe nicht klemmen bzw. einschlagen kann.
- Schraube (3) kontern.
- Gasseilzug einhängen.

5.4.5 Stauscheibe einstellen

Eine von der Stauscheibe unkontrollierte Luftzufuhr hat ein abgemagertes Gemisch und damit Funktionsstörungen des Motors zur Folge. Die Stauscheibe muss deshalb einwandfrei eingestellt sein, und der Motor darf keine Nebenluft bekommen.

Zentrierung der Stauscheibe mit einer 0,1 mm-Fühlerlehre an vier Punkten prüfen (Bild 74). Im Bedarfsfall die Schraube (3) lösen und die Stauscheibe zentrieren. Danach die Schraube mit 5 Nm wieder festziehen.

Die Oberkante der Stauscheibe muss mit dem Trichteransatz (1) in Bild 74 auf gleicher Höhe sein. Im Bedarfsfall die Lage des Anschlages durch Verbiegen der Profilfeder (2) korrigieren. Auf der Oberseite der Stauscheibe befinden sich fünf eingestanzte Markierungen bzw. die Aufschrift «TOP».

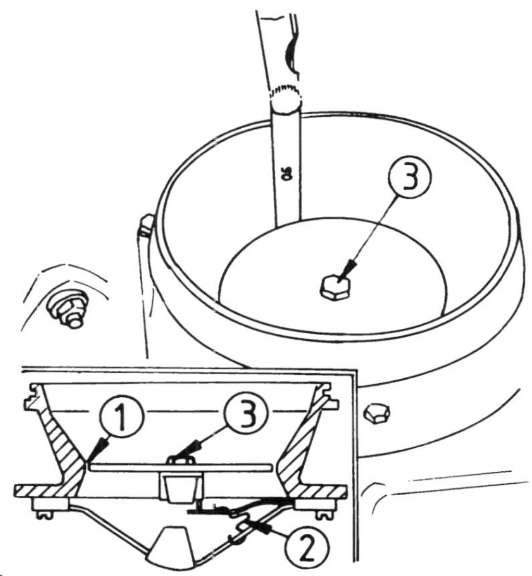

Bild 74
Zur Einstellung der Stauscheibe

1 Trichteransatz
2 Profilfeder
3 Befestigungsschraube

Die Leichtgängigkeit des Gemischreglers bzw. der Stauscheibe folgendermassen prüfen:

- Kraftstoffpumpe 10 Sekunden lang laufenlassen.
- Stauscheibe behutsam anheben; der Widerstand muss während der gesamten Hubbewegung gleich sein.
- Stauscheibe langsam loslassen; Kolben muss der Bewegung folgen.
- Stauscheibe anheben und schnell wieder in Ruhestellung zurückbringen. Der sich langsamer bewegende Steuerkolben muss fühlbar am Hebel der Stauscheibe zur Anlage kommen.
- Stauscheibe anheben und loslassen. Stauscheibe kehrt in ihre Ausgangslage zurück und federt ca. zweimal auf ihrem Federanschlag.

Wird während dieser Kontrolle eine Funktionsstörung festgestellt, muss der Kraftstoffmengenteiler ausgewechselt werden. Bei festsitzender Stauscheibe Luftmengenmesser ersetzen.

5.4.6 Gasbowdenzug einstellen

Voraussetzung ist eine richtige Grundeinstellung der Drosselklappe (Kapitel 5.4.4). Unter Bezug auf Bild 75 vorgehen:

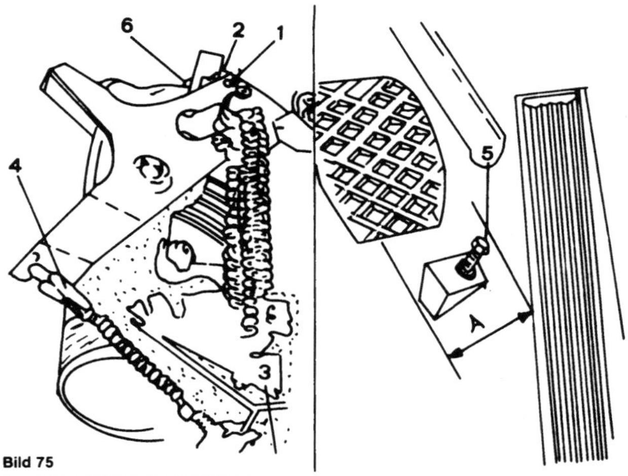

Bild 75
Einstellen des Gasbowdenzuges

1 Betätigungshebel
2 Anschlag
3 Einstellschraube
4 Nippel
5 Vollgasanschlagschraube
6 Leerlaufanschlag

- Vollgasanschlagschraube (5) prüfen und gegebenenfalls Mass «A» auf 72 mm einstellen.
- Gaspedal bis zum Anschlag durchtreten und kontrollieren, ob Betätigungshebel (1) am Anschlag (2) anliegt (Drosselklappe ganz geöffnet). Wenn dies nicht der Fall ist, so kann mit der Einstellschraube (3) korrigiert werden.
- Im Leerlauf muss das Spiel am Nippel (4) ca. 1 mm betragen. Der Betätigungshebel (1) muss am Leerlaufanschlag (6) anliegen.

5.4.7 Zusatzluftschieber kontrollieren

Unter Bezug auf Bild 76:

- Leitungsstecker vom Warmlaufgeber abziehen.
- Beide Schläuche vom Zusatzluftschieber abbauen. Bei kaltem Motor – ca. 20° C – ist die Luftbohrung durch den Absperrschieber halb geöffnet.
- Zündung einschalten und Anlasser betätigen. Am Leitungsstecker (5 in Bild 76) muss Spannung vorhanden sein.
- Leitungsstecker und beide Schläuche am Zusatzluftschieber wieder anbauen. Leitungsstekker am Warmlaufregler wieder anschliessen.

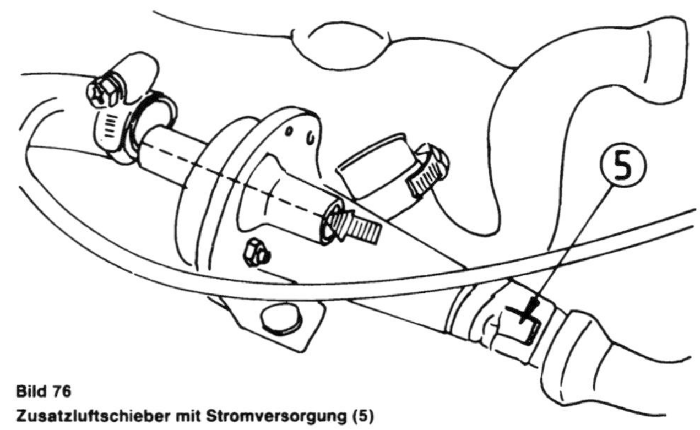

Bild 76
Zusatzluftschieber mit Stromversorgung (5)

- Bei laufendem Motor muss nach ca. 5 Minuten die Luftbohrung durch den Absperrschieber völlig verschlossen sein. Bleibt die Bohrung auch nach leichtem Klopfen noch offen, so muss der Zusatzluftschieber ersetzt werden.

5.4.8 Kraftstoffdrücke

Die Prüfung der Kraftstoffdrücke erfolgt mit Hilfe des BMW-Manometers 1 330 060. Manometer folgendermassen anschliessen:

- Anschluss des Einspritzventils Nr. 4 ausbauen und die Leitung in einen Behälter legen.
- Stauscheibe anheben. Sobald kein Kraftstoff mehr ausläuft, die Stauscheibe loslassen und den Anschluss des Einspritzventils Nr. 4 wieder einbauen.
- Druckprüfgerät zwischen Kraftstoffmengenteiler und Steuerdruckleitung montieren.
- Steckverbinder des Steuerdruckreglers und des Zusatzluftschiebers abklemmen.

Druckprüfgerät folgendermassen ausbauen:

- Hahn schliessen.
- Anschluss der Steuerdruckleitung ausbauen.
- Behälter unter Prüfgerät stellen. Hahn öffnen.
- Prüfgerät entfernen und Steuerdruckleitung wieder anschliessen.
- Steckverbinder wieder aufstecken.

Wenn nichts anderes gesagt wird, erfolgt die Prüfung der Kraftstoffdrücke bei im Leerlauf drehendem Motor oder stehendem Motor und laufender Kraftstoffpumpe. Letzteres Vorgehen ist angenehmer und umweltfreundlicher, jedoch muss die Schaltung, die bei nichtlaufendem Motor die Pumpe nach 1 Sekunde abstellt, überbrückt werden (Pumpe mit Überbrückungskabel direkt an Batterie anschliessen).

5.4.8.1 Systemdruck

Die Kraftstoffpumpe laufenlassen und den Hahn schliessen. Der abgelesene Systemdruck muss zwischen 4,5 bar und 5,2 bar liegen.

Bei zu niedrigem Druck ist die Fördermenge der Kraftstoffpumpe zu prüfen (1 Liter pro 30 Sekunden). Ist die Fördermenge richtig, so prüfe man den Systemdruckregler (Kapitel 5.4.10). Wenn die Fördermenge zu gering ist, das Kraftstoffsystem prüfen. Folgende Ursachen können vorliegen:

— Leitungen eingeklemmt.
— Leckstellen an Anschlüssen.
— Filter und Vorfilter verstopft.
— Stromversorgung der Kraftstoffpumpe defekt.
— Luftzufuhr zwischen Pumpe und Tank.

Bei zu hohem Druck folgendes prüfen:

— Systemdruckregler (Kapitel 5.4.10).
— Rücklaufsystem zum Tank.

5.4.8.2 Steuerdruck bei kaltem Motor

- Hahn des Prüfgeräts öffnen.
- Steckverbinder vom Steuerdruckregler und vom Zusatzluftschieber abklemmen.
- Kraftstoffpumpe laufen lassen. Steuerdruck ablesen. Er soll innerhalb der Kennlinien des nebenstehenden Diagrammes liegen (Bild 77).

Erfolgt der Druckaufbau zu schnell, so ist der Steuerdruckregler auszutauschen.

5.4.8.3 Steuerdruck bei betriebswarmem Motor

Zuerst Steuerdruck bei kaltem Motor messen (Kapitel 5.4.8.2), danach:

- Steckverbinder des Steuerdruckreglers anschliessen.
- Hahn des Prüfgeräts öffnen.

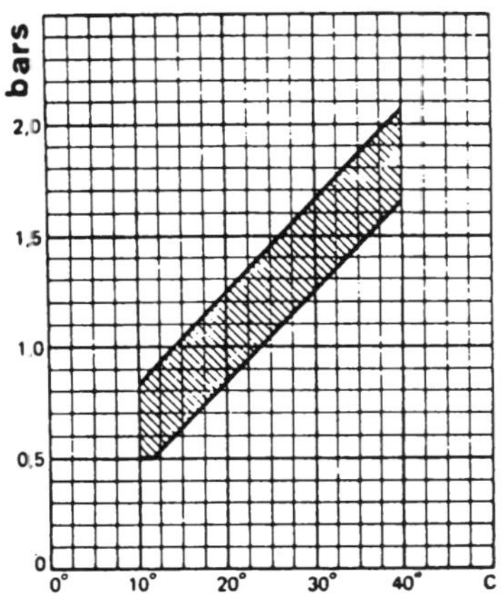

Bild 77
Steuerdruckkennlinie

- Fünf Minuten nach Einschalten des Motors muss der Steuerdruck bei vom Mengenteiler abgezogenem Unterdruckschlauch zwischen 2,7 und 3,1 bar liegen.

Wird dieser Druckwert nicht erreicht, die Stromversorgung des Steckverbinders prüfen; ist diese in Ordnung, Steuerdruckregler austauschen.

Unterdruckschlauch wieder anschliessen und Motor im Leerlauf drehen lassen; der Druck muss nun auf 3,4 bis 3,8 bar steigen. Bei falschem Druckwert den Unterdruckschlauch zwischen dem Warmlaufregler und dem Ansaugkollektor überprüfen. Bei intaktem Unterdruckschlauch besteht ein Defekt am Warmlaufregler; den Regler auswechseln.

5.4.9 Dichtheit des Kraftstoffsystems

Stellt sich der Steuerdruck bei betriebswarmem Motor ein, die Kraftstoffpumpe abstellen und den Druckabfall beobachten. Nach 10 Minuten darf ein Druckabfall um 1,0 bar erfolgen, nach 20 Minuten um 1,2 bar. Fällt der Restdruck des Kraftstoffsystems zu schnell ab, im Ausscheideverfahren folgende Arbeitsschritte durchführen:

- Anschlüsse des Kraftstoffsystems nachziehen.
- Kaltstartventil auf Dichtheit prüfen (Kapitel 5.4.12).
- Einspritzventile auf Dichtheit prüfen (Kapitel 5.4.13).
- Rückschlagventil der Kraftstoffpumpe ausbauen und reinigen.
- Systemdruckregler kontrollieren (Kapitel 5.4.10).
- Kraftstoffspeicher ersetzen.

5.4.10 Kontrolle des Systemdruckreglers

Der Regler (Bild 78) befindet sich im Kraftstoffmengenteiler. Zum Ausbau des Reglers den Druck senken (Kapitel 5.4.8), den Regler aus dem Gehäuse des Mengenteilers herausschrauben und mit Kraft-

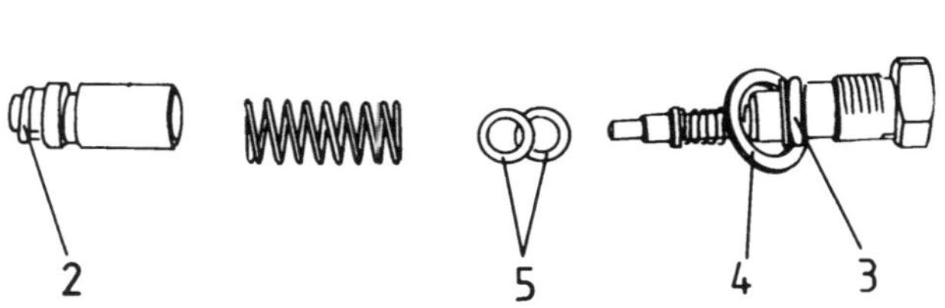

Bild 78
Teile des Systemdruckreglers

2, 3 und 4 «O»-Dichtringe
5 Ausgleichsscheiben

stoff reinigen. Bei beschädigten O-Ringen (2), (3) und (4) in Bild 78 oder sichtbaren Fressspuren den Regler ersetzen. Den Druck auf 4,7 bar einstellen. Bei zu hohem Druck ist die Stärke der Ausgleichsscheiben (5) in Bild 78 zu verringern und umgekehrt. Die Druckveränderung beträgt 0,06 bar pro 0,10 mm Scheibendicke.

5.4.11 Kontrolle des Thermozeitschalters – Motor kalt

Stecker vom Kaltstartventil abziehen. Ein Voltmeter an die Klemme anlegen, das mittlere Kabel aus der Zündspule herausziehen und den Anlasser betätigen. Die Anzeige am Voltmeter muss von 1 bis 8 Sekunden ausschlagen. Falls dies nicht der Fall ist, einen neuen Thermozeitschalter einbauen.

5.4.12 Prüfen des Kaltstartventils – Motor kalt

Steckverbinder vom Steuerdruckregler und vom Zusatzluftschieber abklemmen. Kaltstartventil ausbauen, aber an den Kraftstoff- und elektrischen Leitungen hängen lassen. Mittleres Kabel aus der Zündspule ziehen und den Anlasser betätigen. Nun sollte ein kegelförmiger Kraftstoffnebel 1 bis 8 Sekunden aus dem Ventil spritzen. Danach Zündung eingeschaltet lassen und Dichtigkeit überprüfen. Das zulässige Leck beträgt 1 Tropfen pro Minute.

5.4.13 Prüfen der Einspritzventile

Der Öffnungsdruck der Einspritzventile beträgt 3,1 bar. Den Druck auf einem gegenüber dem Öffnungsdruck um 0,5 bar kleineren Wert ansteigen lassen und 15 Sekunden warten; es darf sich kein Tropfen bilden.

5.4.14 Ansaugluftvorwärmung kontrollieren

Die Ansaugluftvorwärmung (siehe Bild 79) wird vom Arbeitselement (2) automatisch gesteuert. Zur Überprüfung und Einstellung der Steuerklappe (1) muss das Luftfiltergehäuse ausgebaut werden.

- Kaltluftstutzen «A» mit Arbeitselement (2) ca. 5 Minuten in ein Wasserbad von 15° C legen. Nach dieser Zeit muss die Steuerklappe die Warmluftöffnung «B» gerade verschliessen.
- Bei einer Temperatur von 7 bis 9° C muss das Arbeitselement die Steuerklappe so weit zurückgezogen haben, dass sie die Kaltluftöffnung «A» verschliesst.
- Für eine eventuelle Einstellung muss der Unterteil des Kaltluftstutzens ausgebaut und als Arbeitselement mit Hilfe der Einstellmutter (3) eingestellt werden. Steuerklappe auf Leichtgängigkeit prüfen und gegebenenfalls Lagerstellen schmieren.

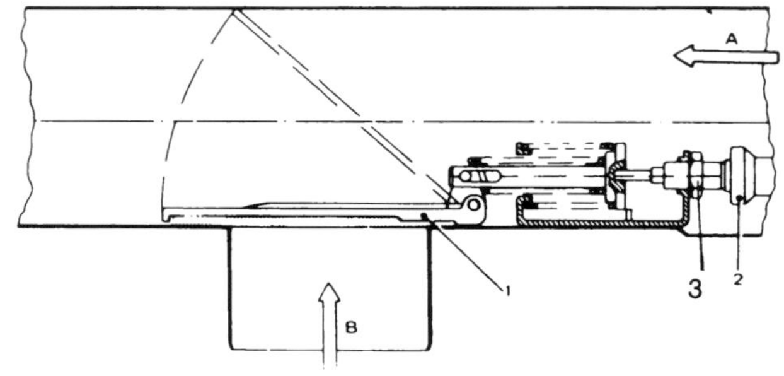

Bild 79
Ansaugluftvorwärmsystem

1 Steuerklappe
2 Arbeitselement
3 Einstellmutter
A Kaltluftstutzen
B Warmluftöffnung

5.4.15 Elektrische Kraftstoffpumpe ersetzen

Ausbau unter Bezug auf Bild 80:

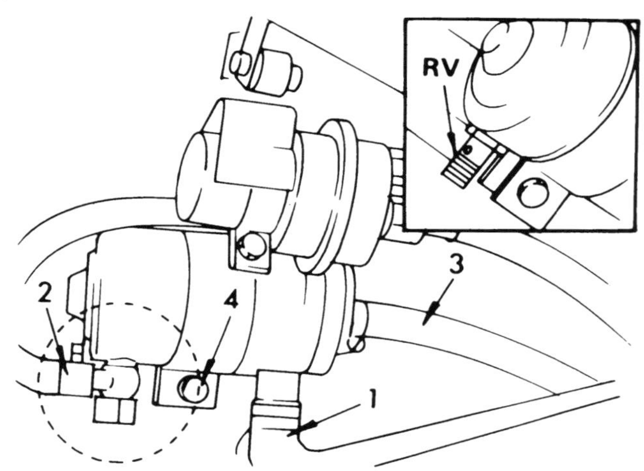

Bild 80
Rollenzellenkraftstoffpumpe

1 Kabelstecker
2 Saugleitung
3 Druckleitung
4 Befestigungsschraube Kraftstoffpumpe

- Kabelstecker (1) abziehen.
- Saugleitung (2) und Druckleitung (3) lösen.
- Schraube (4) aus dem Halter entfernen.
- Pumpe nach vorne herausziehen.

Der Einbau erfolgt in umgekehrter Reihenfolge.

5.4.16 Kraftstoffilter

Wenn die Leitungsverlegung vom Tank zur Pumpe verfolgt wird, können der Vorfilter, die Pumpe, der Kraftstoffspeicher und der Filter gefunden werden. Dieser wird durch eine Klemmschelle gehalten und besitzt beidseitig einen Schraubanschluss (zum Kraftstoffsammler und zum Kraftstoffmengenteiler). Der Filter ist an der Aussenseite mit Pfeilen gekennzeichnet, die in Flussrichtung des Kraftstoffs zeigen müssen. Schraubenanschlüsse mit 4,0 Nm festziehen.

5.4.17 Fehlersuchtabelle

Bei der Fehlersuche ist die nachstehende Fehlersuchtabelle zu Rate zu ziehen. Für jedes Fehlersymptom ist in der angegebenen Reihenfolge vorzugehen (Nummer in Tabelle bedeutet Priorität beim Fehler austesten). Bei mehreren Fehlerursachen muss zuerst der Fehler niederer Priorität behoben werden, bevor weitergesucht wird.

Die Fehlersuchtabelle liefert nur korrekte Resultate, wenn folgende Vorbedingungen erfüllt sind:

FEHLERSYMPTOME

1. Kalter Motor startet nicht bzw. startet schlecht
2. Warmer Motor startet nicht bzw. startet schlecht
3. Motor startet, würgt aber sofort ab
4. Unregelmässiger Leerlauf während der Warmlaufphase (Ruckbetrieb)
5. Unregelmässiger Leerlauf bei betriebswarmem Motor (Ruckbetrieb)
6. Knallen im Ansaugkrümmer
7. Knallen im Auspuffkrümmer
8. Fehlzündungen im Lastbereich
9. Leistungsmangel
10. Glühzündungen
11. Hoher Kraftstoffverbrauch
12. Schlechte Beschleunigung
13. Zu hoher CO-Wert im Leerlauf
14. Zu niedriger CO-Wert im Leerlauf
15. Leerlauf kann nicht eingestellt werden (Drehzahl zu hoch)

FEHLERURSACHEN

Fehlerursachen	1	2	3	4	5	6	7	8	9	10	11	12	13	14	15
– Elektrokraftstoffpumpe funktioniert nicht	1	1	1												
– Falscher Kontakt an Elektrokraftstoffpumpe								1							
– Systemdruck ausserhalb der Toleranzwerte			4					2	5			4			
– Kaltstartventil öffnet nicht	2														
– Thermozeitschalter schliesst nicht den Stromkreis	3														
– Steuerdruck bei kaltem Motor ausserhalb der Toleranzwerte	7			3											
– Steuerdruck bei betriebswarmem Motor (nach Warmlaufen) zu hoch		4	2		3	2		3	3			2		2	
– Steuerdruck bei betriebswarmem Motor (nach Warmlaufen) zu niedrig		5	3		4		3		4		2	3	2		
– Zusatzluftschieber öffnet nicht	4			2											
– Zusatzluftschieber schliesst nicht															1
– Funktionsstörung von Stauscheibe bzw. Steuerkolben	5	2			2				2	3		1	1	1	
– Falsche Lage der Stauscheibe	6	3								4					
– Unterdrucksystem zwischen Stauscheibe und Zylinderkopf undicht	8	6		4	5	3			6			5		3	
– Hauptkraftstoffsystem undicht	9	7													
– Einspritzventil(e) undicht, Öffnungsdruck zu niedrig		8		5	6		4	4		2					
– Kaltstartventil undicht				1	1		2			1	1		3		
– Grundeinstellung des Leerlaufs zu fett		9			8		1		7		3		4		
– Grundeinstellung des Leerlaufs zu mager		10		7	9	1			8			6		4	
– Ungleichmässige Kraftstoffzufuhr				6	7			5				7			
– Unvollständige Öffnung der Drosselklappe									1						
– Drosselklappe in Ruhestellung zu weit geöffnet															2

— Motor und Zündanlage in einwandfreiem Zustand.
— Elektrische Anlage einschliesslich des Schutzkreises der K-Jetronic-Einspritzung in Ordnung.
— Luftfilter in einwandfreiem Zustand.

5.5 Bosch-L- und LE-Jetronic-Einspritzanlage, Katalysator (318i ab Modell 3.83)

Da BMW mit einer elektronischen Einspritzung die Abgasvorschriften besser einhalten konnte, gab man beim Modell 84 des BMW 318i der L-Jetronic gegenüber der K-Jetronic-Einspritzanlage den Vorzug. Diese hochmoderne, vollelektronische Einspritzung besitzt allerdings beim vollen Ausfall der Elektronik keine Notlaufeigenschaften (deshalb gibt es nun auch eine elektronisch gesteuerte KE-Jetronic-Einspritzanlage mit guten Notlaufeigenschaften beim Ausfall der Elektronik). Das 85er Modell wurde dann mit der neuesten Version dieser Einspritzanlage, der LE-Jetronic, versehen. Diese Anlage verzichtet auf das Kaltstartventil (Anreicherung über normale Einspritzdüsen), arbeitet mit kraftstoffsparender Schubabschaltung und kann mit einer Lambda-Sonde gekoppelt werden; davon hat dann BMW bei der nur unwesentlich schwächeren Katalysator-Ausführung Gebrauch gemacht.

5.5.1 Funktion der Bosch-L-Jetronic-Einspritzanlage

Die L-Jetronic ist ein elektronisch gesteuertes, intermittierend einspritzendes System mit Luftmengenmessung. Bild 81 zeigt die Einzelteile dieser Einspritzung. Zentrales Element des Systems stellt das Steuergerät (6) dar, das eigentlich nichts anderes als ein kleiner Computer mit allem Drum und Dran ist. Diese Digitaltechnik hat den Vorteil, dass sie keiner Veränderung durch Alterung unterworfen ist und damit das ganze Autoleben lang gleich gut funktioniert, zumal mit dem Luftmengenmesser stets die aktuelle Luftmenge erfasst wird, das heisst, daß die mechanische Alterung des Motors voll erfasst wird.
Eine Rollenzellenpumpe (2), deren Anker direkt im Kraftstoff laufen, erzeugt den zum Einspritzen nötigen Druck, der vom Druckregler (5) auf einem konstanten Überdruck von 3 bar gegenüber dem Saugrohrdruck gehalten wird. Die Einspritzventile (7) werden vom Steuergerät (6) aus elektrisch getaktet, wobei die Öffnungsdauer parallel zum Kraftstoffbedarf ansteigt (Einspritzung erfolgt jeweils in OT-Stellung eines der Kolbenpaare, also zweimal pro Kurbelwellenumdrehung und Zylinder). Die Information über die Luftmenge wird dem Steuergerät durch die Winkelstellung der Stauklappe im Luftmengenmesser (12) übermittelt; die Taktzeiten und die Drehzahlinformation kommen direkt vom Zündverteiler (17). Weitere, das Gemisch korrigierende Geber sind der Drosselklappenschalter (10), der einen Teil der Information für die Schubabschaltung (sowie die Vollastanreicherung) liefert, der Motortemperaturfühler (15) und nicht zuletzt bei Katalysatorfahrzeugen die Lambda-Sonde (14). Das Kaltstartventil (8) wird elektromagnetisch betätigt und spritzt besonders fein zerstäubten zusätzlichen Kraftstoff in das Sammelsaugrohr ein. Es wird nicht direkt über die Elektronik angesteuert, sondern vom Thermozeitschalter (16), der die Spritzzeit in Abhängigkeit der Motortemperatur begrenzt (der Schalter funktioniert konventionell, nämlich mit einer elektrisch beheizten Bimetallfeder). Bei der LE-Jetronic ist diese Funktion ins Steuergerät integriert, und Thermozeitschalter wie Kaltstartventil fehlen (Anreicherung erfolgt direkt über Einspritzventile). Während der Aufwärmphase des Motors wird das Gemisch elektronisch angereichert und die Drehzahl über den bimetallgesteuerten Zusatzluftschieber (18) leicht erhöht. Mit Schraube (9) kann die Leerlaufdrehzahl bei warmem Motor eingestellt werden, während mit By-Pass-Schraube (19) der CO-Wert beeinflusst werden kann.

5.5.2 Allgemeine Hinweise

Beim Arbeiten am BMW 318i mit L-Jetronic sind folgende Vorsichtsmassnahmen und Vorkehrungen zu treffen:
— Motor nie ohne fest angeschlossene Batterie starten.
— Batterie nie bei laufendem Motor vom Bordnetz trennen.
— Zum Starten des Motors keinen Schnellader verwenden.
— Auf einwandfreien Sitz aller Anschlussstecker des Kabelbaumes achten.
— Kabelbaumstecker des Steuergerätes nie bei eingeschalteter Zündung abziehen oder aufstecken.

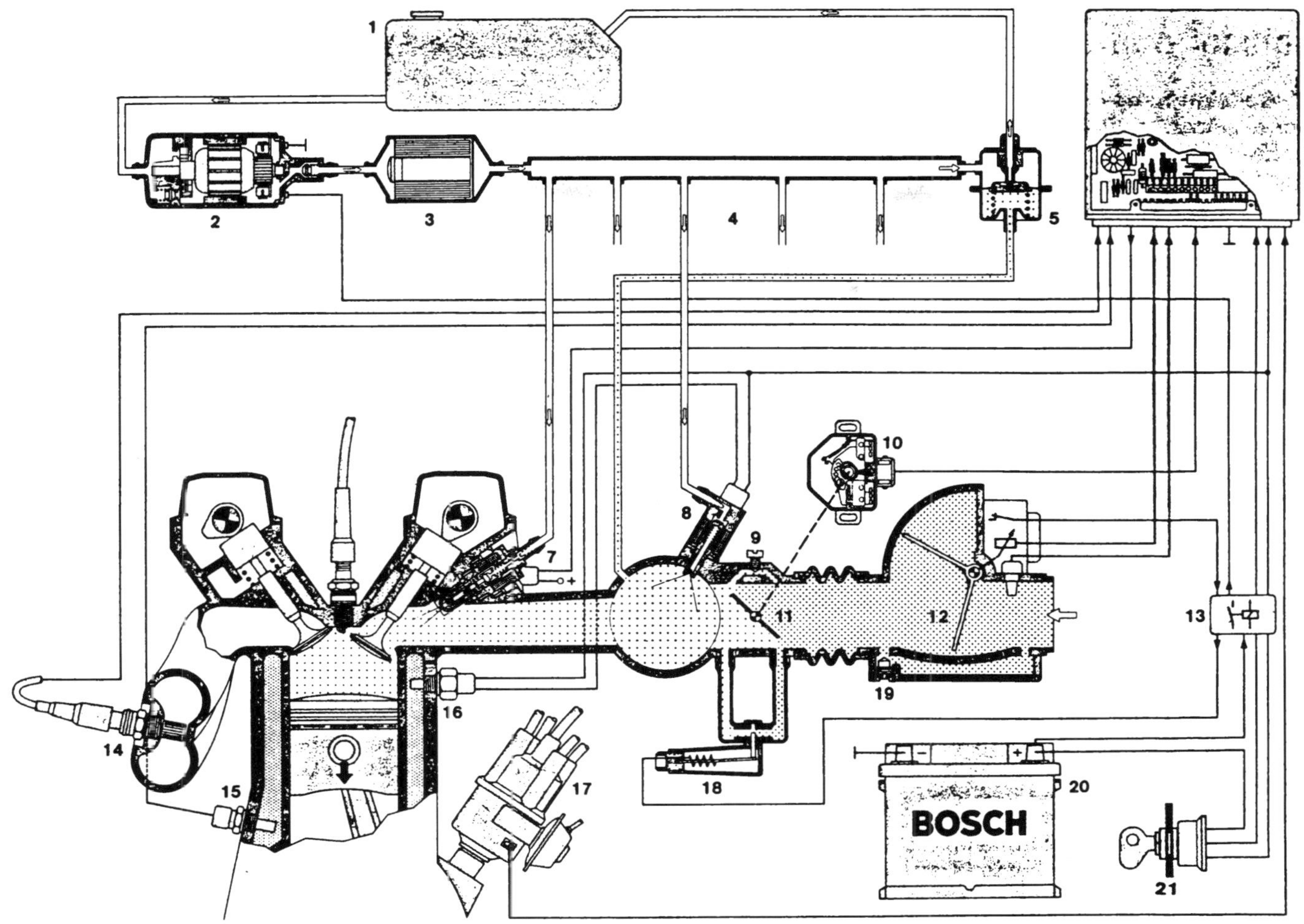

Bild 81
Systemübersicht L-Jetronic-Einspritzanlage

1 Kraftstoffbehälter
2 Elektrokraftstoffpumpe
3 Kraftstoffilter
4 Verteilerrohr
5 Druckregler
6 Steuergerät
7 Einspritzventil
8 Kaltstartventil
9 Leerlaufdrehzahl-Einstellschraube
10 Drosselklappenschalter
11 Drosselklappe
12 Luftmengenmesser
13 Relaiskombination
14 Lambda-Sonde
15 Motortemperaturfühler
16 Thermozeitschalter
17 Zündverteiler
18 Zusatzluftschieber
19 Leerlaufgemisch-Einstellschraube
20 Batterie
21 Zünd-/Startschalter

— Bei Elektro- und Schutzgasschweissungen am Fahrzeug die Batterie vom Bordnetz trennen.
— Bei Temperaturen über 80° C (Trockenofen) ist das Steuergerät auszubauen.
— Bei einer Kompressionsprüfung ist der Sammelstecker vom Steuergerät der Zündanlage abzuziehen. Dadurch wird erreicht, dass die Zündung und das Signal für die Einspritzventile unterbrochen werden.

5.5.3 Fehlersuche

Bei einer Fehlersuche an der Einspritzanlage ist es zweckmässig, den folgenden Fehlersuchplan zu benutzen. Dieser kreist die möglichen fehlerhaften Komponenten ein. Die einzelnen Komponenten der Einspritzanlage sind in den nachfolgenden Kapiteln beschrieben.
Bevor ein Fehler bei der Einspritzanlage gesucht wird, sollten die Batterie, die Zündkerzen, der Zündzeitpunkt, das Ventilspiel und die Leerlaufeinstellung überprüft werden.

5.5.4 Relaiskombination

Die Relaiskombination (Bild 82) steuert die gesamte elektrische Versorgung der Einspritzanlage und besteht aus zwei Relais. Relais «A» ist Hauptrelais für das Steuergerät, die Einspritzventile und den Kraftstoffpumpenkontakt im Luftmengenmes-

Merkmale:

1. Motor springt nicht oder schlecht an	2. Motor springt an und stirbt wieder ab	3. Unrunder Motorleerlauf	4. Schlechte Gasannahme	5. Motoraussetzer in allen Fahrzuständen	6. Kraftstoffverbrauch zu hoch	7. Keine Endleistung	8. CO-Wert im Leerlauf zu hoch	9. CO-Wert im Leerlauf zu niedrig	**Ursache**
•	•								Relaiskombination defekt
•									Elektrokraftstoffpumpe läuft nicht
•									Elektrostartventil öffnet nicht
•		•			•		•		Elektrostartventil undicht
•	•		•						Zusatzluftschieber öffnet nicht
		•							Zusatzluftschieber schliesst nicht
•			•		•	•	•	•	Luftmengenmesser defekt
	•								Pumpenkontakt im Luftmengenmesser defekt
•		•	•					•	Undichtes Ansaugsystem
•		•			•	•		•	Einspritzventile defekt
•		•				•		•	Kraftstoffdruck zu niedrig oder Null
					•		•		Kraftstoffdruck zu hoch
•	•				•		•		Startsteuerung im Steuergerät defekt
•	•				•		•		Temperaturfühler II im Motor defekt
		•							Drosselklappe schliesst nicht
						•			Drosselklappe öffnet nicht vollständig
				•					Schlechte Zentralmasse, Wackelkontakte, fehlerhafte Steckverbindungen
•	•	•	•	•	•	•	•	•	Kabelbaum und Steckverbindungen unterbrochen
		•	•			•			Drosselklappenschalter defekt
					•		•		CO-Abgas-Einstellung zu fett
		•						•	CO-Abgas-Einstellung zu mager
•	•	•	•	•	•	•			Steuergerät defekt

ser. Relais «B» ist Relais für die Kraftstoffpumpe, den Zusatzluftschieber und das Elektrostartventil mit dem Thermozeitschalter.

5.5.5 Kraftstoffpumpe

Den Magnetventilen der L-Jetronic muss Kraftstoff mit 3,0 ± 0,2 bar Überdruck gegenüber dem Saugrohr zugeführt werden; dies gewährleisten die elektrische Kraftstoffpumpe und der Druckregler. Die Pumpe ist eine Kombination aus Rollenzellenpumpe mit Permanentmagnetmotor. Da es schwierig ist, rotierende Teile gegen Kraftstoff abzudichten, wurden Pumpen- und Motorteil zusammengefasst (Aufbau und Funktion siehe Bilder 83 und 84), wobei der Anker des Motors im Kraftstoff läuft. So wird er durch das Fördermedium gekühlt und kann bei kleiner Baugrösse eine relativ hohe Leistung abgeben.

5.5.5.1 Kraftstoffpumpe prüfen

Zündung einschalten und Stauklappe des Luftmengenmessers etwas auslenken. Nun muss die Relaiskombination hörbar schalten und die Pumpe folglich laufen. Läuft die Pumpe nicht an, so sind die Eingangsspannung am abgezogenen Pumpenstekker und die Masseverbindung zu prüfen. Wenn beides vorhanden ist, Kraftstoffpumpe ersetzen.

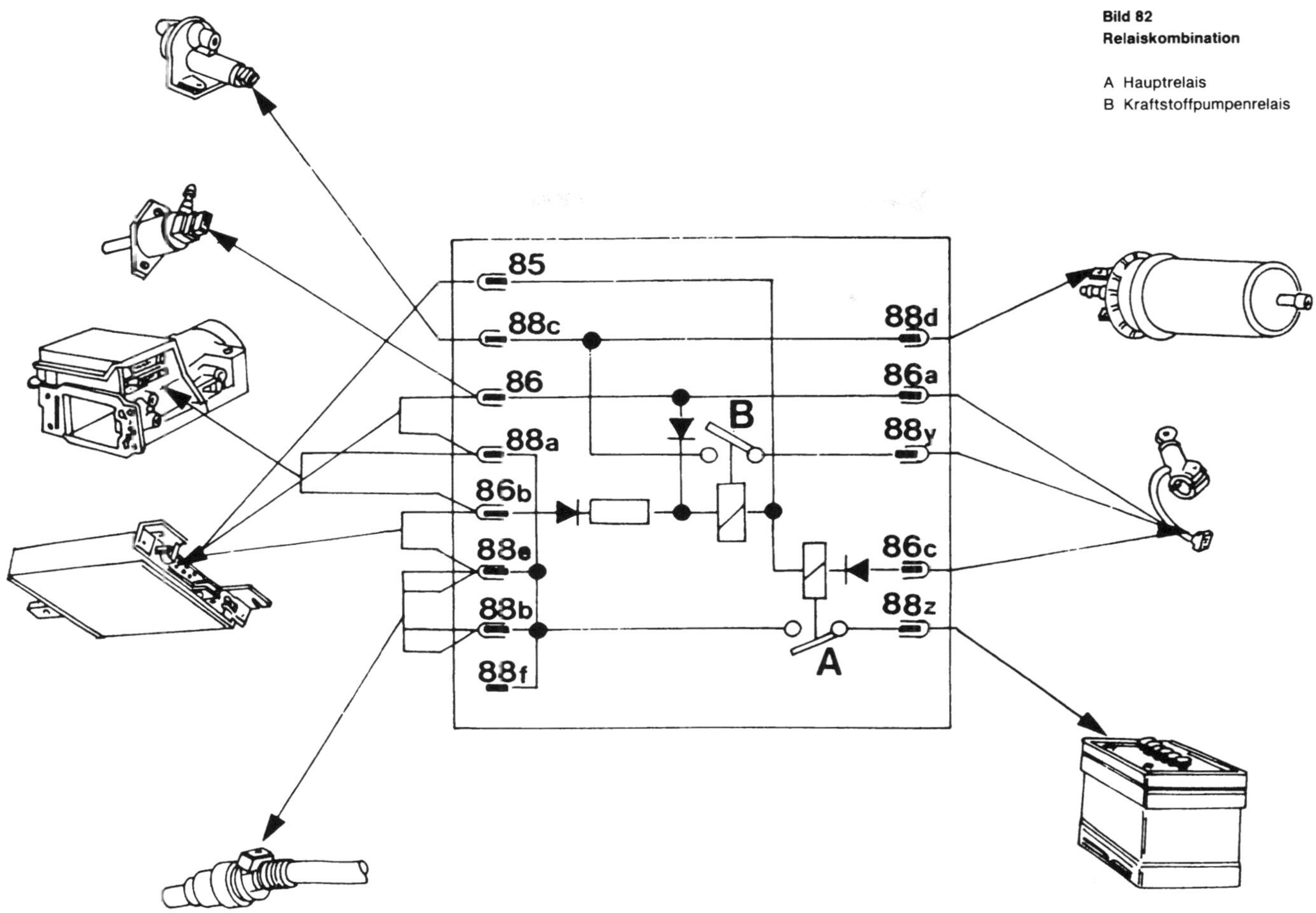

Bild 82
Relaiskombination

A Hauptrelais
B Kraftstoffpumpenrelais

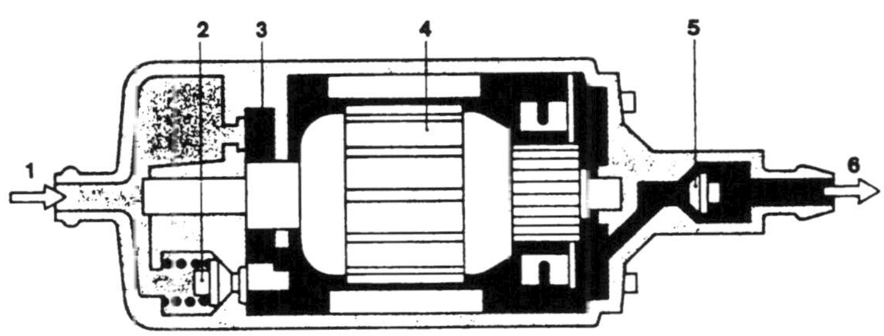

Bild 83
Aufbau der Kraftstoffpumpe

1 Saugseite
2 Druckbegrenzer
3 Rollenzellenpumpe
4 Motoranker
5 Rückschlagventil
6 Druckseite

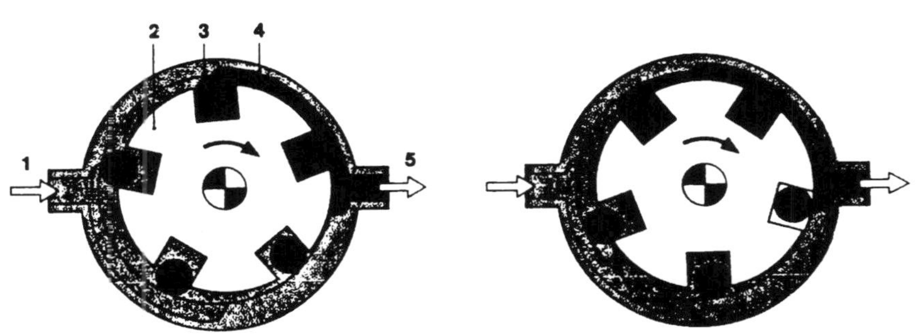

Bild 84
Pumpvorgang Rollenzellenpumpe

1 Saugseite
2 Läuferscheibe
3 Rolle
4 Rollenlaufbahnplatte
5 Druckseite

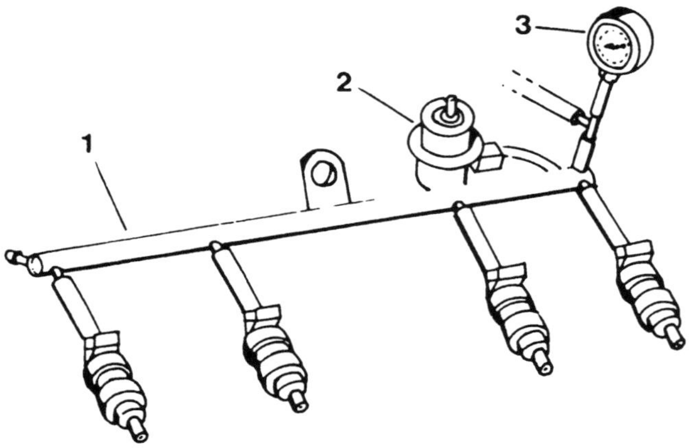

Bild 85
Messen des Kraftstoffpumpendruckes

1 Rohrverteiler 2 Druckregler 3 Manometer

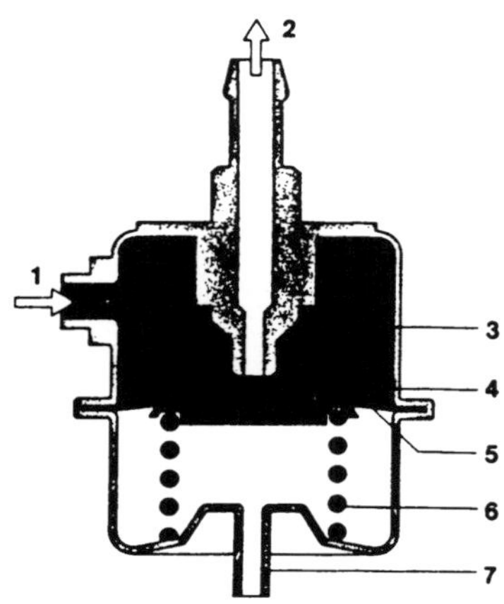

Bild 86
Druckregler

1 Kraftstoffanschluss
2 Rücklaufanschluss
3 Ventilplatte
4 Ventilträger
5 Membran
6 Druckfeder
7 Saugrohranschluss

Wenn keine Eingangsspannung am abgezogenen Pumpenstecker anliegt, so ist entweder die Pumpensicherung durchgebrannt, oder die Relaiskombination arbeitet nicht zufriedenstellend.

5.5.5.2 Kraftstoffpumpendruck

Ein Manometer, wie in Bild 85 gezeigt, anschliessen. Danach Zündung einschalten und Stauklappe etwas auslenken. Die Pumpe muss nun laufen und einen Druck von 3,0 ± 0,2 bar erzeugen. Ist der Druck nicht innerhalb der gegebenen Grenzen, siehe Kapitel 5.5.6.

5.5.5.3 Kraftstoffördermenge

Kraftstoffschlauch vom Elektrostartventil lösen, den Schlauch verlängern und in ein 5-Liter-Gefäss mit Messskala führen. Die Staukappe des Luftmengenmessers etwas auslenken. Die Pumpe muss nun laufen und sollte ca. 2 Liter Kraftstoff pro Minute fördern. Wird diese Kraftstoffmenge unterschritten, so ist die Versorgungsleitung verengt, der Kraftstoffilter verstopft, die Pumpenleistung zu gering, oder der Kraftstoffdruckregler funktioniert nicht richtig. Das fehlerhafte Bauteil ist zu ersetzen.

5.5.6 Druckregler

Die Druckkonstanthaltung im Einspritzsystem erfolgt mit Hilfe des Druckreglers (Bild 86), der wegen seiner relativ grossen Membranfläche den Druck sehr genau auf 3 bar regelt, unabhängig davon, ob die Ventile geschlossen sind oder spritzen.
Der Druckregler wird wie folgt geprüft:
Ein Manometer, wie in Bild 85 gezeigt, anschliessen. Danach die Zündung einschalten und die Stauklappe etwas auslenken. Die Pumpe muss nun laufen und einen Systemdruck von 3,0 ± 0,2 bar aufbauen.

- Kraftstoffsolldruck von 2,8 bis 3,2 bar wird unterschritten: Rücklaufleitung des Druckreglers abquetschen.
  - Druck steigt über 4 bar: Druckregler erneuern.
  - Druck bleibt unter 4 bar: Kraftstoffleitung prüfen, Filter erneuern, Kraftstoffpumpe erneuern (in dieser Reihenfolge, bis der Defekt behoben ist).
- Kraftstoffdruck von 2,8 bis 3,2 bar wird überschritten:
  - Kraftstoffrücklaufleitung verstopft oder abgequetscht.
  - Druckregler defekt.

5.5.7 Einspritzventile

Die Bosch L-Jetronic besitzt elektrisch betätigte Einspritzventile (Bild 87). Die Einspritzmenge wird durch Verändern der Einspritzdauer gesteuert. Bei der L-Jetronic sind alle Einspritzventile parallel geschaltet und spritzen gleichzeitig zweimal pro Kurbelwellenumdrehung ein.
Zur Prüfung der Ventile sind die Ventilstecker nacheinander einzeln abzuziehen. Bei gutem Einspritzventil muss die Motordrehzahl abfallen. Zur Prüfung der Spannungsversorgung sind die Kabelstekker von den Einspritzventilen abzuziehen und eine Prüflampe an die beiden Steckerklemmen anzule-

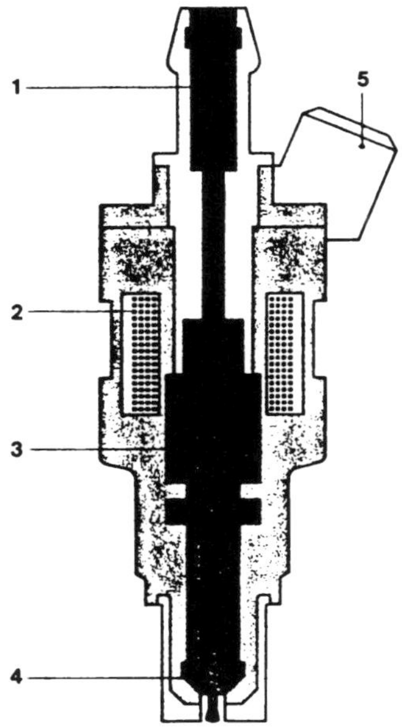

Bild 87
Schnitt durch Einspritzventil

1 Filter
2 Magnetwicklung
3 Magnetanker
4 Düsennadel
5 Elektrischer Anschluss

gen. Die 3-Volt-Prüflampe muss flackernd leuchten. Der Spulenwiderstand der Einspritzanlage beträgt 2 bis 3 Ohm.

5.5.8 Elektrostartventil (ausser LE-Jetronic)

Das Elektrostartventil ermöglicht die Anreicherung des Gemisches beim Kaltstart. Es spritzt zwischen 0 und 8 Sekunden Kraftstoff ins Ansaugsammelrohr ein, je nach Kühlwassertemperatur (Bild 88). Man kann die Einspritzdauer prüfen, indem man das Ventil ausbaut und in einen Behälter hält. Bei aufgebautem Druck muss das Ventil dicht sein. Die Spannungsversorung wird mit Hilfe einer an die beiden Klemmen des Steckers angeschlossenen 3-Volt-Prüflampe ermittelt. Die Lampe muss nach dem Einschalten der Zündung und Auslenken der Stauklappe zwischen 0 und 8 Sekunden brennen, je nach Kühlwassertemperatur. Bei negativem Ergebnis sind die Leitungen und der Thermozeitschalter (Kapitel 5.5.9) zu prüfen und gegebenenfalls zu ersetzen. Der Innenwiderstand des Starterventils beträgt ungefähr 4 Ohm.

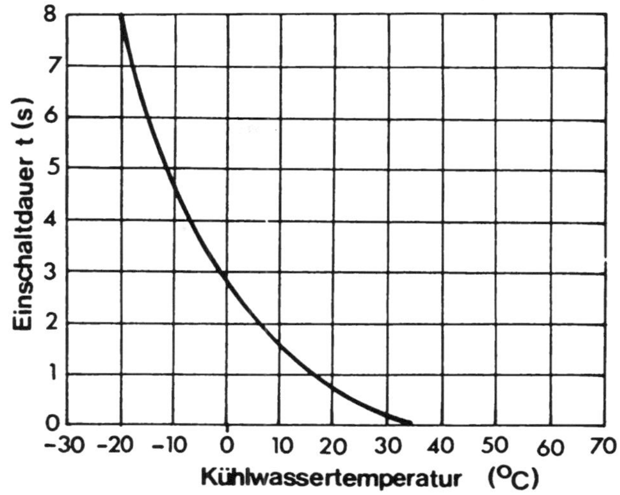

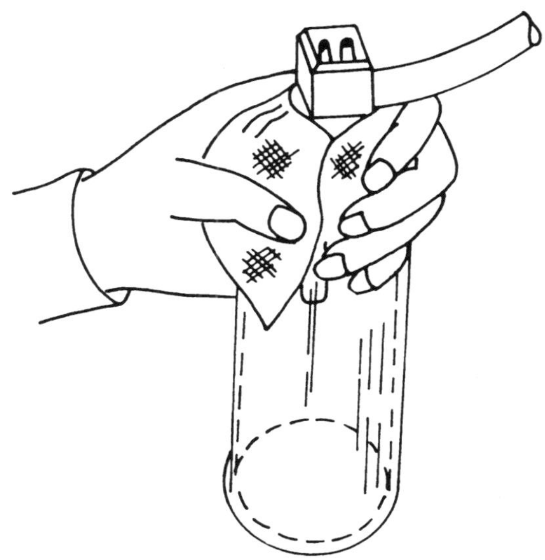

Bild 88
Prüfen des Kaltstartventils

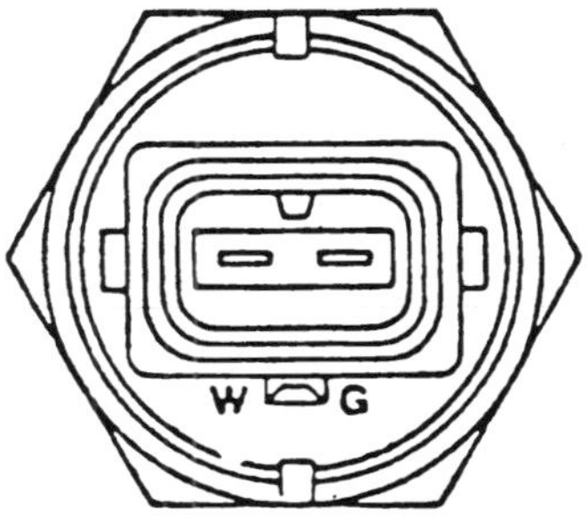

Bild 89
Kabelstecker des Elektrostartventils

5.5.9 Thermozeitschalter (ausser LE-Jetronic)

Der Thermozeitschalter steuert die Einspritzdauer des Elektrostartventils (Kaltstartventil). Er arbeitet kühlwassertemperaturabhängig. Die folgende Tabelle zeigt die Sollwiderstandswerte des Thermozeitschalters («G» und «W» siehe Bild 89):

	Temperatur °C	Widerstand Ohm
G zu Masse W zu Masse G zu W	bis + 30° C	25–40 Ohm 0 Ohm 25–40 Ohm
G zu Masse W zu Masse G zu W	ab 40° C	100–160 Ohm 100–160 Ohm 50–80 Ohm

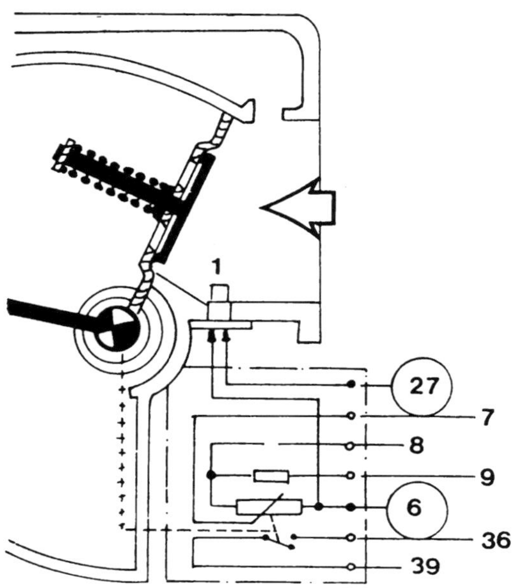

Bild 90
Temperaturfühler (1) im Luftmengenmesser

5.5.10 Zusatzluftschieber

Der Zusatzluftschieber erhöht während der Warmlaufphase die Leerlaufdrehzahl des Motors. Bei kaltem Motor den Schlauch des Zusatzluftschiebers (18 in Bild 81) abklemmen, wobei die Motordrehzahl abfallen muss. Bei warmem Motor Schlauch zum Zusatzluftschieber abklemmen, wobei die Motordrehzahl nicht abfallen darf. Bei kaltem Motor muss der Schieber offen sein, bei warmem Motor geschlossen.

5.5.11 Lufttemperaturfühler

Der Lufttemperaturfühler sitzt im Luftmengenmesser (Bild 90). Der Widerstand des Temperaturfühlers ist abhängig von der Temperatur des Halbleiters im Fühler (siehe Diagramm in Bild 91). Der Wi-

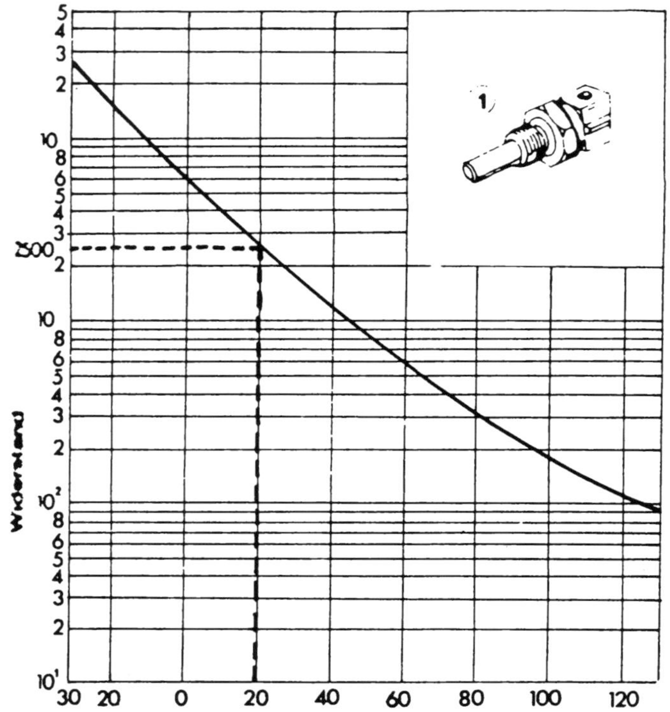

Bild 91
Kennlinie des Luft- und Wassertemperaturfühlers (1)

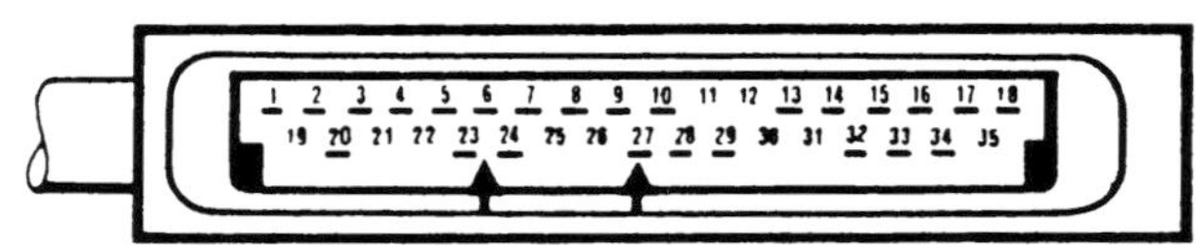

Bild 92
Sammelstecker des Steuergerätes

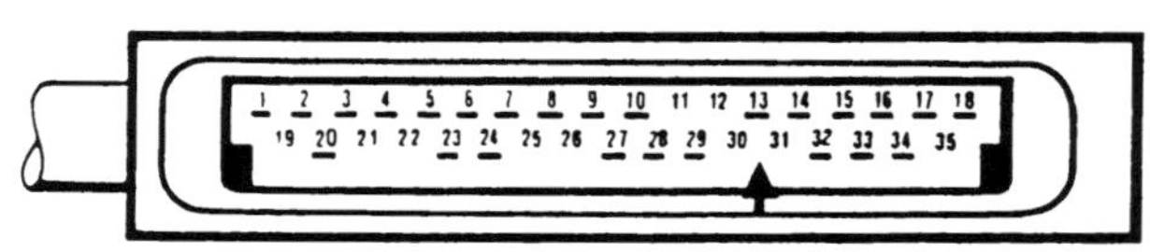

Bild 94
Sammelstecker des Steuergerätes

derstand wird am abgezogenen Sammelstecker des Steuergerätes Klemme 27 gegen Klemme 6 geprüft (Bild 92).

5.5.12 Wassertemperaturfühler

Der Wassertemperaturfühler (15 in Bild 81) sitzt im Kühlwasserkreislauf des Motors. Sein Innenwiderstand ist temperaturabhängig (siehe Diagramm in Bild 91). Der Widerstand wird am abgezogenen Sammelstecker des Steuergerätes Klemme 13 gegen Masse geprüft (Bild 94).

5.5.13 Luftmengenmesser

Der Luftmengenmesser (12 in Bild 81) besteht aus einer im Ansaugluftstrom drehbar gelagerten Stauklappe, auf deren Achse ein Potentiometer sitzt. Der Stauklappenwinkel zeigt eine logarithmische Abhängigkeit zur durchgesetzten Luftmenge. Dadurch wird bei kleinen Luftmengen eine hohe Genauigkeit in der Kraftstoffzumessung erreicht. Die Graphik in Bild 95 zeigt die Zusammenhänge zwischen Stauklappenwinkel, Kraftstoffbedarf und Innenwiderstand des Potentiometers im Luftmengenmesser.
Die Stauklappe muss sich leichtgängig bis zum Anschlag öffnen lassen und von selbst wieder bis zum Anschlag schliessen. Auf Schleifspuren achten (wenn vorhanden, Luftmengenmesser ersetzen). Innen stark verschmutzten Luftmengenmesser mit fusselfreiem Lappen reinigen.

5.5.14 Drosselklappe, Drosselklappenschalter

Die Drosselklappe muss kurz vor dem Klemmen mit der Drosselklappenanschlagschraube eingestellt werden («B» in Bild 96). Den Gaszug so einstellen, dass die Klappe bei Vollgas ganz offen ist (unter Beachtung des Leerlaufanschlages). Der Vollastkontakt im Drosselklappenschalter (1 in Bild 97) muss kurz vor Vollastanschlag schliessen (Widerstand 0 Ohm).

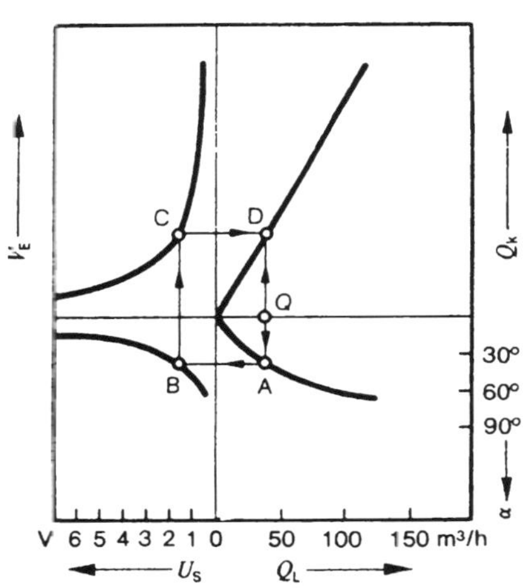

Bild 95
Zusammenhänge zwischen Luftmenge, Klappenwinkel, Spannung und Kraftstoffmenge im Luftmengenmesser

QL Luftmenge
QK theoretisch benötigte Kraftstoffmenge
alpha Klappenwinkel
US Spannungssignal an Steuergerät
VE tatsächlich eingespritzte Kraftstoffmenge

5.5.15 Steuergerät

Das Steuergerät (6 in Bild 81) kann nicht selbst geprüft werden. Darauf achten, dass die Steckverbindung am Mehrfachstecker (Bild 98) in Ordnung ist. Das Zündspuleneingangssignal liegt an Klemme 1 an.

5.5.16 Leerlaufeinstellung

Die korrekte Leerlaufdrehzahl bei betriebswarmem Motor beträgt 900/min. Diese Drehzahl sollte sich

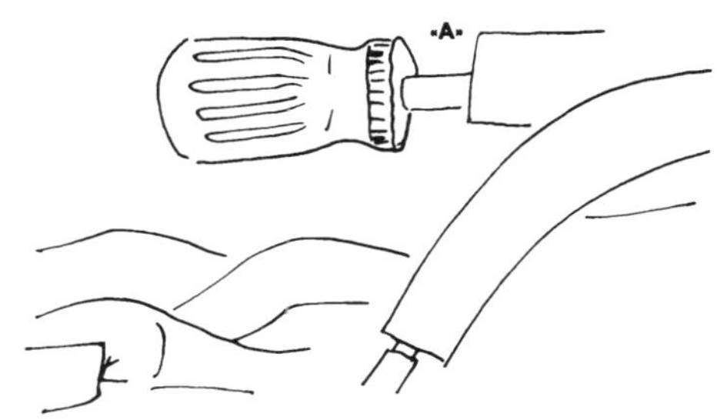

Bild 96
Leerlaufdrehzahleinstellschraube «A»

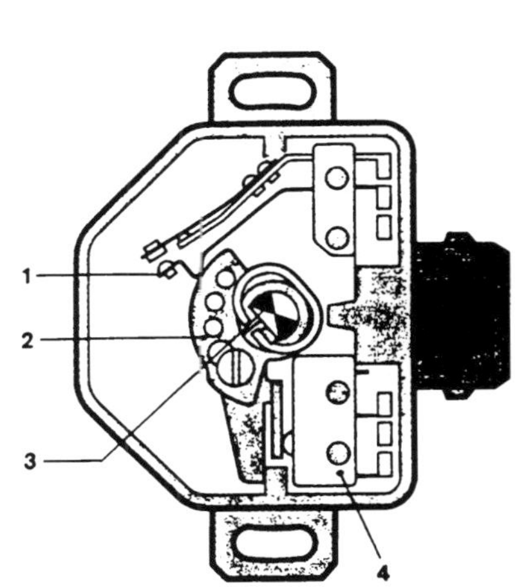

Bild 97
Drosselklappenschalter

1 Vollastkontakt
2 Schaltkulisse
3 Drosselklappenwelle
4 Leerlaufkontakt

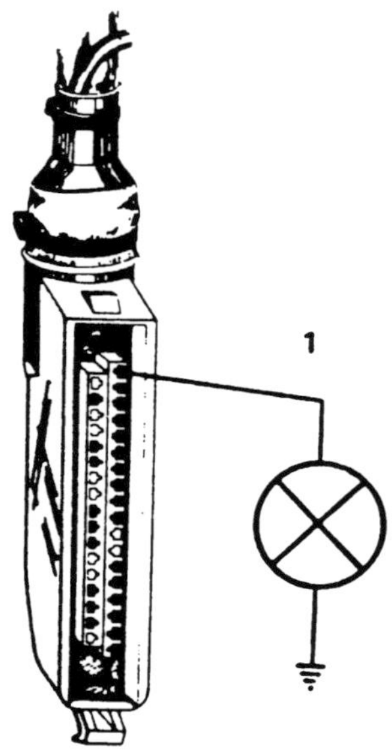

Bild 98
Sammelstecker zu Elektronik

1 Eingangssignal der Zündspule

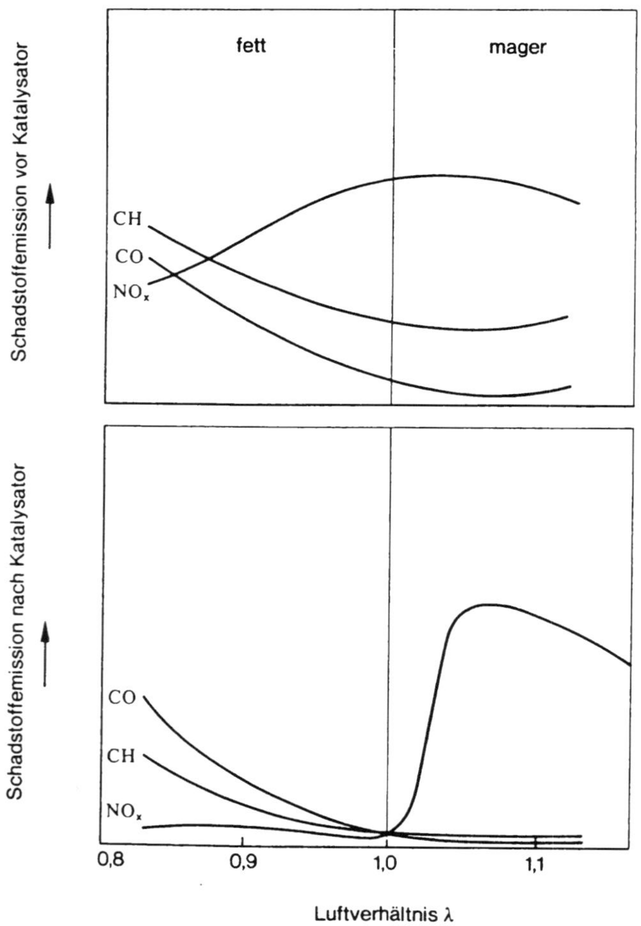

Bild 99
Wirkung des Katalysators

unter normalen Umständen nicht verändern. Bei zu hoher Drehzahl zuerst Zündzeitpunkt (Kapitel 6.1.3), Ventilspiel (Kapitel 2.2.3) und Zusatzluftschieber (Kapitel 5.5.10) kontrollieren. Bei zu tiefer Drehzahl Zündzeitpunkt, Zündkerzen und Ventilspiel überprüfen und danach unter Bezug auf den Drehzahlmesser an Schraube «A» in Bild 96 (9 in Bild 81) Solldrehzahl einstellen (der Motor muss betriebswarm sein). Hineindrehen der Einstellschraube verringert die Drehzahl und umgekehrt.

5.5.17 CO-Wert einstellen

Bei der CO-Einstellschraube handelt es sich um einen By-Pass, der die Klappe des Luftmengenmessers umgeht; je mehr Luft den Mengenmesser umgeht, desto magerer wird das Gemisch und umgekehrt.

Voraussetzung für die Einstellung ist:

— Betriebswarmer Motor (Öltemperatur mindestens 60° C).
— Den vorgeschriebenen Werten entsprechende Einstellungen von Zündzeitpunkt und Ventilspiel.
— Sauberer Luftfiltereinsatz.
— Leerlaufdrehzahl korrekt eingestellt (Kapitel 5.5.16).
— Geeichter und betriebswarmer CO-Tester.

Danach folgendermassen vorgehen:
Leerlaufgemisch-Einstellschraube (19 in Bild 81) am Luftmengenmesser hineindrehen, um CO-Wert zu erhöhen (fetteres Gemisch), oder im Gegenuhrzeiger verdrehen, um CO-Wert zu vermindern; der korrekte Wert beträgt bei Fahrzeugen ohne Katalysator 1 % und bei Katalysatorfahrzeugen 0,1 % und weniger. Bei letzteren ist eine Einstellung jedoch unnötig, da die Elektronik das Gemisch ständig korrigiert; ist der CO-Wert trotzdem zu hoch, kann das an der Lambda-Sonde, am Katalysator oder an der Elektronik liegen (siehe auch Kapitel 5.5.18).

5.5.18 Katalysator und Lambda-Sonde

Ein Katalysator lenkt und/oder beschleunigt chemische Reaktionen, ohne sich dabei selbst zu verbrauchen oder zu verändern.
Da bei der Verbrennung von Kraftstoff in unserem Viertaktmotor die chemischen Reaktionen nie ganz vollständig ablaufen, entstehen bei jedem Luft/Kraftstoffverhältnis giftige Gase wie CO und CH

(siehe Bild 99). Im weiteren entsteht aus der durch die hohen Temperaturen und Drücke bevorzugten Reaktion von Stickstoff mit Sauerstoff das Gift NOx.

Die Verbrennung ist selbst dann unvollständig, wenn genau so viel Sauerstoff vorhanden ist, wie theoretisch notwendig wäre (Luftverhältnis oder Lambda-Wert 1/stöchiometrisch richtiges Verhältnis zwischen Sauerstoff und Kraftstoff); allerdings arbeitet ein Abgaskatalysator unter diesen Bedingungen unwahrscheinlich effizient (siehe Bild 99).

Diese Tatsache macht sich die Lambda-Regelung mit Hilfe einer speziellen Sonde (14 in Bild 81) zunutze. Diese Sonde liefert in Abhängigkeit des Sauerstoffgehaltes in den Auspuffgasen ein Spannungssignal an die Elektronik (siehe Bild 100). Die Elektronik stellt innerhalb Sekundenbruchteilen fest, ob das Gemisch zu fett oder zu mager ist, und kann entsprechende Korrekturen vornehmen (Bild 101).

Bild 102 zeigt einen Schnitt durch den Katalysator, der nach dem Auspuffkrümmer vor dem Vorschalldämpfer eingebaut ist, während die Lambda-Sonde (Bild 103) direkt im Abgasstrom des Krümmers liegt.

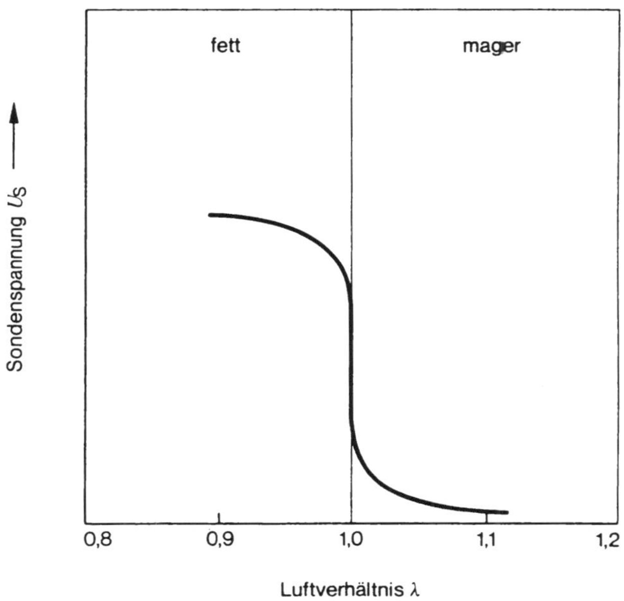

Bild 100
Spannung an Lambda-Sonde in Abhängigkeit des ungebundenen Sauerstoffes

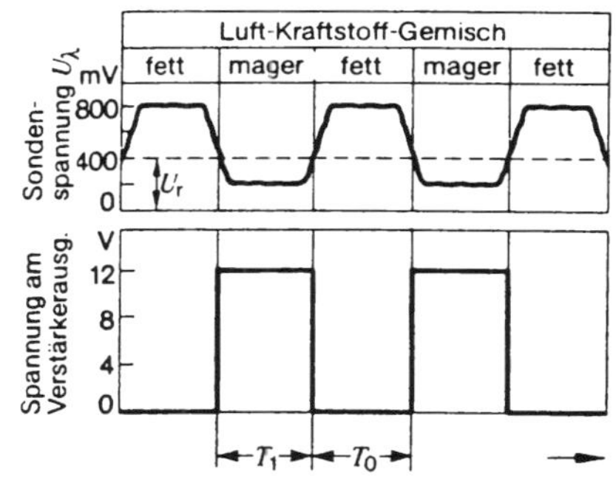

Bild 101
Impulsdiagramm zur Lambda-Regelung

T1 Impulsdauer T0 Impulspause

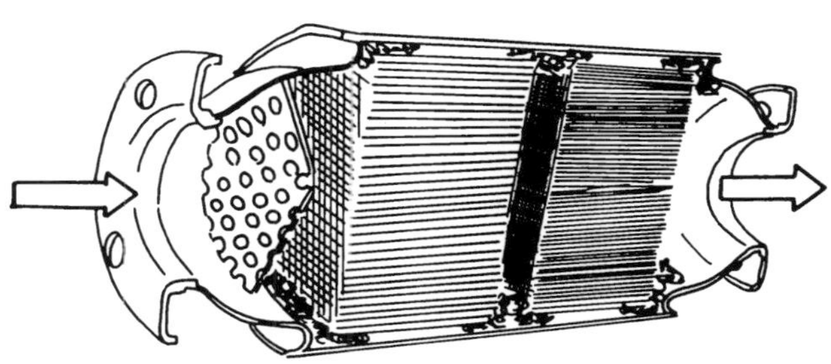

Bild 102
Schnitt durch einen Abgaskatalysator

1 Keramisches Material mit katalytisch aktiven Substanzen (Platin)
2 Stahlwolle zur Halterung
3 Gehäuse

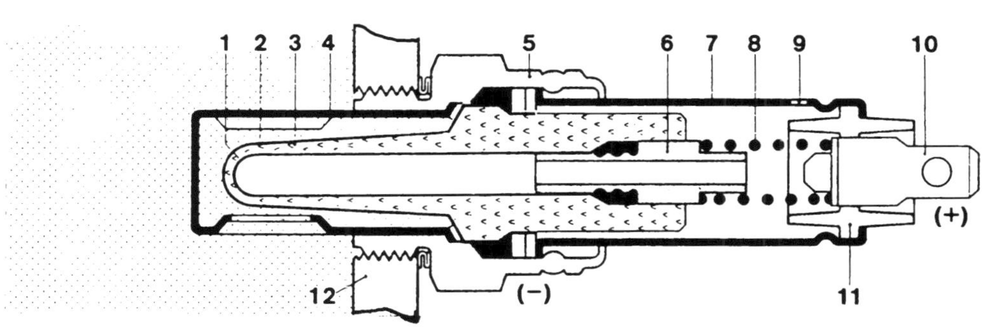

Bild 103
Schnitt durch die Lambda-Sonde (natürliche Grösse)

1 Elektrode (+)
2 Elektrode (−)
3 Sondenkeramik
4 Schutzrohr (abgasseitig)
5 Gehäuse (−)
6 Kontaktbuchse
7 Schutzhülse (luftseitig)
8 Kontaktfeder
9 Belüftungsöffnung
10 Elektrischer Anschluss (+)
11 Isolierteil
12 Abgasrohrwand (links Abgasseite)

Ein Defekt des Abgas-Entgiftungs-Systems kann mit einer CO-Messung im Stationär- oder Fahrbetrieb eruiert werden (Kapitel 5.5.17). Zur Lokalisierung des Fehlers bedarf es allerdings eines teuren Bosch-Spezialtesters, der zwischen die Elektronik und den Multistecker der Elektronik gehängt wird.

5.6 Luftfilter

Die auswechselbaren Filterelemente des Luftfilters sollten je nach Verschmutzungsgrad ersetzt werden (beim Befahren von Feldwegen öfters als bei Autobahnen). Ein verschmutzter Luftfilter führt zu niederer Motorleistung und höherem Kraftstoffverbrauch.

5.7 Auspuffsystem

Das Auspuffsystem hat die Aufgabe, die vom Motor in den Auskrümmer abströmenden Gase zu sammeln, abzukühlen und über Schalldämpfer und Endrohr hinter das Wagenheck abzuführen. Es ist wichtig, dass die Anlage dicht ist und keine in der Nähe befindlichen Fahrzeugteile überhitzt werden können. Besonders bei Rissen und kleineren Löchern, die durch Spannung und Korrosion entstehen, ist die Gefahr der Überhitzung von benachbarten Teilen bei warmer Witterung und längeren Fahrten möglich. Deshalb ist bei Auspuffgeräuschveränderungen die Ursache festzustellen und Abhilfe zu schaffen.

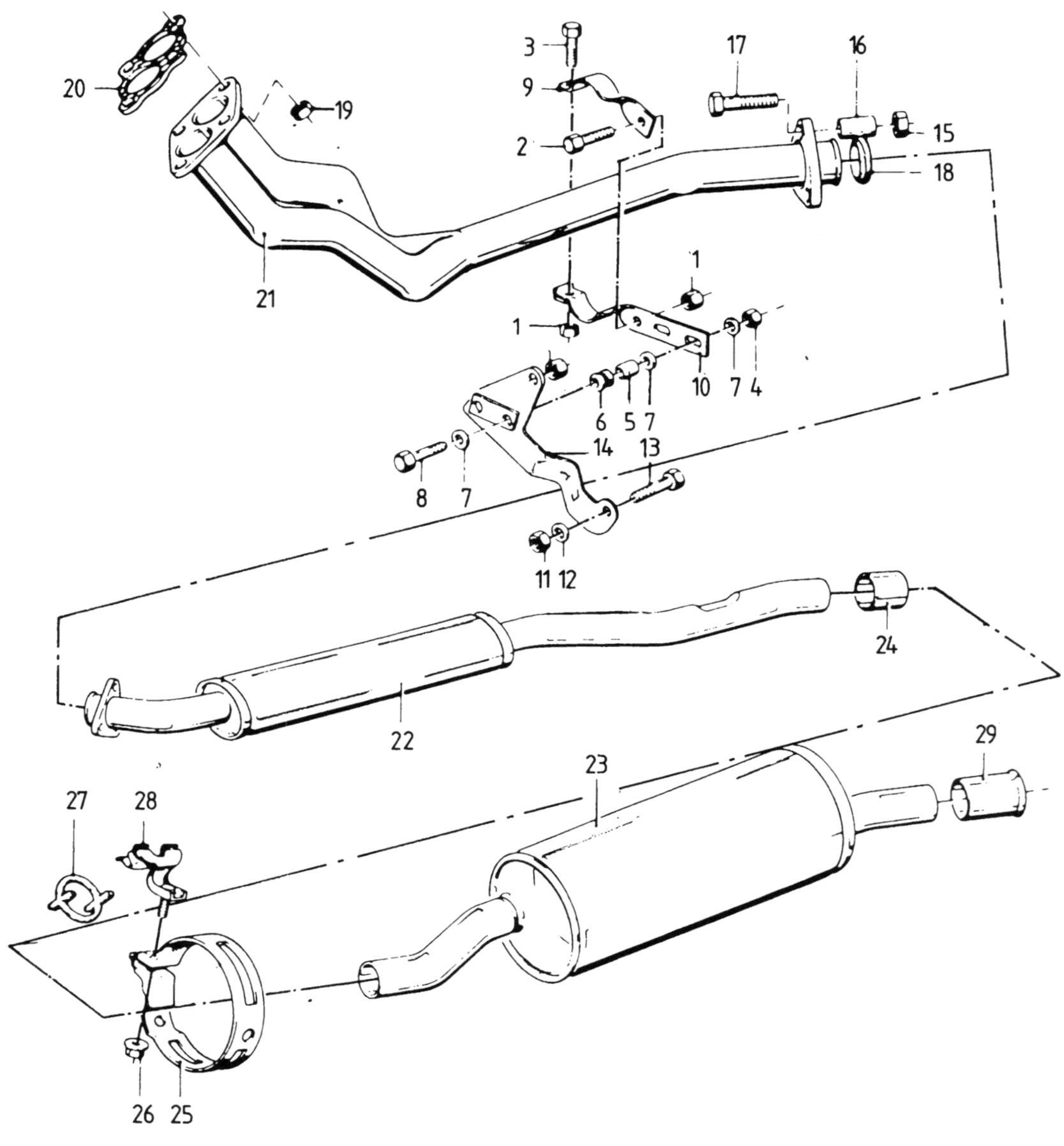

Bild 104 a
Auspuffsystem

1 6kt Mutter
2 6kt Schraube M 8 × 16
3 6kt Schraube M 8 × 25
4 6kt Mutter M 6
5 Abstandhülse
6 Gelenkbüchse
7 Beilagscheibe
8 6kt Schraube M 6 × 30
9 Bügel
10 Auspuffträger
11 6kt Mutter M 8
12 Beilagscheibe
13 6kt Schraube M 8 × 40
14 Halter
15 6kt Mutter M 8
16 Büchse
17 6kt Schraube M 8 × 65
18 Dichtung ⌀ 46
19 6kt Mutter Mlo
20 Dichtung
21 Auspuffrohr
22 Vorschalldämpfer
23 Nachschalldämpfer
24 Muffe ⌀ 46 mm
25 Schelle
26 6kt Mutter M 8
27 Gummiring
28 Halter
29 Auspuffrohrblende

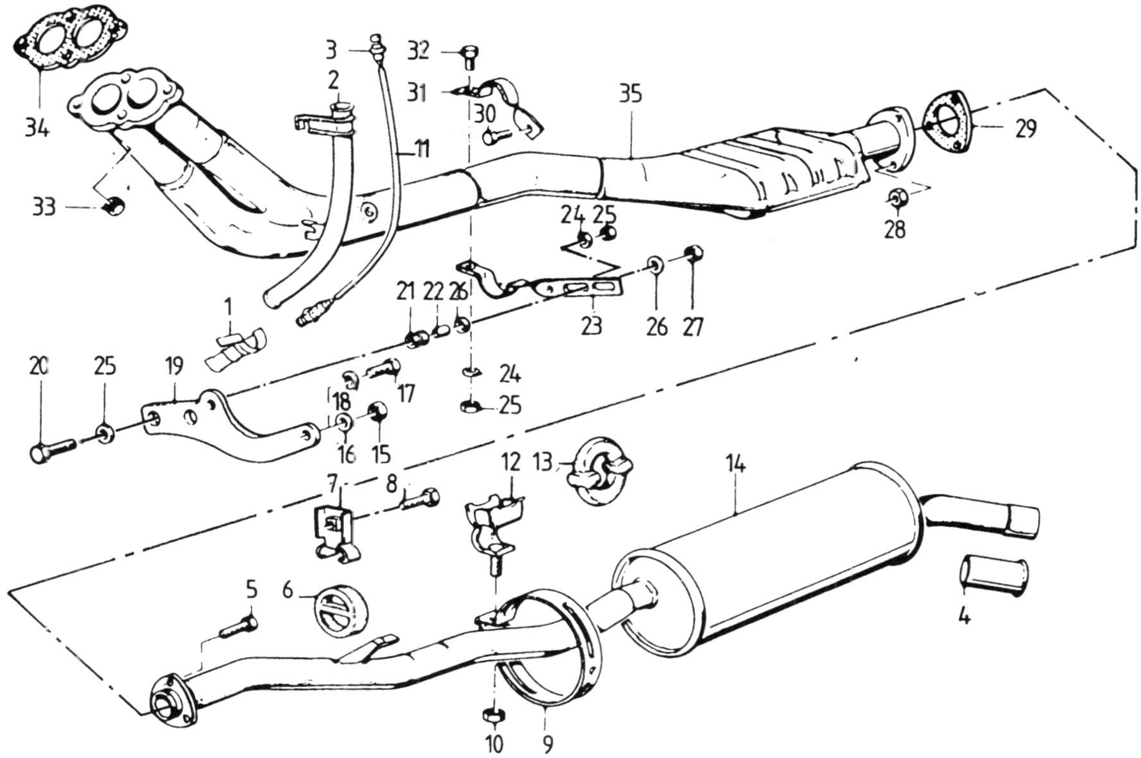

Bild 104 b
Auspuffanlage – Katalysator

1 Schutzblech
2 Rohr
3 Lambda-Sonde
4 Auspuffrohrblende
5 6kt Schraube M 8 × 35
6 Gummiring
7 Halter
8 6kt Schraube M 8 × 16
9 Schelle
10 6kt Mutter M 8
11 Lambda Sonde
12 Halter
13 Gummiring
14 Auspuffendtopf
15 6kt Mutter M 8
16 Beilagscheibe
17 6kt Schraube M 8 × 20
18 Federscheibe
19 Halter
20 6kt Schraube M 6 × 30
21 Gelenkbüchse
22 Abstandhülse
23 Halter
24 Federscheibe
25 6kt Mutter M 8
26 Beilagscheibe
27 Mutter M 6
28 Mutter M 8
29 Dichtung
30 6kt Schraube M 8 × 16
31 Bügel
32 6kt Schraube M 8 × 25
33 6kt Mutter M 10
34 Dichtung
35 Abgasrohr-Katalysator

Zur Überprüfung ist das Fahrzeug über eine Grube zu fahren oder auf einer Hebebühne anzuheben. Alle Verbindungen sind zu kontrollieren. Die Befestigungsmuttern und Aufhängungselemente nachziehen und auf einwandfreie Position untersuchen. Sind Risse, Roststellen oder Löcher vorhanden, so sind die Stellen vorsichtig mit dem Schraubenzieher abzuklopfen, um den Umfang der schadhaften Fläche festzustellen. Bei kleineren Schäden kann die Anlage durch autogenes Schweissen repariert werden. Aber niemals in der Nähe von Kraftstoffleitungen oder anderen feuergefährlichen Teilen wie Gummielementen schweissen. Kleinere Löcher können auch behelfsmässig mit Auspuffreparaturband geflickt werden. Dieses Band wird feucht um die defekte Stelle gewickelt und mit Draht fixiert. Sofort danach mit dem Auto einige Kilometer fahren; dieses Band wird durch den heissen Auspuff steinhart. Jetzt kann der Draht wieder entfernt werden.

Eingerostete Schrauben vor dem Lösen mit Kriechspray behandeln und einige Minuten warten. Wenn sich die Auspuffteile schlecht voneinander trennen lassen, so ist die Verbindungsstelle mit dem Schweissbrenner oder einer einfachen Lötlampe stark zu erhitzen, bis sich die Rohre trennen lassen. Vor der Montage sind die Schrauben gründlich mit Graphitspray zu behandeln, da sie sonst rosten und später trotz Kriechspray nicht mehr gelöst werden können.

Bild 104 zeigt die Einzelteile des Auspuffsystems. Beim Auswechseln von Auspuffteilen sind die Briden und Befestigungen von vorne nach hinten festzuziehen, damit keine Verspannungen entstehen können.

6 Die Zündanlage

Der Zündverteiler sitzt bei den BMW-Motoren am Zylinderkopf und wird über eine Schneckenverzahnung von der Nockenwelle her angetrieben.

Die BMW-Modelle sind mit der elektronischen Zündung Bosch-TSZi ausgerüstet; diese besteht aus dem Verteiler mit Impulsgeber, dem Verstärkermodul, der Zündspule und dem Diagnosestecker.

Bild 105 zeigt das Funktionsschema des Gebers.

Das drehende Impulsgeberrad (4) und die Spulenanordnung (2) wirken wie ein Wechselstromgenerator (siehe Bild 106). Der Stromabfall zur Zeit «tz» wirkt wie ein sich öffnender mechanischer Unterbrecher. Dieser Induktionsgeber sitzt dort, wo beim herkömmlichen Verteiler der mechanische Unterbrecher eingebaut ist (der Rest des Verteilers ist identisch: mechanische Unterdruck- und Fliehkraftverstellung). Die Wechselspannung «U» in Bild 106 wird von der Zündelektronik so moduliert, dass der Schliesswinkel stets optimal ist, das heisst, er ist drehzahlabhängig und somit keine Konstante wie bei mechanischen Systemen. Das hat den Vorteil, dass der Schliesswinkel nicht eingestellt werden muss und sich im Verlaufe der Zeit nicht verändert.

Die Kontrolle des Zündzeitpunktes kann nur dynamisch, bei laufendem Motor, erfolgen. Dies ist jedoch kein Nachteil, weil eine statische Zündzeitpunkteinstellung den heutigen Anforderungen sowieso nicht mehr genügte (Abgasvorschriften, Kraftstoffverbrauch).

Bei allen Arbeiten an der Transistorzündung muss diese ausgeschaltet sein, da sonst Lebensgefahr besteht. Gefahr besteht auch unmittelbar nach Abschalten der Zündung!

Die Zündelektronik der TSZi ist nur bedingt verpolungssicher. Bei falschem Anschluss an das Bordnetz besteht die Gefahr einer Beschädigung, falls der falsche Anschluss mehr als ein paar Sekunden besteht.

Bei Reparaturen am Kabelbaum sowie an der zweiadrigen Geberleitung ist ein Verwechseln von Leitungsanschlüssen nicht auszuschliessen. Ein verpolter Anschluss der Geberleitung hat z. B. eine so starke Verschiebung des Zündzeitpunktes Richtung «früh» zur Folge, dass der Motor gar nicht erst anspringt.

Wird Klemme 16 am Schaltgerät bzw. Klemme 1 der Zündspule versehentlich an Masse gelegt, so fliesst ein ziemlich starker Primärstrom durch die Zündspule, der aber keine Beschädigung dieses Bauteils zur Folge hat; ein Zündbetrieb ist jedoch nicht möglich.

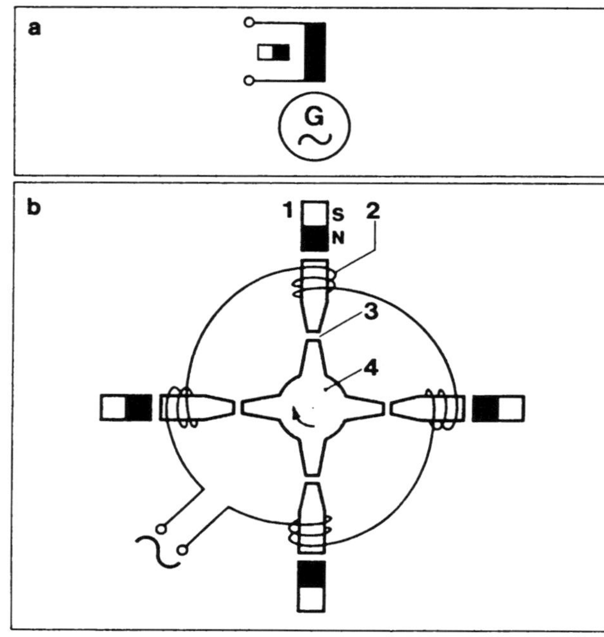

Bild 105
Schema des Zündimpulsgebers

a Schaltzeichen Zündimpulsgeber nach dem Induktionsprinzip
b Funktionsschema

1 Dauermagnet
2 Induktionswicklung mit Kern
3 Veränderlicher Luftspalt
4 Impulsgeberrad

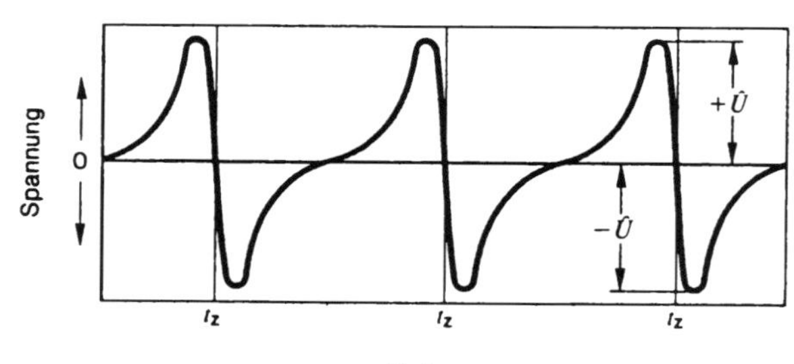

Bild 106
Zeitlicher Verlauf der vom Induktionsgeber erzeugten Wechselspannung
tz Zündzeitpunkt

Die Steckanschlüsse am Schaltgerät und am Zündverteiler sind so geformt, dass sie nur polrichtig eingepasst werden können (Formstecker). Von dieser Seite ist also keine Verpolung zu befürchten.

6.1 Zündverteiler

Der Zündverteiler (Aufbau siehe Einleitung und Bilder 107a und 107b) hat die Aufgabe, den Zündkerzen im zeitlich richtigen Moment einen Zündimpuls zuzuführen. Dazu ist er mit einer Fliehkraft- und einer doppelt wirkenden Unterdruckverstellung versehen, welche den Zündzeitpunkt in Abhängigkeit der Drehzahl resp. der Lastverhältnisse des Motors verstellen.

6.1.1 Überprüfen des Zündverteilers

Die Verteilerkappe auf Kriechströme und den Verteilerfinger auf Abbrand untersuchen und gegebenenfalls ersetzen. Zusätzlich Hochspannungskabel auf Durchschläge und Schürstellen prüfen und

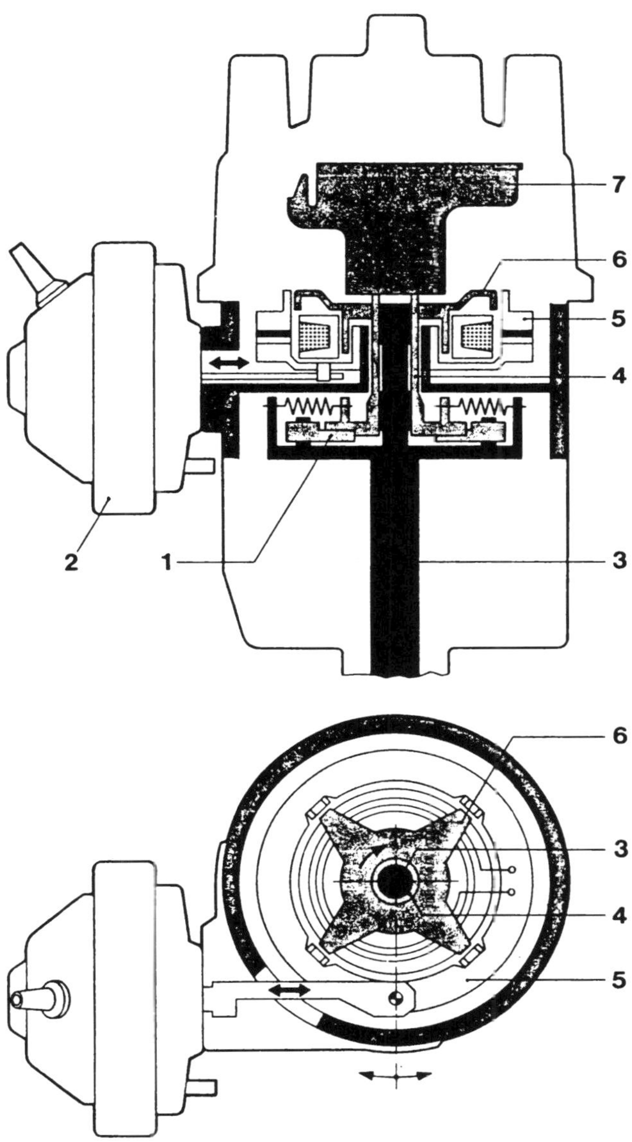

Bild 107a
Querschnitt durch den Verteiler mit Induktionsgeber

1 Fliehkraftversteller
2 Unterdruckversteller mit Unterdruckdose
3 Zündverteilerwelle
4 Hohlwelle
5 Polscheibe
6 Impulsgeberrad
7 Verteilerläufer

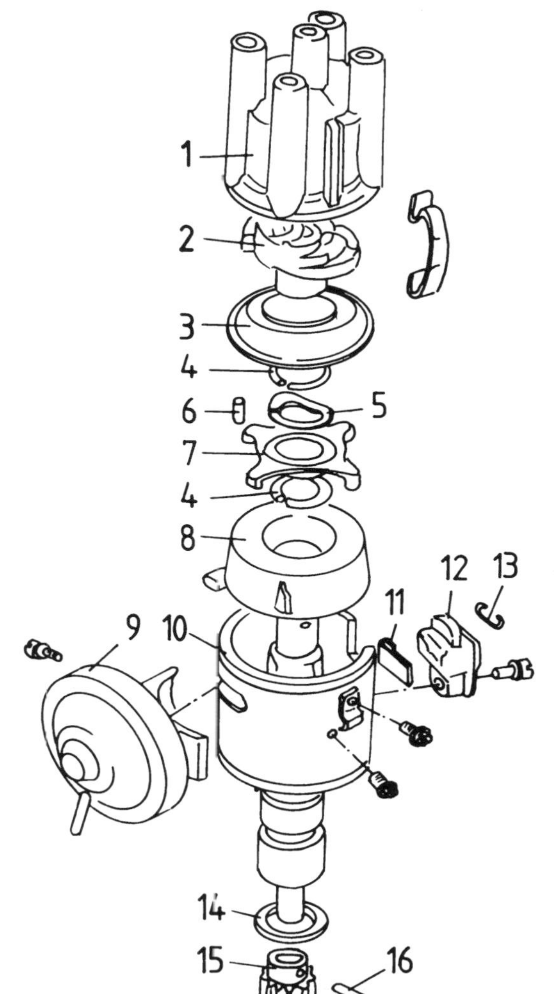

Bild 107b
Zündverteiler mit Induktionsgeber

1 Verteilerkappe
2 Verteilerfinger
3 Staubschutz
4 Seegerring
5 Federscheibe
6 Zylindrischer Stift
7 Rotor
8 Impulsgenerator
9 Unterdruckdose
10 Körper
12 Kabelverbinder
15 Antriebszahnrad
16 Splint

beim geringsten Zweifel auswechseln. Der Schmierfilz in der hohlen Verteilerwelle (sichtbar nach Abnahme des Verteilerdeckels, des Verteilerläufers und des Kondenswasser-Schutzdeckels)

soll alle 15 000 km zwei Tropfen sauberes Motorenöl erhalten. Der Zündverteiler braucht weiter nicht gewartet zu werden. Im Winter kann es jedoch nützlich sein, die Zündanlage mitsamt den Kabeln mit etwas Kontaktspray einzunebeln, um elektrolytisches Salzwasser von ihr fernzuhalten.
Eine eingehende Prüfung der Einzelteile der Zündanlage im Zusammenspiel ist nur mit aufwendigen Prüfgeräten (Oszillograph, Verteilerprüfbank, Bosch-Tester mit Stecker zum Diagnoseanschluss etc.) möglich und sollte daher einer entsprechend ausgerüsteten Fachwerkstatt überlassen werden. Vereinfachte Funktionskontrollen sind folgendermassen möglich:

- Ein grobes Bild über den Zustand der Unterdruckverstellung liefert bei abgenommener Verteilerkappe eine Mundsaugprobe an den Unterdruckschläuchen: Die Unterbrecherplatte muss sich verschieben. Eine genaue Kontrolle der Unterdruckverstellkurve ist nur am ausgebauten Zündverteiler auf der Prüfbank möglich.
- Der Verteilerfinger muss sich im Uhrzeigersinn etwas verdrehen lassen und beim Loslassen in seine Ausgangsstellung zurückkehren. Ist dies nicht der Fall, so ist die Fliehkraftverstellung verschmutzt oder defekt. Eine bessere Funktionskontrolle ist möglich, wenn man über eine Stroboskoplampe mit eingebautem Verstellwinkeltester verfügt.

6.1.2 Aus- und Einbau des Zündverteilers

- Primärstromstecker beim Bosch TSZi-Verteiler abziehen.
- Kolben im Zylinder Nr. 1 auf OT stellen. Verteilerfinger und Kurbelwellen-Riemenscheibe müssen dazu die in Bild 11 gezeigten Positionen einnehmen.
- Unterdruckanschlüsse abziehen.
- Lage des Verteilers markieren.
- Befestigungsbride des Verteilers entfernen.
- Verteiler herausziehen.
- Betätigungsstange der Unterdruckverstellung von der Unterbrecherhalteplatte abbauen und Unterdruckdose lösen.
- Das weitere Zerlegen erfolgt gemäss Explosionszeichnung in Bild 107b. Alle Teile reinigen. Lagerbuchsen im Gehäuse kontrollieren. Defekte Teile ersetzen.
- Der Einbau erfolgt in umgekehrter Reihenfolge. Lage des 1. Zylinders und des Verteilers müssen dabei die vorgeschriebenen Positionen einnehmen (siehe oben). Zur Einführung des Zündverteilers in den Nockenwellenantrieb wird der Verteilerfinger entgegen dem Uhrzeigersinn ca. 3,5 cm von der Kerbe (Bild 11) im Verteilergehäuse weggedreht.
- Nach erfolgtem Einbau Zündzeitpunkt einstellen (Kapitel 6.1.3).

6.1.3 Zündzeitpunkt einstellen

Bevor der Zündzeitpunkt eingestellt wird, soll man sich immer vergewissern, dass die vorgeschriebenen Werte für Schliesswinkel und Elektrodenabstand der Zündkerzen eingehalten sind; ersteres entfällt jedoch bei der hier vorliegenden elektronischen Zündung (siehe Einleitung). Für die Einstellung des Zündzeitpunktes braucht man obligatorisch eine Stroboskoplampe (Zündblitzpistole). Der Motor muss betriebswarm sein.

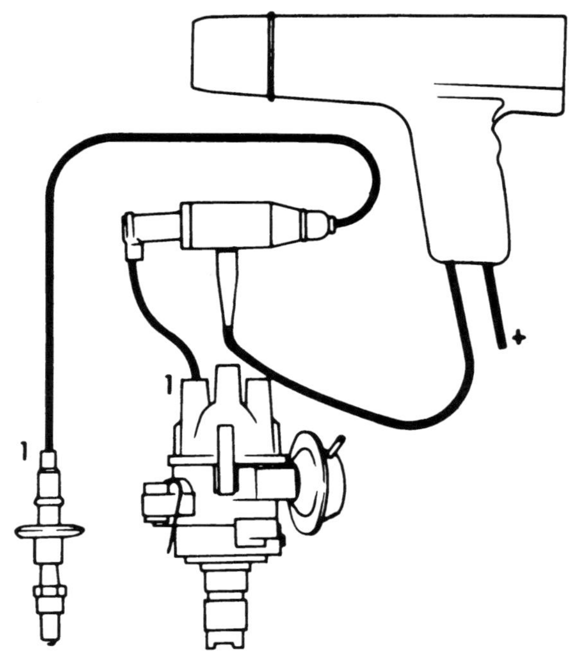

Bild 108
Stroboskoplampe (Zündblitzpistole)

- Die beiden Unterdruckschläuche für Früh- und Spätverstellung von der Dose am Zündverteiler abziehen.
- Stroboskoplampe und Drehzahlmesser nach Herstellervorschrift anschliessen (Bild 108).
- Motor starten und mit der vorgeschriebenen Drehzahl für die dynamische Zündzeitpunktverstellung laufen lassen (Werte siehe Mass- und

Einstelltabelle). Der Zündzeitpunkt wird bei der entsprechenden Drehzahl auf 25° v. OT eingestellt.

- Durch das Guckloch in der Kupplungsglocke die Kugelmarkierung für den Zündzeitpunkt am Schwungrad anblitzen (Bild 109); bei Automatikmodellen Stift in Bild 11 am Kurbelgehäuse bei der Kurbelwellenriemenscheibe anblitzen und mit der entsprechenden Bezugsmarke auf der Riemenscheibe zum Fluchten bringen.
- Der Zündzeitpunkt ist richtig eingestellt, wenn die Kugelmitte an der Gucklochkante sichtbar ist. Eine Korrektur ist durch Verdrehen des Zündverteilers nach leichtem Lösen seiner Klemmhalterung möglich. Beachten, dass sich durch das Verdrehen des Verteilers die Motordrehzahl ändern kann.

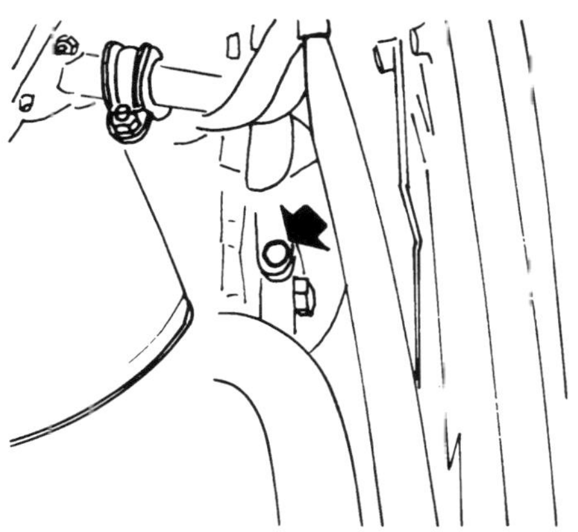

Bild 109
Guckloch in Kupplungsglocke für Zündzeitpunkteinstellung

- Nach dem Festziehen der Klemmhalterung den Zündzeitpunkt nachkontrollieren und die Unterdruckschläuche wieder anschliessen.

Steht keine Stroboskoplampe zur Verfügung, so kann der Zündzeitpunkt nicht eingestellt werden (elektronisch dynamische Impulsgebung).

6.2 Zündkerzen

Kerzen folgendermassen kontrollieren:

- Kerzenstecker abziehen und Kerzen herausschrauben.
- Kerzenbild kontrollieren. Es gelten folgende Indizien:
  - Isolator grau-gelb bis braun, Elektroden schwarz oder leicht verrusst: Kerze, Vergaser, Motor i. O.
  - Samtartiger, stumpfschwarzer Russbelag auf Elektroden und Isolator: Gemisch zu fett, zu grosser Elektrodenabstand, zu hoher Wärmewert der Zündkerze.
  - Isolator und Elektroden mit feuchter Ölkohle und Russ belegt: Zu grosses Kolbenspiel, defekte Kolbenringe, defekte Zündkerze, defekte Ventilführungen.
  - Schmelzperlen auf dem Isolatorfuss, angefressene Elektroden: zu mageres Gemisch, Kerze undicht oder lose, verbrannte Ventilsitze, Wärmewert der Zündkerze zu niedrig.
- Defekte Zündkerzen ersetzen.
- Verschmutzte Zündkerzen mit Sandstrahl oder Drahtbürste reinigen, in Kraftstoff auswaschen und sorgfältig mit Pressluft ausblasen.
- Elektrodenabstand mit Fühlerlehre messen und gegebenenfalls durch Nachbiegen der Massenelektrode auf 0,6 mm einstellen.

Zum Einbau die Gewinde der Kerzen mit etwas Graphitfett oder Graphitpulver bestreichen und Zündkerzen im kalten Zylinderkopf mit 25 bis 30 Nm festschrauben. Beim Aufsetzen der Kerzenstecker die Zündreihenfolge 1-3-4-2 beachten.

7 Das Kupplungssystem

Bei allen Modellen wird eine hydraulisch betätigte Einscheiben-Trockenkupplung eingebaut. Die Kupplung ist selbstnachstellend. Bild 110 zeigt die Hauptteile der Kupplung.

Ein hydraulisches System ist um einiges komfortabler als ein herkömmliches mit Seilzug: konstantes Kupplungspedalspiel und kleinerer Kraftbedarf.

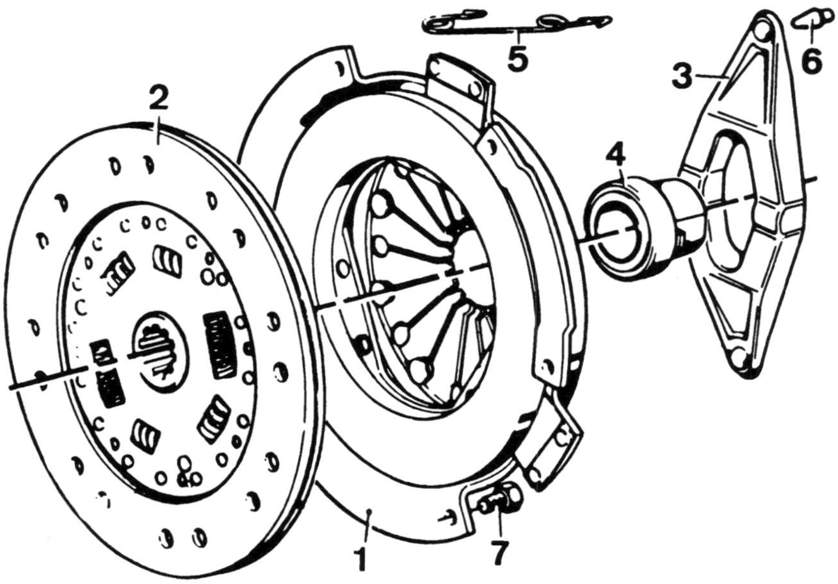

Bild 110
Hauptteile des Kupplungssystems

1 Druckplatte
2 Mitnehmerscheibe
3 Ausrückhebel
4 Ausrücklager
5 Federbügel
6 Kugelbolzen
7 Schraube

7.1 Prüfen der Kupplung

Der Verschleiss der Kupplungs-Mitnehmerscheibe kann in eingebautem Zustand folgendermassen geprüft werden:

- Dicke des Reibbelags prüfen: An einer steilen Rampe vom 1. in den 4. Gang hochschalten und Vollgas geben. Die Kupplung darf bei dieser Rosskur nicht schleifen, der Motor muss abgewürgt werden.
- Schlag des Reibbelags prüfen: Wird die Kupplung bei stehendem Fahrzeug und Leerlaufdrehzahl betätigt, so muss sich der Rückwärtsgang nach 3 bis 5 Sekunden ohne Zahngeräusche einlegen lassen.

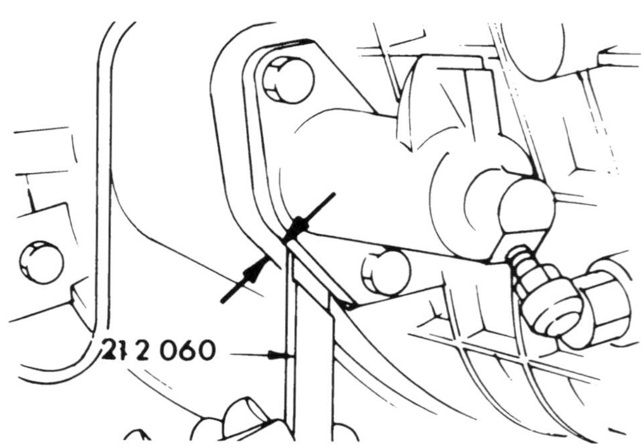

Bild 111
Kupplungsnehmerzylinder

Eine seriösere Kontrolle des Zustandes ist mit Hilfe der Prüflehre BMW 212 060 möglich (siehe Bild 111). Lässt sich die Prüflehre bis zum Griffanschlag in die Öffnung des Kupplungs-Nehmerzylinders einführen, so sind die Beläge in Ordnung. Bildet sich dagegen zwischen Nehmerzylinder und Griff der Prüflehre ein ca. 5 mm grosser Spalt (siehe Pfeil in Bild 111), so sind die Beläge der Mitnehmerscheibe verschlissen, und die Kupplung muss überholt werden.

Bei Problemen mit der Kupplung gibt nachfolgende Fehlersuchtabelle Auskunft:

Fehlersuchtabelle Kupplung

Fehler	*Ursache*	*Abhilfe*
Kupplung rutscht	Anpressdruck der Kupplung zu gering	Kupplung ersetzen
	Belag zu stark abgenutzt	Mitnehmerscheibe ersetzen
	Belag verölt – Getriebe – oder Kurbelwellenabdichtung defekt	Radialdichtring, Dichtung und Mitnehmerscheibe ersetzen
	Kupplung wurde überhitzt	Kupplung ersetzen
	Kupplung kein Original-BMW-Teil	Original-BMW-Teile einbauen
Kupplung rupft	Belag nicht nach Vorschrift	Mitnehmerscheibe ersetzen
	Belag verölt	Mitnehmerscheibe ersetzen
	Ausrücker drückt einseitig	Ausrückhebel überprüfen
	Druckplatte drückt schief	Druckplatte ersetzen
	Kurbelwelle fluchtet nicht zur Getriebeantriebswelle	Zentrierflächen von Motor und Getriebe überprüfen
	Motor- und Getriebeaufhängung defekt	Motor- und Getriebeaufhängung ersetzen
	Mitnehmerscheibe kein Original-BMW-Teil	Original-BMW-Teil einbauen
Kupplung trennt nicht	Mitnehmerscheibe zu stark geschränkt oder Belag gebrochen	Mitnehmerscheibe ersetzen
	Seitenschlag der Mitnehmerscheibe zu gross	Mitnehmerscheibe richten bzw. ersetzen
	Belag am Schwungrad festgerostet	Schwungrad säubern, Belag mit Schmirgelpapier aufrauhen
	Mitnehmerscheibe klemmt auf Getriebeantriebswelle	Mitnehmerscheibe auf Getriebeantriebswelle gangbar machen, gegebenenfalls schadhafte Teile ersetzen
	Nadellager für die Getriebeantriebswelle in der Kurbelwelle defekt	Nadellager in der Kurbelwelle ersetzen

Fehler	*Ursache*	*Abhilfe*
	Luft im Kupplungshydrauliksystem	Kupplungshydraulik entlüften
Kupplungsgeräusche	Unwucht der Kupplung und Mitnehmerscheibe zu gross	Kupplung bzw. Mitnehmerscheibe ersetzen
	Torsionsdämpfer defekt	Mitnehmerscheibe ersetzen
	Kupplungsausrücker defekt	Kupplungsausrücker ersetzen
	Nadellager für die Getriebeantriebswelle in der Kurbelwelle defekt	Nadellager in der Kurbelwelle ersetzen
	Nietverbindungen der Kupplung locker	Kupplung ersetzen

7.2 Kupplung überholen

Kupplung folgendermassen ausbauen:

- Getriebe ausbauen (Kapitel 8.1).
- Schwungrad blockieren und die sechs Befestigungsschrauben kreuzweise in mehreren Durchgängen um jeweils 1 bis 1,5 Umdrehungen lösen, bis die Druckplatte entspannt ist.
- Befestigungsschrauben, Kupplung und Mitnehmerscheibe abnehmen.
- Die Mitnehmerscheibe muss ersetzt werden, wenn sie einen der folgenden Mängel aufweist:
  - Verschlissene, gerissene, verbrannte oder verölte Reibbeläge. Der Verschleiss ist übermässig, wenn das Mass «A» in Bild 112 kleiner als die im Tabellenanhang spezifizierte Mindeststärke ist. Bei verölten Belägen muss der Zustand des Radialdichtringes im Kurbelwellen-Abschlussdeckel überprüft werden (Kapitel 2.7).

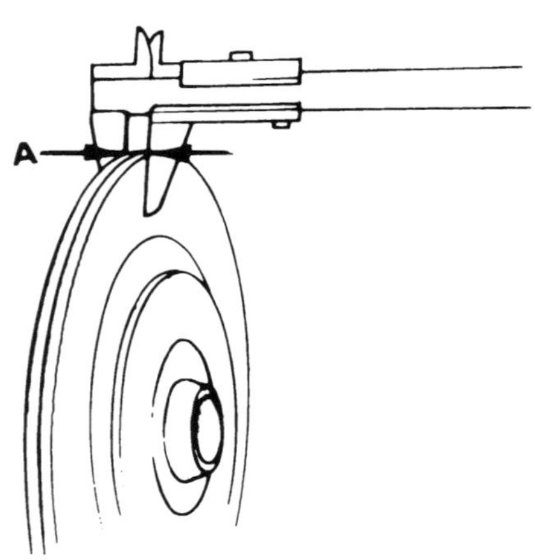

Bild 112
Dicke der Kupplungsmitnehmerscheibe

  - Lose Nieten, gesprungene Metallscheibe, loser Sitz der Torsionsfedern oder übermässiges Radial-Spiel der Mitnehmerscheibe auf der Keilwelle der Getriebeeingangswelle.
  - Zu grosser Seitenschlag (grösser als 0,6 mm), gemessen mit Messuhr und Stativ an der mit Hilfe eines Zentrierdorns aufgespannten Mitnehmerscheibe (Bild 113).
- Weist das Schwungrad tiefe Rillen auf, so muss es ausgebaut und überdreht werden (siehe auch Kapitel 2.6.1).
- Das Kupplungsaggregat wird als Ganzes ersetzt, wenn folgende Mängel bestehen:
  - Risse, Verschleiss- oder Brandstellen.
  - Unebene (mit einem Lineal messen) oder mit tiefen Rillen versehene Reibfläche.
  - Lose Nietverbindungen.
- Das Kupplungsausrücklager (Bild 114) muss ersetzt werden, wenn es sich unter axialem Druck nicht mehr leicht drehen lässt oder rattert. Im Zweifelsfalle immer ersetzen! (Eine Neuzerlegung kostet in jedem Falle mehr als der Ersatz zweifelhafter Teile, ganz abgesehen vom Ärger.)

Der Einbau der Kupplung erfolgt in umgekehrter Reihenfolge. Folgende Punkte sind speziell zu beachten:

- Keilnuten der Getriebeeingangswelle dünn mit «Molykote-Longterm 2» bestreichen.
- Mitnehmerscheibe im Schwungrad mit Zentrierdorn BMW 212 100 (oder mit alter, abgesägter Getriebeeingangswelle) fixieren (siehe Bild 115).

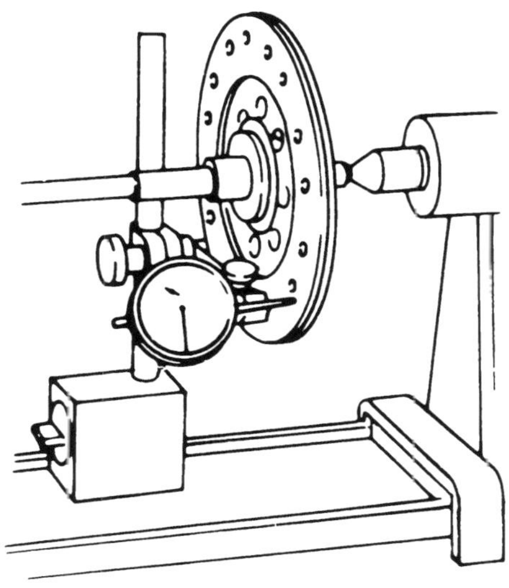

Bild 113
Schlag der Mitnehmerscheibe messen

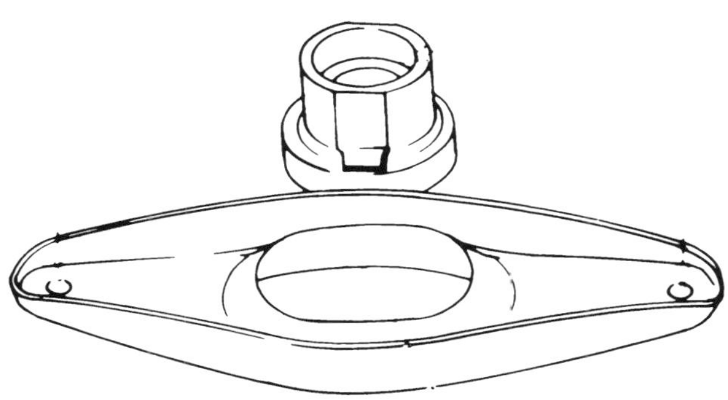

Bild 114
Ausrücklager und Ausrückhebel

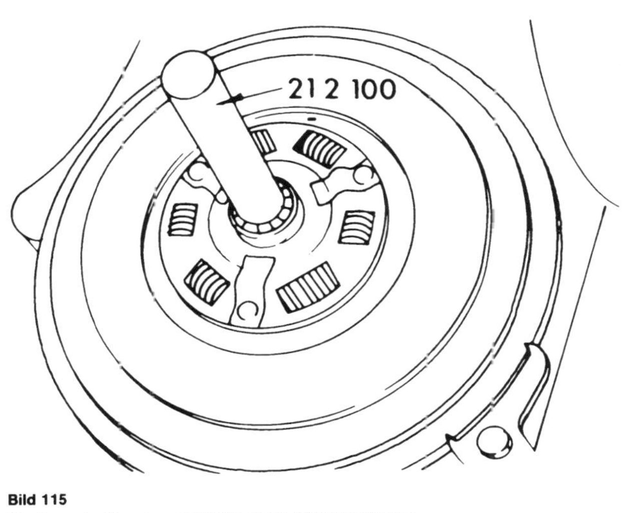

Bild 115
Montage der Kupplung mit Hilfe eines Führungsdornes

Dabei beachten, dass der längere Teil der Mitnehmernabe zum Getriebe zeigen muss.

- Kupplungsaggregat in die Passstifte setzen und Befestigungsschrauben gleichmässig, stufenweise und über Kreuz mit 22 bis 24 Nm festziehen.
- Zentrierdorn entfernen.

7.3 Kupplungsausrücklager ersetzen

Ein defektes Kupplungsausrücklager macht sich durch Geräusche bemerkbar. Es wird folgendermassen ersetzt:

- Getriebe ausbauen (Kapitel 8.1).
- Haltefeder aushängen und Ausrücklager mit Ausrückhebel abbauen.
- Kupplungsausrücklager ersetzen, wenn es sich unter axialem Druck nicht mehr leicht drehen lässt oder rattert. Im Zweifelsfalle immer ersetzen.
- Für den Einbau die Schmiernut «N» im Ausrücklager (siehe Bild 114) mit «Molykote-Longterm 2» füllen. Führungen «F» sowie Lagerungen «L» ebenfalls mit «Molykote» bestreichen.
- Getriebe einbauen (Kapitel 8.1).

7.4 Kupplungshydraulik

Bild 116 zeigt die Einzelteile der Kupplungshydraulik. Eine hydraulische Kupplungsbetätigung hat den Vorteil des kleineren Pedaldrucks und des konstanten Spiels am Kupplungspedal.

7.4.1 Kupplungsgeberzylinder überholen

Den Geberzylinder folgendermassen ausbauen:

- Im Wageninnenraum die Verkleidung für die Instrumententafel unten links abbauen.
- Gasbowdenzug aushängen und nach vorne aus der Motortrennwand herausziehen.
- Kolbenstange des Geberzylinders vom Kupplungsfusshebel abbauen.
- Kontermutter lösen und Kolbenstange herausdrehen (Bild 117).
- Hydraulikflüssigkeit im Vorratsbehälter bis zum Anschluss der Nachfülleitung absaugen. Nachfülleitung aus dem Geberzylinder herausziehen.
- Leitung zum Nehmerzylinder vom Geberzylinder abbauen.

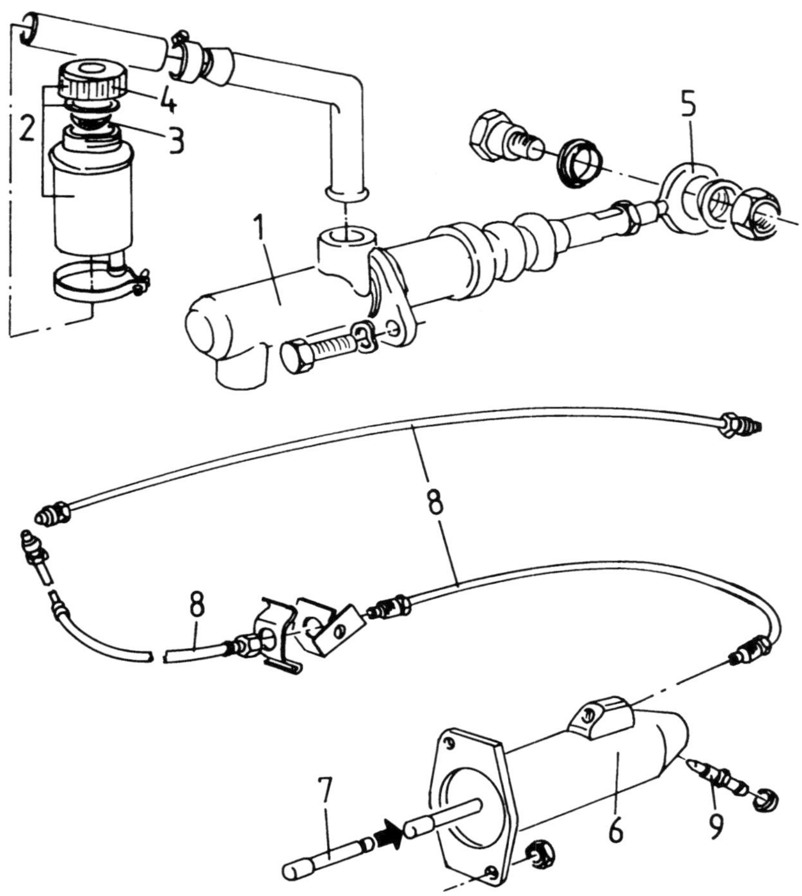

Bild 116
Kupplungshydraulik

1 Geberzylinder
2 Behälter
3 Filter
4 Verschluss
5 Betätigungsstange
6 Nehmerzylinder
7 Stösselstange
8 Hydraulikleitungen
9 Entlüftungsschraube

- Geberzylinder von der Motortrennwand lösen und nach vorne herausnehmen.
- Schutzkappe (1) in Bild 118 vom Zylinder abbauen und Sicherungsring (2) ausheben.

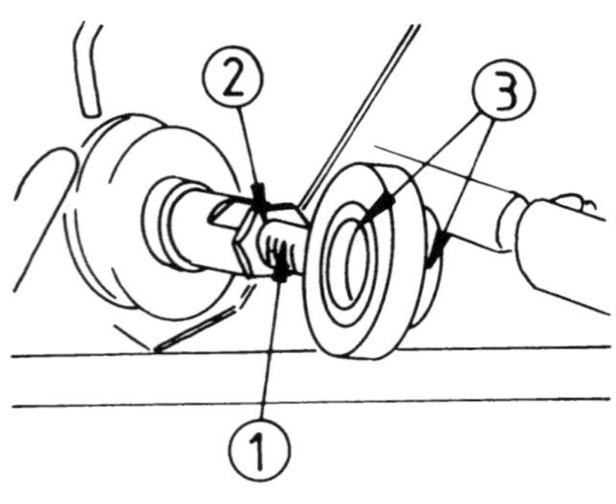

Bild 117
Lage des Geberzylinders

1 Kolbenstange 2 Mutter 3 Buchsen

- Geberzylinder zerlegen und alle Teile sorgfältig in Spiritus reinigen.
- Weist die Zylinderbohrung Riefen oder Korrosionsstellen auf, so muss der Geberzylinder komplett ersetzt werden. Andernfalls sind ersatzteilmässig Reparatursätze lieferbar (siehe Bild 118).

Zusammenbau und Einbau erfolgen in umgekehrter Reihenfolge.
Dabei ist folgendes zu beachten:

- Hydraulikleitung zwischen Geber- und Nehmerzylinder unter Beachtung ausreichender Freigängigkeit möglichst nahe der Motortrennwand und dem Radhaus verlegen.
- Beim Anbau der Kolbenstange an den Fusshebel darauf achten, dass im Kolbenauge die Buchsen eingesetzt sind. Buchsen und Bolzen mit etwas «Molykote-Longterm 2» bestreichen.
- Durch Verdrehen der Kolbenstange den Fusshebelweg auf 15,5 cm einstellen (beachte auch Mass «A» in Bild 118).
- Nach erfolgtem Einbau die Kupplungshydraulik entlüften (Kapitel 7.4.3).

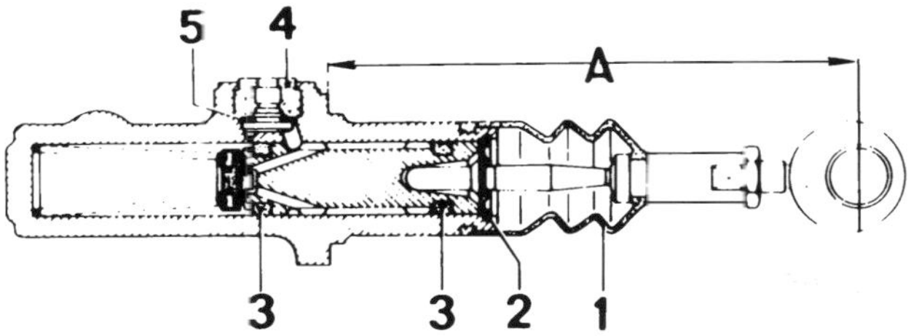

Bild 118
Reparatursatz Kupplungsgeberzylinder

1 Schutzkappe
2 Sicherungsring
3 Nutringe
4 Dichtstopfen
5 Scheibe
A Einstellmass 140 mm + 0,5 mm

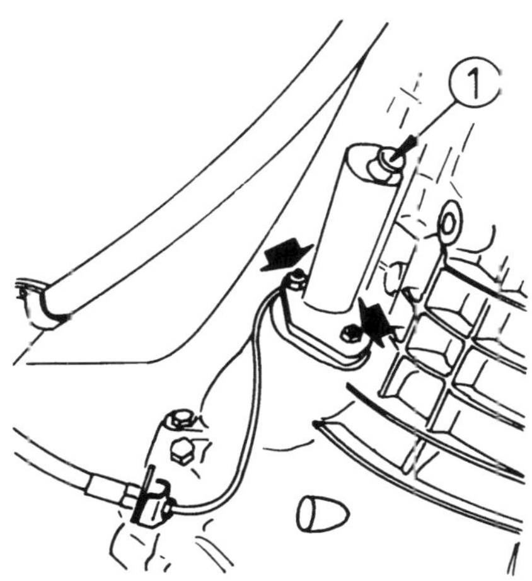

Bild 119
Lage des Nehmerzylinders

1 Entlüftungsschraube
Pfeile = Befestigungsmuttern

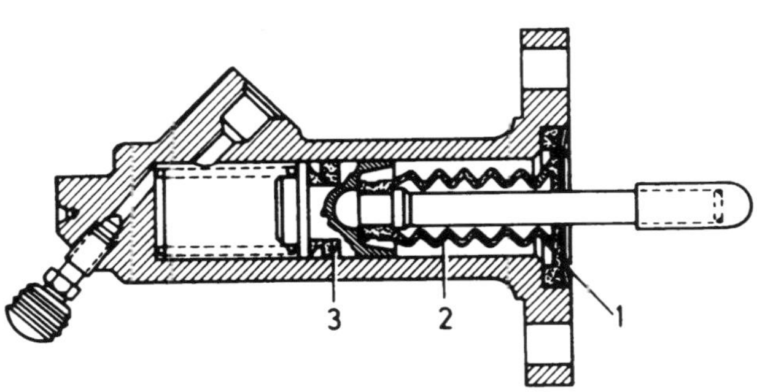

Bild 120
Reparatursatz Kupplungsnehmerzylinder

1 Zackenring
2 Schutzkappe
3 Nutmanschette

7.4.2 Kupplungsnehmerzylinder überholen

- Hydraulikflüssigkeit im Vorratsbehälter bis zum Anschluss der Nachfülleitung absaugen.
- Nehmerzylinder vom Getriebe abbauen und Versorgungsleitung lösen (Bild 119).
- Am Nehmerzylinder Zackenring (1 in Bild 120) ausbauen und Nehmerzylinder zerlegen.
- Alle Teile in Spiritus reinigen.
- Weist die Zylinderbohrung Riefen oder Korrosionsstellen auf, so ist der Nehmerzylinder komplett zu ersetzen. Andernfalls ist ersatzteilmässig ein Reparatursatz lieferbar (siehe Bild 120).
- Zusammenbau und Einbau erfolgen in umgekehrter Reihenfolge. Vor dem Einbau des Nehmerzylinders die Spitze der Druckzange mit etwas «Molykote-Longterm 2» bestreichen.
- Nach dem Einbau die Kupplungshydraulik entlüften (Kapitel 7.4.3).

7.4.3 Entlüften des Kupplungssystems

Die Betätigung des Kupplungssystems erfolgt über ein hydraulisches System, das mit Bremsflüssigkeit arbeitet. Mit dieser Hydraulikflüssigkeit ist vorsichtig umzugehen, da sie den Karosserielack bei Berührung sofort angreift.

Beim Entlüften des Kupplungssystems folgendermassen vorgehen:

- Staubschutzkappe abnehmen und einen dünnen Schlauch über den Entlüftungsnippel (1 in Bild 119) am Nehmerzylinder stülpen. Freies Ende in einen sauberen Behälter hängen.
- Verschraubung am Ausgleichsbehälter abnehmen und handelsübliches Entlüftergerät anschliessen.
- Entlüfternippel am Nehmerzylinder leicht öffnen und so lange offen halten, bis luftfreie Hydraulikflüssigkeit austritt. Während dieses Vorganges muss das Kupplungspedal mehrmals durchgetreten werden.

Steht kein Entlüftungsapparat zur Verfügung, so kann mit Hilfe einer zweiten Person folgendermassen entlüftet werden:

- Vorratsbehälter mit Hydraulikflüssigkeit füllen und während dem nun beschriebenen Entlüftungsvorgang ständig das Flüssigkeitsniveau überprüfen.
- Staubschutzkappe entfernen und dünnen Schlauch über den Entlüfternippel am Nehmer-

zylinder stülpen. Schlauchende in einen halb mit Hydraulikflüssigkeit gefüllten Behälter stecken. (Beim Entlüftungsvorgang darf keine Luft angesaugt werden können.)

- Eine Person setzt das Hydrauliksystem durch mehrmaliges Pumpen bis zum Pedalanschlag unter Druck. Danach öffnet die zweite Person den Entlüfternippel und lässt Hydraulikflüssigkeit austreten. Dieser Vorgang ist so lange zu wiederholen, bis am Entlüfternippel luftfreie Flüssigkeit austritt.
- Staubschutzkappe wieder über den Entlüfternippel stülpen.

8 Das Vierganggetriebe

Das mechanische Vierganggetriebe ist vollsynchronisiert und stammt von der Firma «Getrag» Typ 242. Es weist eine Zweiwellen-Konfiguration ohne bauliche Besonderheiten auf. Die Bilder 121 und 122 zeigen Schnitte durch das Vierganggetriebe. Die Bilder 123 bis 126 zeigen die einzelnen Getriebeteile.

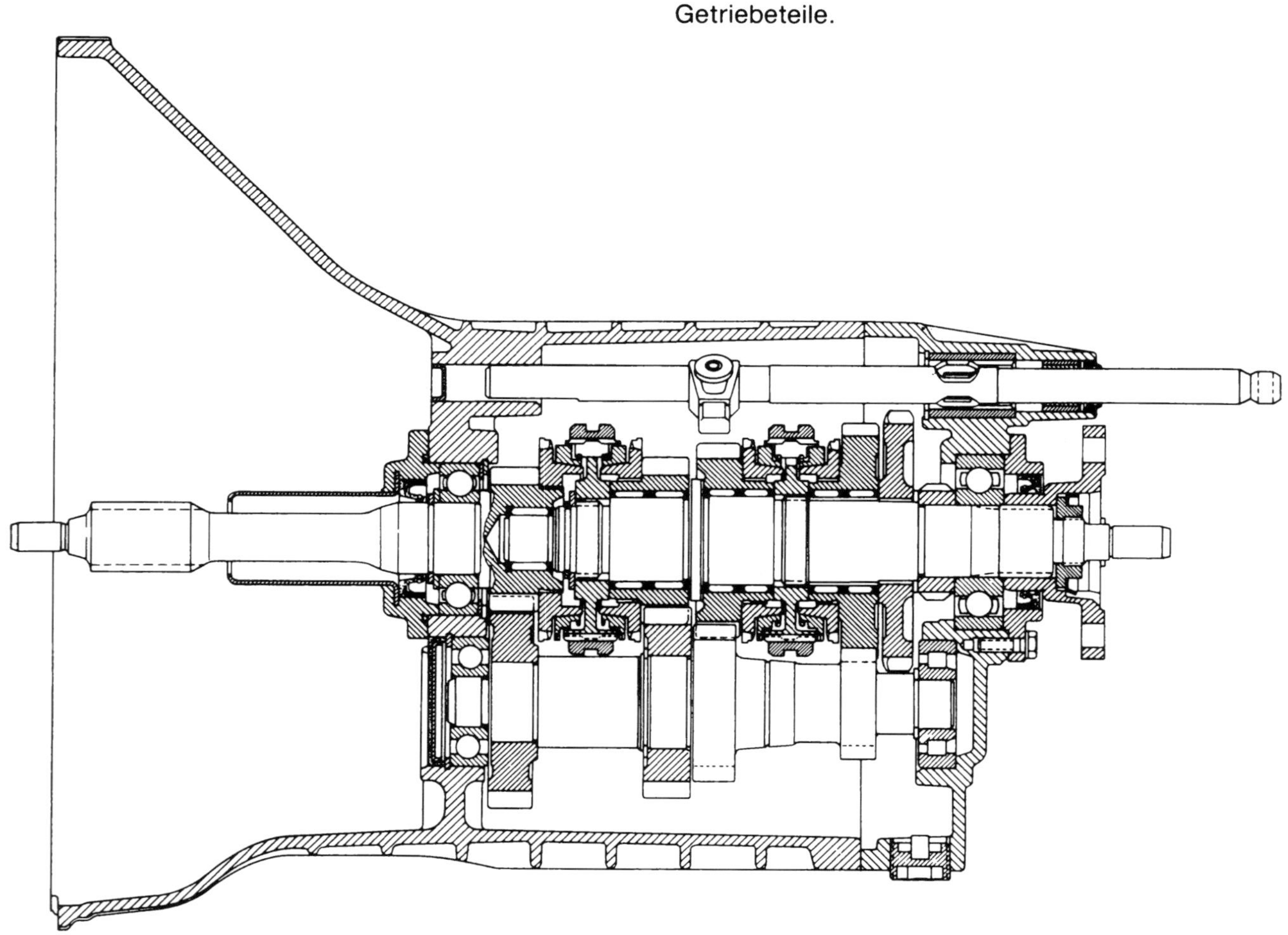

Bild 121
Längsschnitt durch das Vierganggetriebe

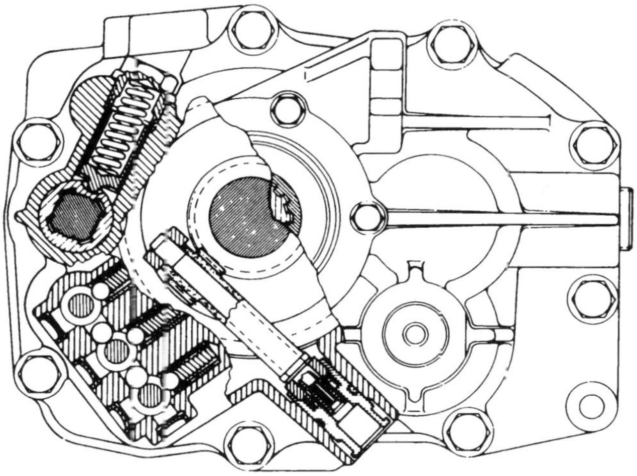
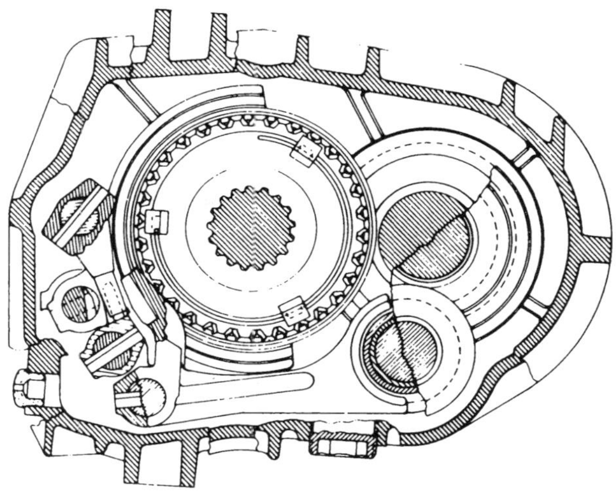

Bild 122
Querschnitte durch das Vierganggetriebe

8.1 Aus- und Einbau des Getriebes

- Tachometerwelle ausbauen.
- Kabel des Rückfahrlichtschalters abziehen.
- Alle Getriebebefestigungsschrauben, die von oben zugänglich sind, herausdrehen.
- Auspuffabstützung unter der Getriebetraverse abbauen und Auspuffrohr am Dreieckflansch vom Auspuffkrümmer abbauen.
- Kardanwelle (siehe auch Kapitel 11.1) so vom Getriebe lösen, dass die Guibo-Kupplung an der Kardanwelle verbleibt.
- Mittellager der Kardanwelle abbauen. Welle nach unten knicken und aus dem Zentrierzapfen am Flansch des Getriebeausganges ausfahren.
- Die beiden Inbusschrauben lösen und Getriebekonsole vom Getriebe abbauen.
- Sicherung herausheben. Scheibe abnehmen und Schaltstange herausziehen.
- Kupplungsnehmerzylinder abbauen (Kapitel 7.4.2).
- Abdeckblech vor dem Schwungrad ausbauen.
- Getriebetraverse (Querträger) von der Karosserie abbauen.
- Die restlichen Getriebebefestigungsschrauben herausschrauben und Getriebe vorsichtig nach hinten herausziehen.

Der Einbau erfolgt in umgekehrter Reihenfolge. Folgende Punkte sind speziell zu beachten.

- Vorgeschriebene Anzugsdrehmomente beachten (siehe Kapitel 21).
- Beim Anbau des Mittellagers der Kardanwelle dieses ca. 2 mm in Fahrtrichtung vorspannen.
- Beim Anbau der Kardanwelle an den Getriebeflansch die Guibo-Kupplung jeweils mit Hilfe eines Schraubenziehers zusammendrücken, um beim Einschieben der Schrauben die Gewinde nicht zu verletzen. Neue Stoppmuttern verwenden.
- Auspuffkrümmerdichtung kontrollieren und gegebenenfalls ersetzen.
- Um Brummgeräusche im Fahrbetrieb zu vermeiden, muss die Auspuffabstützung folgendermassen eingebaut werden (siehe Bild 123):
  - — Halteblech (1) lockern.
  - — Abstützung (2) spannungsfrei gegen das Auspuffrohr drücken und befestigen.
  - — Halteblech (1) festziehen.

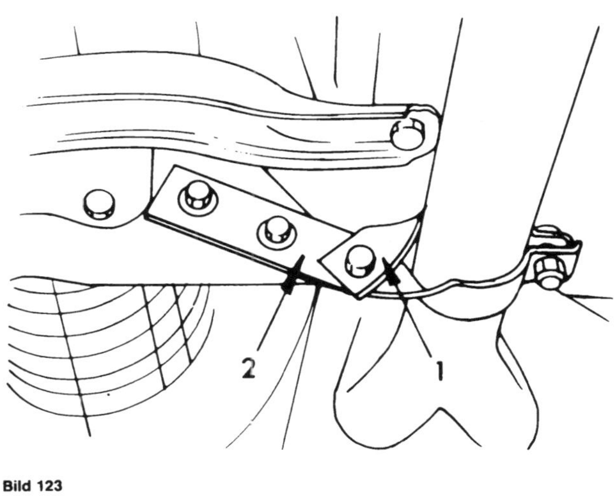

Bild 123
Auspuffaufhängung am Getriebe

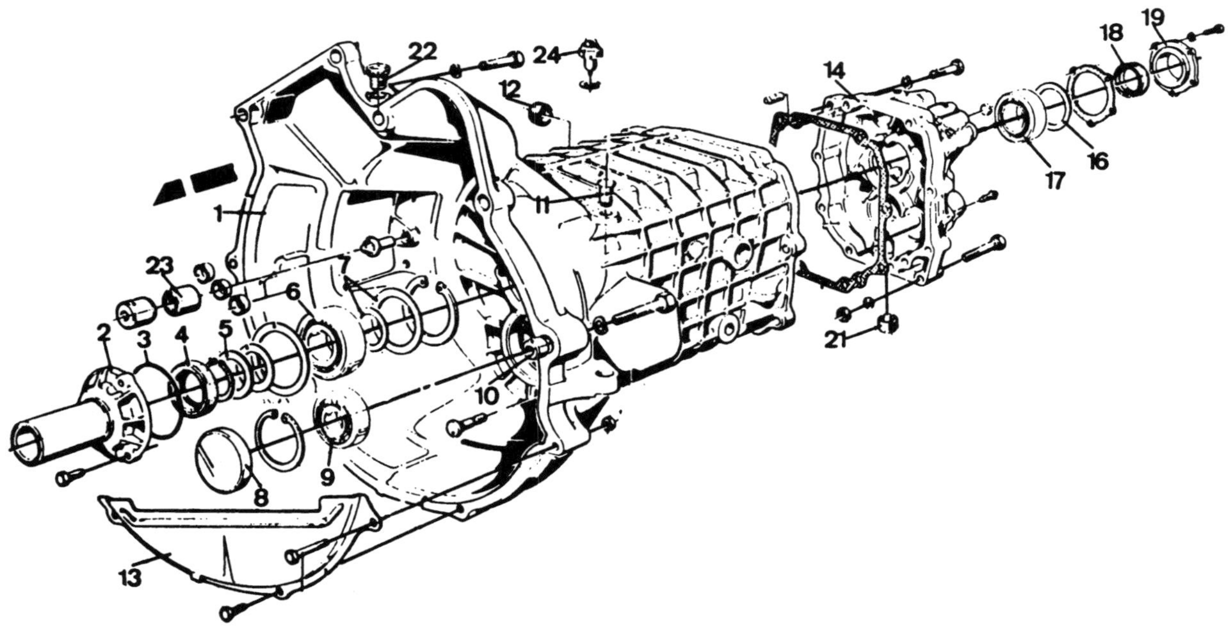

Bild 124
Getriebegehäuse

1 Hauptgehäuse
2 Führung
3 Dichtring
4 Simmerring
5 Einstellscheiben
6 Kugellager
7 Einstellscheiben
8 Dichtungsstopfen
9 Kugellager
10 Buchse
11 Entlüftung
12 Getriebeöl-Einfüllstopfen
13 Zwischenblech
14 Hinteres Gehäuse
16 Einstellscheiben
17 Kugellager
18 Simmerring
19 Deckel
21 Ablassschraube
22 Stopfen
23 Buchse
24 Kontakt für Rückfahrscheinwerfer

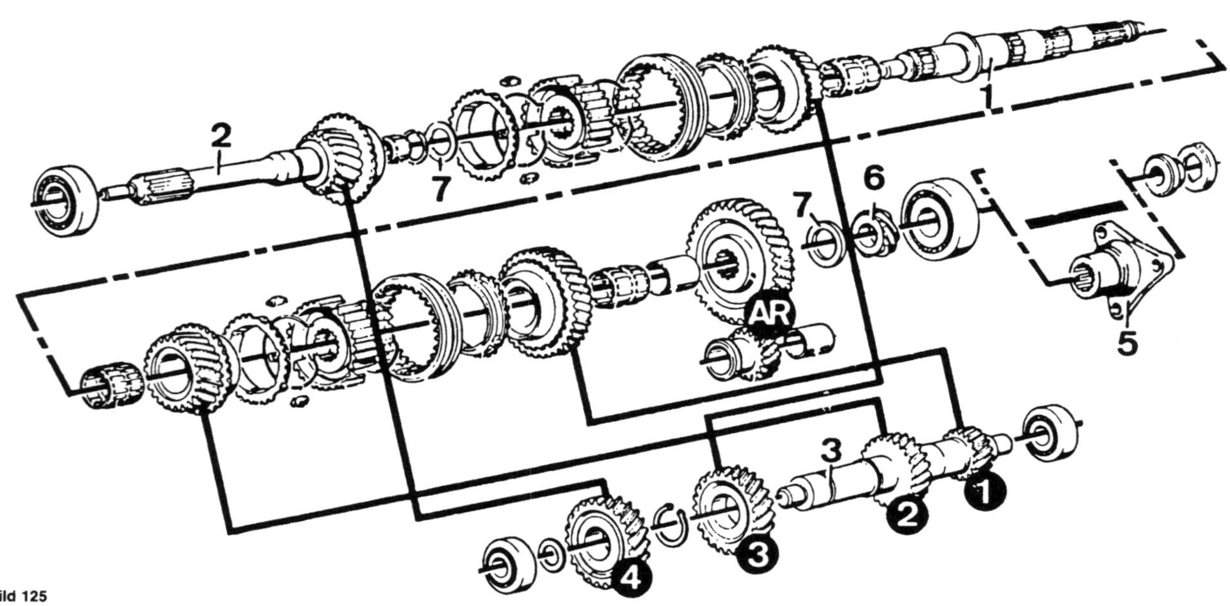

Bild 125
Zahnräder

1 Sekundärwelle
2 Primärwelle
3 Vorgelegewelle
5 Anschlussbride
6 Tachoantrieb
7 Einstellscheibe

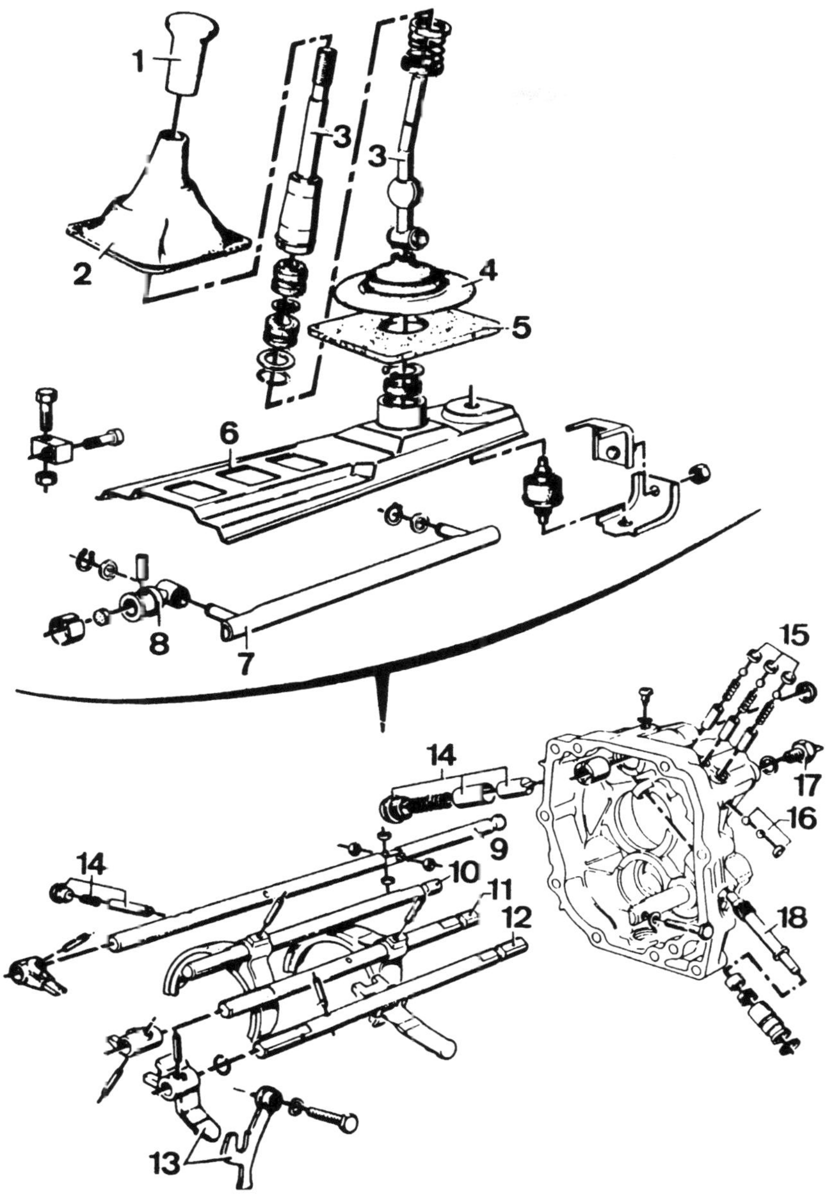

Bild 126
Schaltgestänge

1 Schaltknauf
2 Balg
3 Schalthebel
4 Staubschutz
5 Lärmdämmung
6 Träger
7 Betätigungsstange
8 Übertragungselement
9 Wählstange
10 Achse und Gabel 3./4. Gang
11 Achse und Gabel 1./2. Gang
12 Achse und Gabel R-Gang
13 Finger
14 Verriegelung der Wählstange
15 Verriegelung der Gabeln
16 Verriegelungskugeln
17 Kontakt für Rückfahrscheinwerfer
18 Tachometerwelle

8.2 Getriebe zerlegen

- Getriebetraverse und Halter der Auspuffabstützung vom Getriebe abbauen.
- Getriebe mit Hilfe der Aufnahmeplatte BMW 230 050 am Montageblock befestigen. Getriebeöl ablassen.
- Feder ausheben und Ausrückhebel mit Drucklager ausbauen.
- Führungshülse des Drucklagers abbauen und Passscheiben zur Seite legen.
- Seegerring auf der Getriebeeingangswelle ausheben und dahinterliegende Ausgleichsscheiben abnehmen.
- Verriegelungsstopfen der Schaltstange, die Feder und die Rolle entfernen; Schraube der Welle des Rückwärtsgang-Zwischenrades ebenfalls entfernen.
- Befestigungsschrauben (Pfeile in Bild 127) herausdrehen und Zylinderstifte (3 und 4) aus dem Getriebegehäusedeckel heraustreiben.
- Ein Druckstück aus Messing oder Stahl anfertigen (⌀ 28 mm, Länge 25 mm) und auf die Antriebswelle stellen. Aufdrückvorrichtung BMW 231 000 am Gehäuse befestigen und Gehäuse abdrücken (siehe Bild 128). Ausgleichsscheiben auf Antriebs- und Vorgelegewelle beachten.
- Verschlussschraube der Schaltstangenarretierung seitlich am Getriebedeckel lösen und Feder und Sperrbolzen herausnehmen.

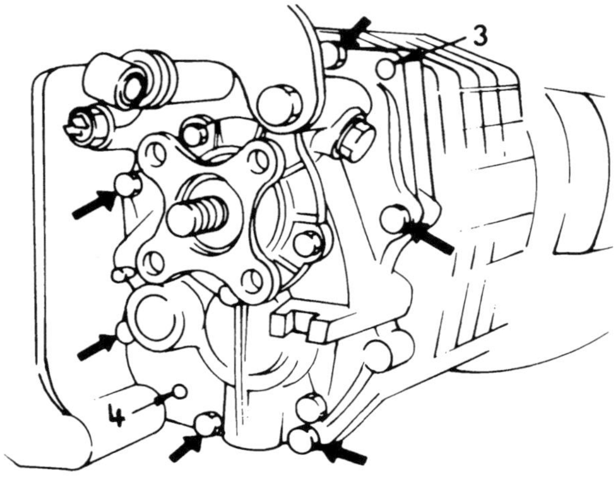

Bild 127
Befestigungsschrauben des Getriebedeckels (Pfeile) und Zylinderstifte (3) und (4)

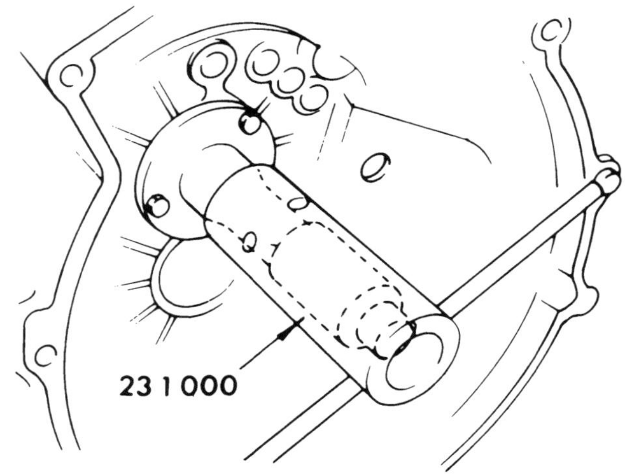

Bild 128
Abdrücken des Gehäuses

- 3./4.-Gang-Schaltgabel in Position 3. Gang bringen. Spannstift vorsichtig so weit durch die Schaltgabel nach unten treiben, dass die 3./4.-Gang-Schaltwelle herausgezogen werden kann. Frei werdende Arretierkugeln auffangen.
- Schraube der Schaltstange oben auf dem hinteren Getriebegehäuse lösen; die Stange drehen und herausziehen.
- Sicherungshülse ausheben. Bolzen heraustreiben und Kopf der Schaltstange abnehmen. Schaltstange so drehen, dass der Schaltfinger nach oben zeigt und Schaltstange nach vorne herausziehen.
- 3./4.-Gang-Schaltmuffe in Leerlaufstellung bringen.
- Schraube des Betätigungshebels des Rückwärtsganges lösen; die Schraube befindet sich auf der Seite des hinteren Getriebegehäuses. Danach den Hebel entfernen und die Schaltgabewelle herausziehen; Verriegelungskugel entfernen.
- Schaltgabel abnehmen, Spannstift aus der Schaltgabel treiben.
- Steckbuchse und Tachoantriebsritzel ausbauen.
- Sicherungsblech ausheben, Führungsbuchse BMW 231 200 auf den Zentrierzapfen der Abtriebswelle stecken, Abtriebsflansch mit Halteschlüssel BMW 231 140 gegenhalten und Bundmutter des Flansches lösen (siehe Bild 129). Abtriebsflansch abziehen.
- Abschlussdeckel mit Radialdichtring vom Getriebedeckel abbauen. Ausgleichsscheiben beachten.
- 2 mm dicke Blechstreifen zwischen 2./3.-Gang-Zahnrad legen (siehe Bild 130) und Rillenkugellager mit Rillex 232 060 von der Abtriebswelle und aus dem Getriebedeckel ziehen. Dahinterliegende Ausgleichsscheiben beachten.
- Hauptwelle leicht anheben und Vorgelege aus dem Lager herausziehen.
- Schaltwelle und Gabel des Rücklaufrades an dem Getriebedeckel herausziehen. Frei werdende Kugeln beachten.
- Hauptwelle mitsamt 1./2.-Gang-Schaltwelle und Gabel aus dem Getriebedeckel herausnehmen. Frei werdende Arretierkugeln beachten.

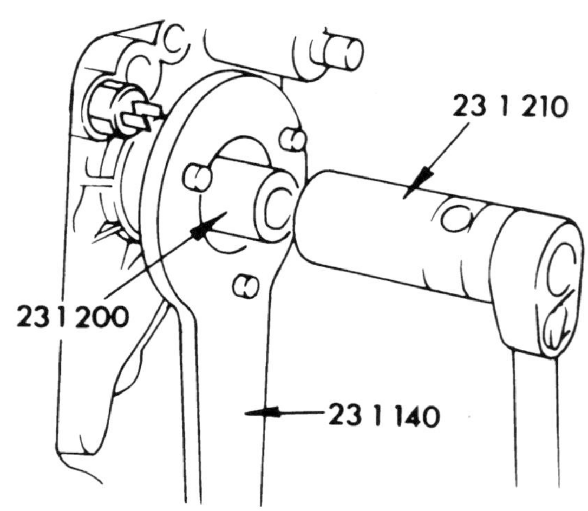

Bild 129
Lösen der Flanschbundmutter

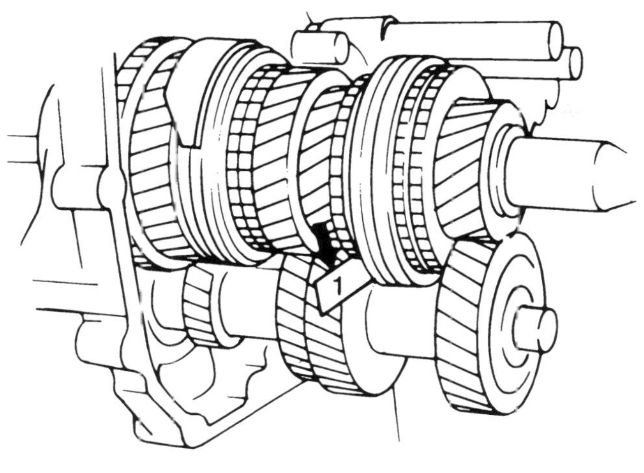

Bild 130
Vorbereitung zum Abziehen des Rillenkugellagers – Synchronringverschleiss ausmessen

1 Fühlerlehre

8.3 Hauptwelle überholen

Die Synchronringe müssen ersetzt werden, wenn der Abstand zwischen Synchronring und Kupplungskörper weniger als 0,8 mm beträgt. Gemessen wird im Bereich der Anschlagnasen (siehe Bild 131). Die Hauptwelle folgendermassen zerlegen:

- Antriebswelle mit 4. Gang-Synchronring und Nadelkäfig von der Abtriebswelle abziehen.
- Sicherungsring auf der Abtriebswelle ausheben und Stützscheibe, Synchronkörper mit Schiebemuffe, 3. Gang-Synchronring, Nadelkäfig und 3. Gangrad von der Abtriebswelle abziehen.
- Tachoschnecke, Distanzscheibe, Rückwärtsgangrad, Distanzbuchse, Nadelkäfig, 1. Gangrad, 1. Gang-Synchronring, Synchronkörper mit Schiebemuffe, 2. Gang-Synchronring, Nadelkäfig und 2. Gangrad von der Abtriebswelle abpressen.

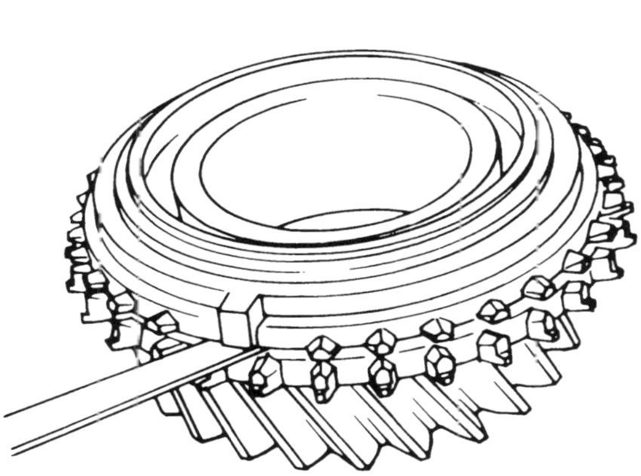

Bild 131
Ausmessen der Synchronringe im Bereich der Anschlagnasen

- Falls nötig, Schiebemuffen von den Synchronkörpern abdrücken und Gleitsteine ersetzen. Beim Zusammenbau die Haken der Synchronfedern in einer Längsnut zueinander versetzen (siehe Bild 132). Gleitsteine in die Synchronfedern einhängen und Schiebemuffe so anbauen, dass die Gleitsteine unter die flachen Zähne zu liegen kommen.

Der Zusammenbau der Hauptwelle erfolgt in umgekehrter Reihenfolge des Zerlegens. Folgendes ist zu beachten:

- Alle Bauteile, die eine Gleitfunktion ausüben, bei der Montage mit Getriebeöl einstreichen.
- Stärke des Tachorades für die Einstellvorgänge messen.
- Passscheibe hinter dem Tachorad so wählen, dass zwischen dem aufgepressten Tachorad (bis an den Bund der Abtriebswelle aufpressen) und der Passscheibe ein Axialspiel von 0 bis 0,09 mm gemessen werden kann.

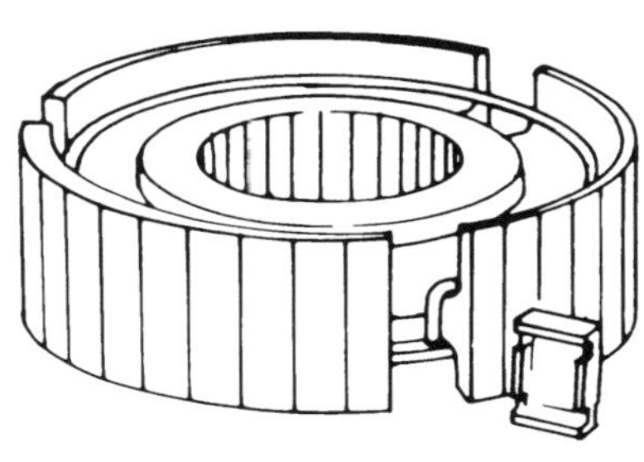

Bild 132
Synchronkörper mit demontiertem Gleitstein

8.4 Getriebe zusammenbauen

Der Zusammenbau erfolgt prinzipiell in umgekehrter Reihenfolge wie das Zerlegen. Wurden Wellen, Lager oder Zahnräder ersetzt, müssen die im folgenden geschilderten Einstellarbeiten vorgenommen werden:

- Ausgleichsscheiben «C» zur Vorgelege-Einstellung folgendermassen ermitteln (siehe Bild 133):
  - — Mit einem Tiefenmass Distanz «A» von der Dichtfläche des Getriebegehäuses bis zum Seegerring in der Lagerbohrung feststellen. Die Distanz zwischen der Dichtfläche des Hauptgehäuses und dem Sprengring des Lagers messen.
  - — Zylinderrollenlager des Vorgeleges in den Gehäusedeckel einbauen (der Rollenkäfig

zeigt mit dem kleinen Durchmesser zum Getriebedeckel). Vorgelegewelle in den Getriebedeckel einbauen. Neue Dichtung auf den Getriebedeckel auflegen, um die Distanz «B» von der Dichtung bis zum Lagerende des Vorgeleges zu bestimmen (siehe Bild 134).

- Die Gesamtstärke der beiden Ausgleichsscheiben «C» (siehe Bild 133) ergibt sich aus der Differenz zwischen «A» und «B». Ein Beispiel:

A	165,3 mm
–B	165,0 mm
C	0,3 mm

- Durch Variation der beiden Scheibenstärken (bei eingehaltener Gesamtstärke) kann der Zahneingriff Hauptwelle/Vorgelege verändert werden.

● Stärke der Ausgleichsscheibe «X» (siehe Bild 135) auf der Antriebswelle folgendermassen ermitteln:
- Rillenlager für die Antriebswelle mit einer Passscheibe von 1 mm Dicke in das Gehäuse einbauen.
- Mit einem Tiefenmass Distanz «A» zwischen Lagerinnenring und Dichtfläche des Getriebegehäuses feststellen.
- Mass «B» (siehe Bild 135) von der Antriebswelle ablesen.
- Stärke der Passscheibe folgender Tabelle entnehmen:

Bestimmung der Stärke der Ausgleichsscheibe 'X'		
A (mm)	*B (mm)*	*X (mm)*
159,9	100 90	0,5 0,6
159,8	100 90	0,4 0,5
159,7	100 90	0,3 0,4
159,6	100 90	0,3 0,3

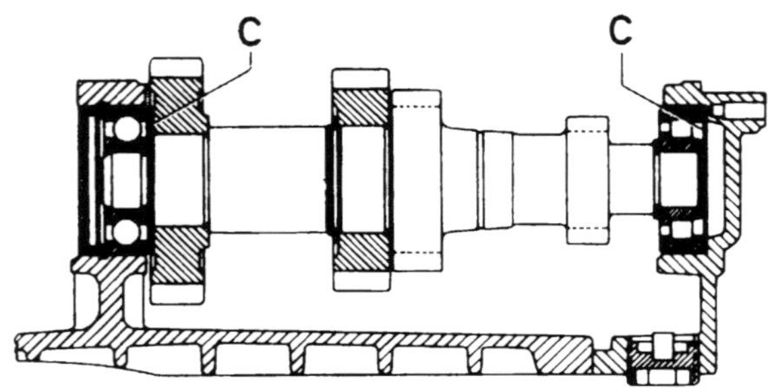

Bild 133
Ausgleichsscheiben (C) zur Vorgelegeeinstellung

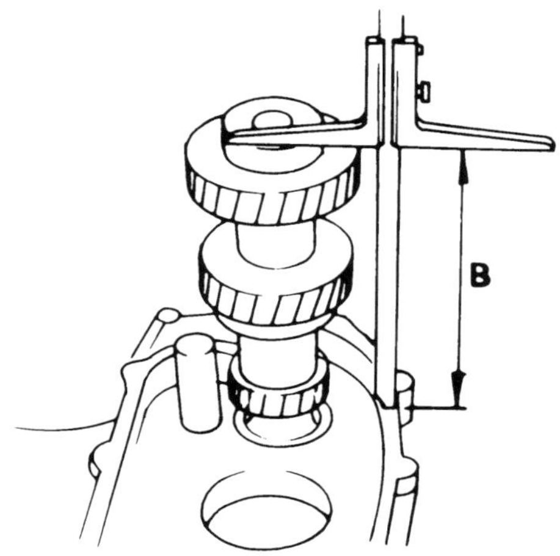

Bild 134
Distanz (B) von Dichtung bis Lagerende des Vorgeleges

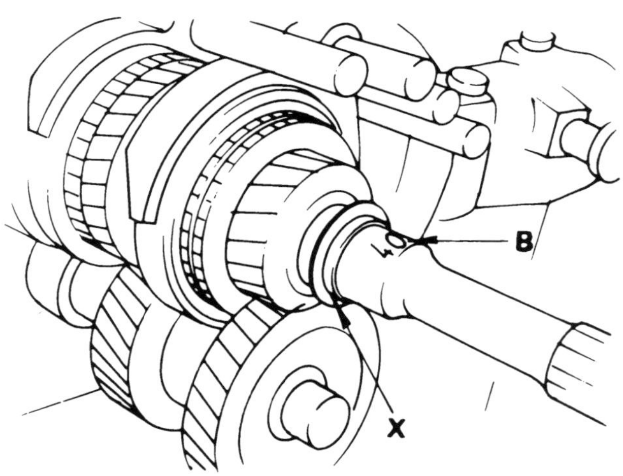

Bild 135
Ermittlung der Stärke der Ausgleichsscheibe (X) auf Antriebswelle
B = Schlagzahl

● Stärke der Ausgleichsscheibe «X» (siehe Bild 136) folgendermassen feststellen:
- Rillenlager der Abtriebswelle bis zum Festsitz in den Getriebegehäusedeckel einpressen und mit einem Tiefenmass die Distanz «C» vom Lager zur Gehäusedichtfläche bestimmen.
- Breite «B» der Tachoschnecke notieren.

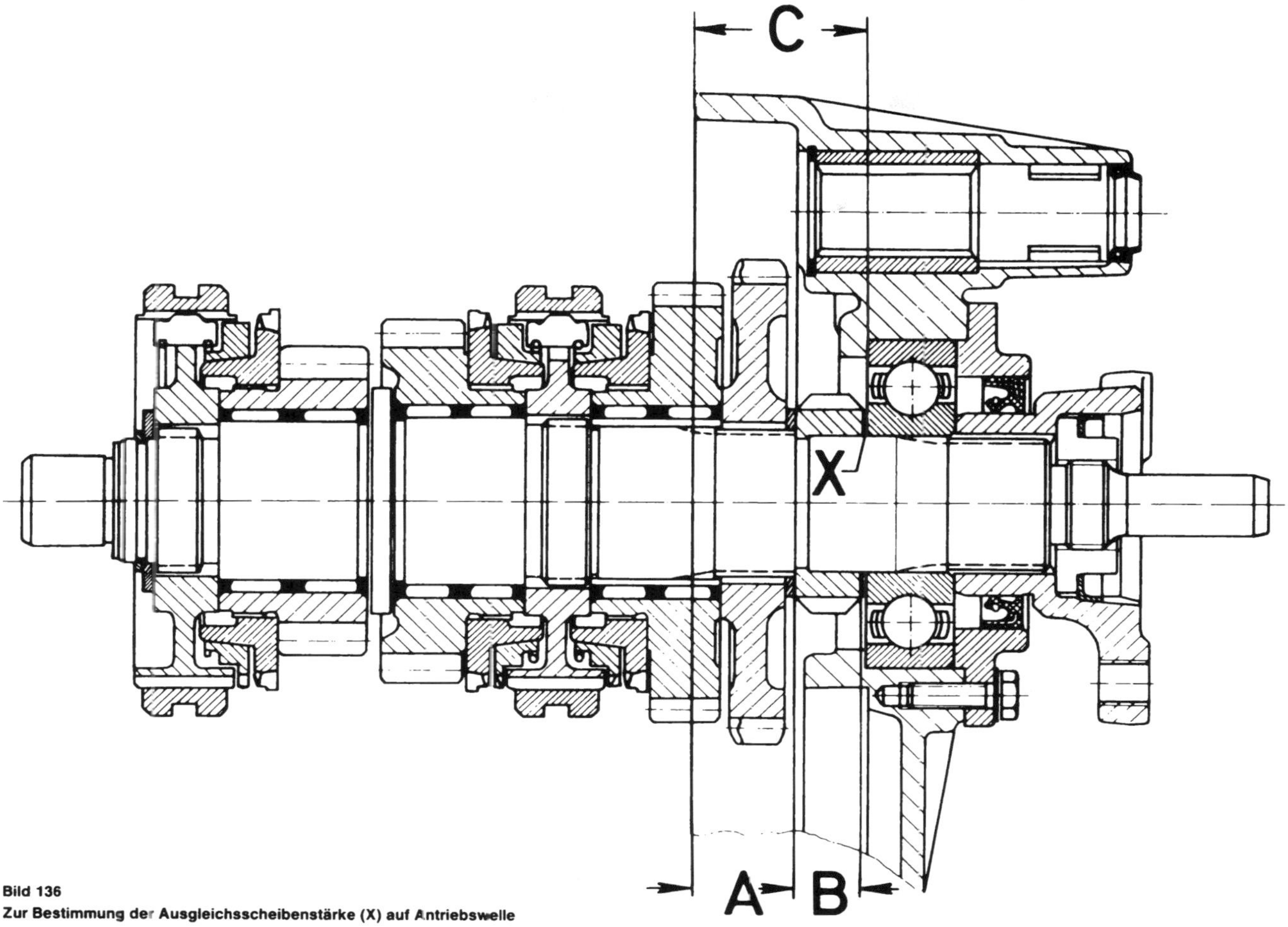

Bild 136
Zur Bestimmung der Ausgleichsscheibenstärke (X) auf Antriebswelle

A = C – B (Sollwert 22,0 mm)
B = Breite der Tachoantriebsschnecke
C = Distanz Lager Gehäusedichtfläche

— Mit dem vorgeschriebenen Wert von 22 mm für «A» gestaltet sich eine Rechnung zum Beispiel folgendermassen:

A	22,0 mm (Sollwert)
+B	14,8 mm (Sollwert)
	36,8 mm (Sollwert)
C	37,0 mm (Sollwert)
–	36,8 mm (Sollwert)
X	0,2 mm (Sollwert)

Im weiteren sind folgende Punkte zu beachten:

- Die Verriegelungskugel plazieren, ebenfalls die Schaltwelle und den Betätigungshebel des Rückwärtsganges.
- Vorgeschriebene Anzugsdrehmomente beachten (Kapitel 21).
- Verschleiss an den Schaltgabeln messen und Gabeln gegebenenfalls ersetzen (zulässige Werte siehe Kapitel 20).
- Rückfahrlichtschalter und nebenliegende Verschlussdeckel am Getriebegehäusedeckel abbauen, damit beim Einbau der Schaltwellen die Arretier- und Sperrkugeln mit einem Schraubenzieher nach unten gedrückt werden können. Bild 137 zeigt die richtige Einbaulage der Federn und Kugeln.

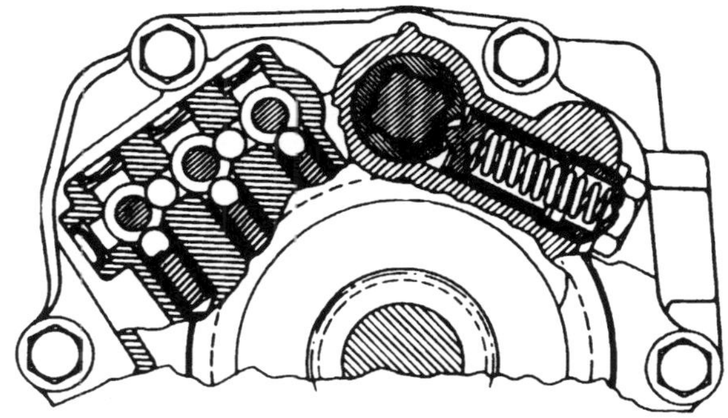

Bild 137
Schnitt durch Schaltwellen, Arretier- und Sperrkugeln

- Radialdichtringe im Abschlussdeckel prüfen und gegebenenfalls ersetzen. Deckel mit Hilfe einer neuen Dichtung und Ausgleichsscheiben spielfrei einbauen.
- Beim Anbau des Abtriebsflansches neues Sicherungsblech verwenden und seitlich in der Nut verstemmen.
- Radialdichtring in der Führungshülse des Ausrücklagers prüfen und gegebenenfalls ersetzen. Führungshülse mit Hilfe einer neuen Dichtung und Passscheiben spielfrei anbauen.

9 Fünfganggetriebe

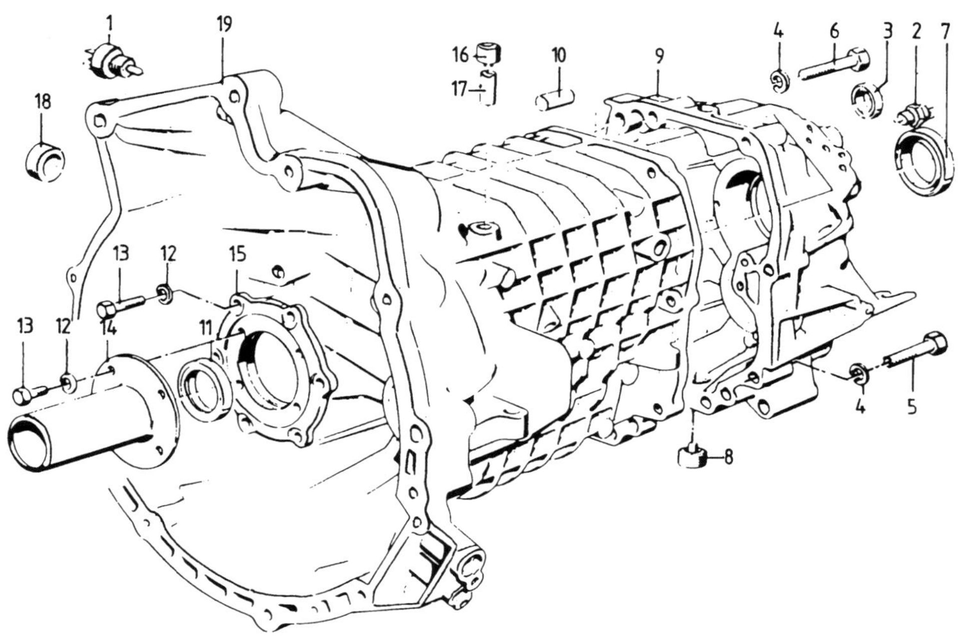

Bild 138
Getriebe

1 3 Pol Schalter M 14 × 1.5
2 Schalter M 12 × 1.5
3 Wellendichtring 15 × 21 N5/7
4 Federscheibe
5 Sechskantschraube M 8 × 35
6 Sechskantschraube M 8 × 60
7 Wellendichtring 40 × 55 ×8
8 Verschlussschraube M 24 × 1.5
9 Getriebedeckel
10 Zylinderstift 10 × 32
11 Dichtring 35 × 52 × 7
12 Federscheibe
13 Sechskantschraube M 6 × 22
14 Führungshülse
15 Gehäusedeckel
16 Kappe
17 Hülse
18 Verschlussschraube M 24 × 1.5
19 Getriebegehäuse

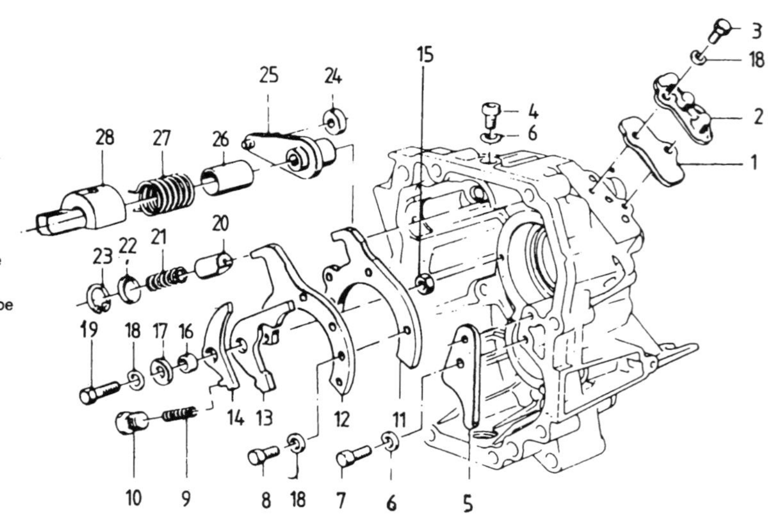

1 Dichtung
2 Verschlusskappe
3 M 6 × 18 Sechskantschraube
4 M 8 × 12 Zylinderschraube
5 Stützblech
6 B 8 Federscheibe
7 M 8 × 20 Sechskantschraube
8 M 6 × 18 Sechskantschraube
9 Druckfeder
10 M 22 × 1.5 Verschlussschraube
11 Stützring
12 Für diese Modelle nicht zutreffend
13 Hebel
14 Für diese Modelle nicht zutreffend
15 M 6 Sechskantmutter
16 Ring
17 21 × 6,5 n 2 Distanzscheibe
18 B 6 Federscheibe
19 M 6 × 18 Sechskantschraube
20 Sperrbolzen
21 Druckfeder
22 Dichtdeckel
23 20 × 1 Sicherungsring
24 Rolle
25 Wählschwinge
26 25 × 22 × 38.5 Hülse
27 D = 2.8 Drehfeder
28 Lagerbock

Die Fünfganggetriebe werden als Schongang- und Sportgetriebe gebaut. Die Getriebe sind wie folgt den Modellen zugeordnet:

	242/4 GETRAG	240/5 Schon	245 Sport	ZF – S5 – 16
316 (1,8)	X	X	X	X
318	X	X	X	X

Schongang- und Sportgetriebe sind verschieden aufgebaut. Das Sportgetriebe besitzt ein Zwischengehäuse, während das Schonganggetriebe ein einteiliges Gehäuse besitzt.
Die Schaltschemen unterscheiden sich wie folgt:

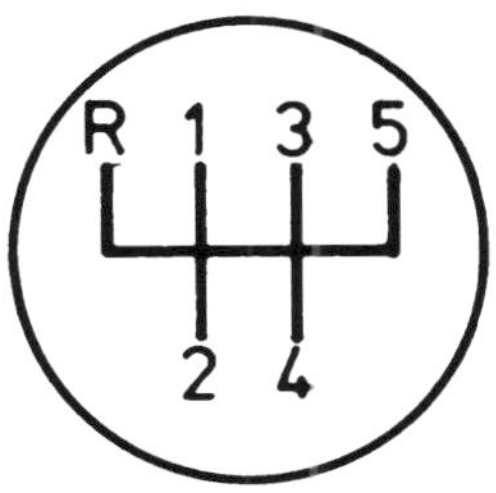

Schongang

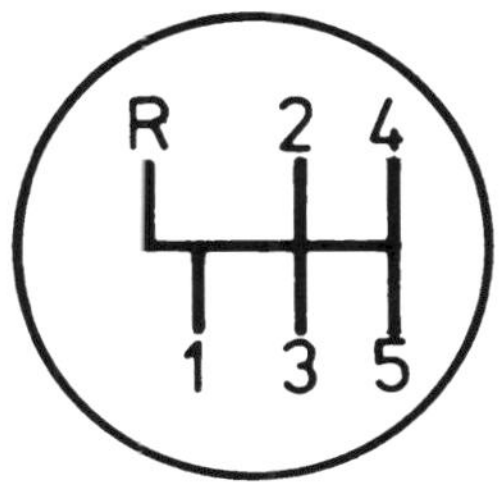

Sport

Das Sportgetriebe wurde in der Anleitung 731/32 ausführlich behandelt. Da das Schonganggetriebe überwiegend eingebaut wird, befassen wir uns in dieser Anleitung nur mit diesem Getriebetyp.
Die einzelnen Schonganggetriebetypen 240/260/265 unterscheiden sich nur im Detail. Im Text finden Sie die entsprechenden Hinweise.

9.1 Aus- und Einbau des Getriebes

- Auspuffanlage ohne Krümmer ausbauen.
- Gelenkscheibe vom Getriebe abbauen (Stopmutter nur einmal verwenden).
- Schraubring der Schiebmuff-Kardanwelle einige Umdrehungen lösen.
- Mittellager abbauen.
  Bei Montage das Lager 4 bis 6 mm nach vorne vorspannen.
- Sicherungsscheibe zu Schaltstange entfernen. Schaltstange lösen.
- Kabel an Rückwärtsgangschalter abziehen. Schaltkonsole vom Getriebe abbauen (Schrauben nur einmal verwenden).
- Kupplungssnehmerzylinder ausbauen (Leitung bleibt angeschlossen).
- Getriebe abstützen.
- Querträger ausbauen.
- Getriebe bis Vorderachsträger ablassen.
- Getriebe vom Motor abflanschen und nach hinten herausnehmen.

Der Einbau erfolgt in umgekehrter Reihenfolge.

9.2 Getriebegehäuse ausbauen

- Getriebe an Aufnahmeplatte BMW 23 0 090 und am Montageblock befestigen.
- Öl ablassen.
- Führungshülse ausbauen.

Bild 139
5-Gang-Schonganggetriebe Getrag 260

1 B 8 Federscheibe
2 M 8 × 12 Zylinderschraube
3 Haltering
4 Schaltwelle
5 Sicherungsring
6 6 × 34 Bolzen
7 Hebel
8 1. bis 4. Gang Druckfeder
5. und RW-Gang Druckfeder
9 Kugel
10 4 × 13 Sperrbolzen
11 D = 12 mm Verschlussdeckel
12 D = 15 mm Verschlussdeckel
13 D = 17 mm Verschlussdeckel
14 6 × 26 Spannstift
15 Schaltstange 5. und RW-Gang
16 Schaltstange 2. und 4. Gang
17 Schaltstange 1. und 2. Gang
18 Mitnehmer 1. und 2. Gang
18 Stopfen
20 Druckfeder
21 Arretierbolzen
22 6 × 26 Spannstift
23 Rolle
24 Schaltwelle

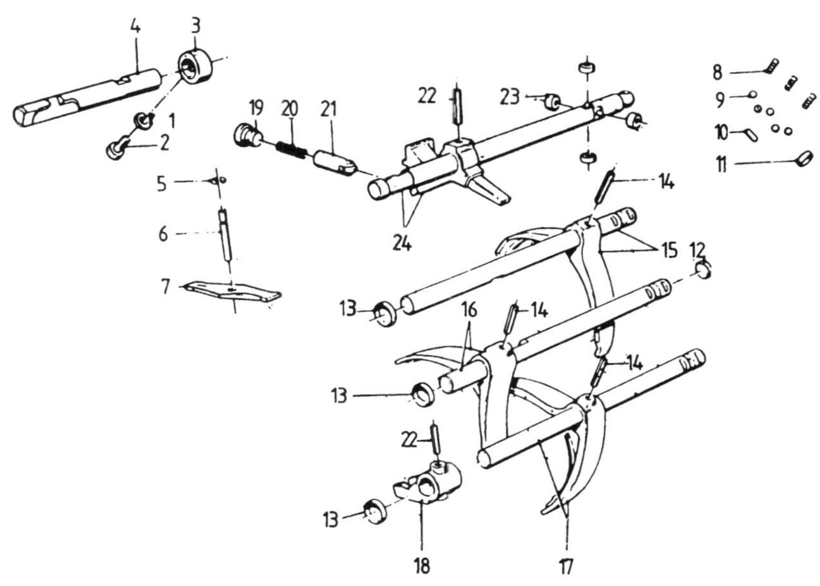

- Rückfahrlichtschalter ausbauen.
- Deckel ausheben.
- Feder und Sperrbolzen herausnehmen (Einbaulage beachten).
- Sprengring von der Antriebswelle abnehmen, Scheibe demontieren.
- Schraube zu Rückwärtsgangwelle aus Gehäuse ausdrehen.
- Zylinderstifte zu Gehäusedeckel austreiben, Schrauben lösen.
- Gehäusevorderteil abziehen.

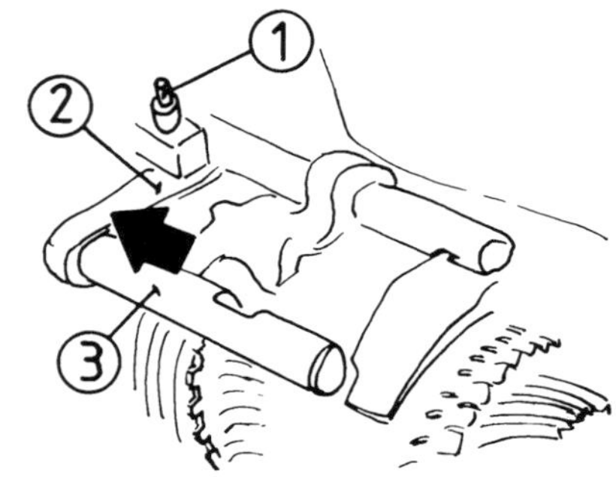

Bild 140
Umlenkhebel Rückwärtsgang

1 Stift 2 Hebel 3 Schaltstange

9.3 Getriebegehäuse montieren

- Rollenlager auf Vorgelegewelle so auflegen, dass der kleine Durchmesser nach oben zeigt.
- Gehäuse im Bereich des Rücklaufradbolzens mit Flachdichtung bestreichen. Die Fläche muss sauber und fettfrei sein.
- Ölablasschraube herausdrehen.
- Gehäusevorderteil aufsetzen.
- Vorgelegewelle so ausrichten dass die Rollen des Lagers in die Lagerschale gleiten.
- Gehäusevorderteil befestigen.
- Sperrbolzen einbauen.
- Distanzring und Sicherungsring auf Antriebswelle einsetzen, vorhandenes Spiel auf 0–0,09 mm ausgleichen.
- Lage des Rillenlagers ausmessen.
- Bundhöhe der Führungshülse ausmessen.
- Distanzscheibe so bestimmen, dass das Spiel 0–0,09 mm beträgt.
- Führungshülse mit neuem O-Ring montieren.

9.4 An- und Abtriebswelle komplett aus- und einbauen

- Abtriebsflansch mit Werkzeug 23 1 200 / 23 0 020 / 23 1 210 demontieren (Sicherungsblech ersetzen), Abzieher 33 1 150 verwenden.
- Wo vorhanden Haltebleche und Schraube ausbauen Bild 140.
- Bolzen mit Rücklauf und Nadellager herausnehmen.
- Stift für Umlenkhebel herausziehen (Bild 140).
- Schaltschiene ausbauen.
- Umlenkhebel demontieren.
- 4. Gang einlegen – Spannstift austreiben (gegenhalten). Spannstift nur soweit austreiben bis Schaltwelle frei ist.
- Schaltwelle herausziehen, Dichtung wird mit herausgezogen, Achtung, Rollen werden frei.
- Verschlussblech zur Arretierung Schaltwellen abbauen.
- Druckfedern entnehmen.

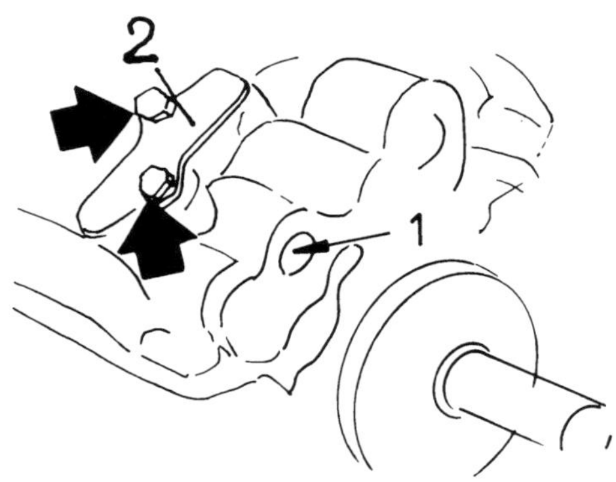

Bild 141
Ausbau Schaltwelle

1 Deckel 2 Deckel zu Federn

- Spannstift von Schaltgabel 3./4. Gang austreiben.
- Schaltstange nach vorne herausschlagen, Sperrstift beachten.
- 2. und R-Gang einlegen.
- An- und Abtriebswelle, Vorgelegewelle vom Gehäusehinterteil mit Kukko 23 1 050 herausdrükken.
  Klauen des Ausdrückers mit Holz oder ähnlichem unterlegen, um die Dichtfläche nicht zu beschädigen.
  Beim Herausdrücken darauf achten, dass sich die Schaltstangen nicht verklemmen.

- Einbau.
- Schaltgabeln 3./4. Gang, 1./2. und 5./R-Gang aufstecken.
- Alle Sperr- und Arretierkugeln aus dem Gehäuse entfernen.
- Rollenlager mit grossem Durchmesser nach aussen in Gehäusehinterteil einsetzen.
- Sperrbolzen gut einölen. Achtung, Getriebe 260/6, vor Einbau der Wellen muss die Dichtung für Abtriebsflansch und Kugellagerinnenring ausgebaut sein.
- Rillenlager-Innenring in Gehäusehinterteil mit Heissluftgebläse auf ca. 80° C erwärmen.
- 2. und R Gang einlegen, An- und Abtriebswelle in das Gehäusehinterteil schieben, Schaltstange ausrichten.
- An- und Abtriebswelle mit Aufdrückvorrichtung 232 1 300 und Druckbüchse 23 2 150 vollständig in das Gehäuse einziehen. Darauf achten, dass sich die Schaltstange nicht verklemmen.
- Schaltstangen in Leerlaufstellung bringen, Schaltstange 3./4. Gang durch die Schaltgabel schieben.
- Sperrstift mit Fett in die Schaltstange 3./4. Gang einsetzen.
- Stange bis zur Bohrung schieben, die Aussparung in der Schaltstange weist nach oben.
- 2 Sperrkugeln mit Fett in die Schaltstange 1./2. und 5./R-Gang einsetzen.
- Schaltstange 3./4. Gang bis zur Arretierung einschieben.
- Spannstift 6 × 24 in Schaltgabel 3./4. Gang eintreiben, Gabel gegenhalten (Bild 142).
- 3 Arretierkugeln und Federn einsetzen. Achtung, bei Ausführung mit unterschiedlicher Federlänge, kürzere Feder 1 15,9 mm gehört zur Schaltstange 5./R-Gang.
- Verschlussdeckel mit Flachdichtung einbauen (Bild 141).

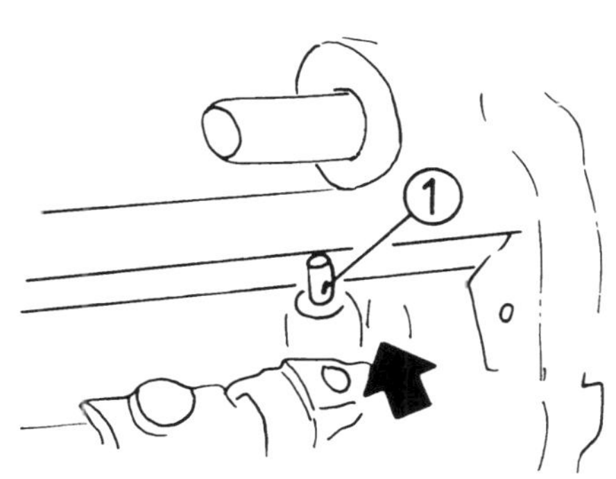

Bild 142
Montage Schaltgabel 3./4. Gang

- Spannstift vom Schaltfinger vollständig austreiben.
- 4 Rollen mit Fett an Schaltwelle kleben.
- Schaltwelle einschieben dabei Schaltfinger aufstecken.
  Die Aussparung an der Schaltwelle weist nach aussen.
- Schaltfinger mit Spannstift 6 × 24 an Schaltwelle befestigen. Schaltwelle gegenhalten.
- Eingeölte Dichtung der Schaltstange in das Gehäuse einsetzen.

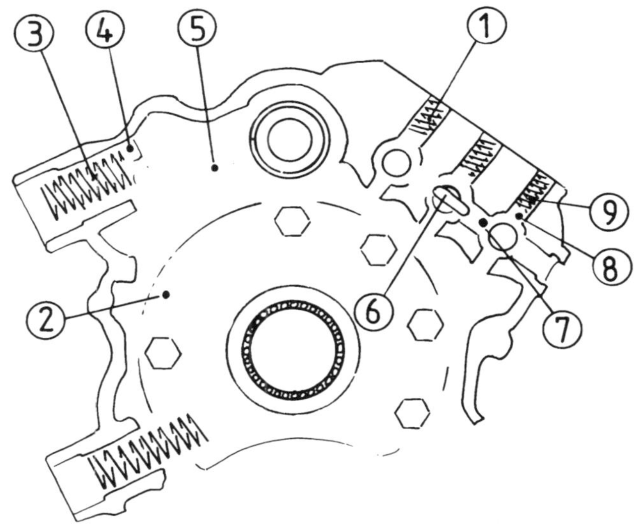

Bild 143
Sperrstücke, Arretierungen der Schaltwellen

1 Feder
2 Deckel
3 Feder
4 Bolzen
6 Sperrstück
7 Kugel
8 Kugel
9 Feder

Schaltschiene einbauen.
Nut an der Schaltschiene weist nach oben.

- Umlenkhebel mit Kerbe nach oben zur Schaltschiene weisend einsetzen (Bild 144).

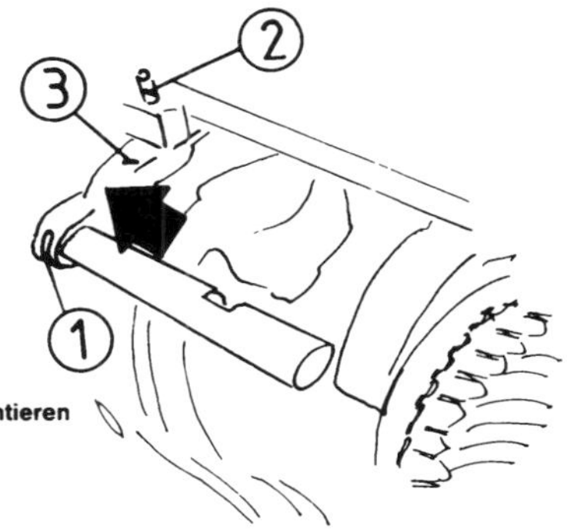

Bild 144
Schaltwelle montieren

1 Nut
2 Stift
3 Umlenkhebel

- Stift einbauen.
- Gehäuse im Bereich Rücklaufradbolzen mit Flachdichtung bestreichen.
- Bolzen mit Nadellager und Rücklaufrad einbauen.
- Bolzen mit Schraube befestigen, Schraubensicherung flüssig verwenden.
- Haltebleche einsetzen und nach aussen drükken, in dieser Stellung festziehen.
- Abtriebsflansch montieren, Bundmutter mit Schraubensicherung einsetzen, Anzugsdrehmoment beachten.
- Sicherungsblech einbauen.

9.5 Abtriebswelle ersetzen

- Antriebswelle mit Rollenlager von Abtriebswelle abziehen.
- 5. Gangrad mit Nadellager abziehen.
- Sicherungsring ausheben, Distanzscheibe entfernen. Bei Montage Distanzscheibe so wählen dass Spiel 0–0,09 mm beträgt.
- 3. Gangrad mit Führungs- und Schiebemuffe mit Abpressvorrichtung 23 1 490 abpressen.
- Lagerbüchse und 2. Gangrad mit Abpressvorrichtung 23 1 490 abpressen. Nadellager und Synchronring abnehmen.
- Sicherungsring entfernen, stets ersetzen.
- 1. Gangrad mit Führungs- und Schiebemuffen mit Vorrichtung 23 1 490 abpressen.
- Nadellager entnehmen.
- Sicherungsring R-Gang entfernen.
- Abtriebswelle neben dem Bund auflegen und Führungs- und R-Gangrad abpressen.
- Nadellager abnehmen.
  Vor dem Zusammenbau Synchronringe kontrollieren.
  Müssen Synchronringe ersetzt werden, nur solche mit Molybdänbeschichtung verwenden.
- Synchronring auf Gangrad auflegen und Spiel mit Tastlehre bestimmen. Das Spiel beträgt:

1.–5. Gang neu	1,0–1,3 mm
– Mindestmass	0,8 mm
R-Gang neu	0,5–0,6 mm
– Mindestmass	0,4 mm

Zusammenbau:

- Nadellager, R-Gangrad, Sychronring aufstekken.
- Führungs- und Schiebemuffe auf die Verzahnung der Antriebswelle aufstecken.
  Achtung Federing in der Führungsmuffe muss zum R-Gangrad weisen.
- Führungsmuffe mit Hülse 23 1 290 bis zum Festsitz aufpressen. Achtung, beim Aufpressen muss darauf geachtet werden, dass die Nasen am Synchronring mit den Aussparungen in der Führungsmuffe fluchten.
- Schiebemuffe in R-Gangrad schalten.
- Mit Sicherungsring Führungsmuffe spielfrei einstellen. Es sind Sicherungsringe von 1,7 bis 2,0 mm erhältlich.
- Sicherungsring montieren.
- Nadellager, 1. Gangrad, Synchronring aufstekken.
- Führungs- und Schiebemuffe auf Verzahnung der Abtriebswelle aufstecken.
  Achtung, bei Schiebemuffen mit unterschiedlicher Verzahnung muss die abgesetzte Seite der Schiebemuffe zum 2. Gangrad zeigen.
- Führungsmuffe mit Hülse 23 1 290 bis zum Festsitz aufpressen.
  Achtung, Einbaulage Synchronsitz beachten (Aussparungen).
- Schiebemuffe in 1. Gangrad schalten.
- Führungsmuffe spielfrei einstellen, Sicherungsringe 1,7 bis 2,0 mm.
- Sicherungsring einbauen.
- Nadellager, Synchronring und 2. Gangrad aufstecken.
  Hinweis: Der Bund für die Lagerbüchse an der Antriebswelle muss leicht überstehen.
  Sicherungsring auf richtigen Sitz überprüfen.
- Lagerbüchse auf ca. 80° C mit Heissluftgebläse erwärmen und auf die Abtriebswelle stecken.
- Nadellager, 3. Gangrad und Synchronring aufstecken.
- Führungs- und Schiebemuffe auf die Verzahnung mit der Rille zum 4. Gangrad zeigend aufstecken.
- Führungsmuffe mit Hülse bis zum Festsitz aufpressen.
  Achtung, Stellung Synchronring beachten (Aussparungen).
- Distanzscheibe und Sicherungsring einbauen.

9.6 Lager der Getriebewelle ersetzen

- An- und Abtriebswellen ausbauen siehe 9.4.
- Lager im Gehäuse Vorderteil. Antriebswelle.
- Rillenlager mit Schlagdorn 23 1 480 austreiben.

Beachten Bund auf Kupplungsseite.
Vorgelegewelle.

- Mit Schlag den Sicherungsring lockern.
- Sicherungsring ausheben.
- Distanzscheibe entfernen.
- Lagerschale mit Schlagdorn 23 1 270 austreiben.
- Lager im Gehäuse Hinterteil. Abtriebswelle.
- Schraube 1 lösen. Auf Federdruck achten (Bild 145).

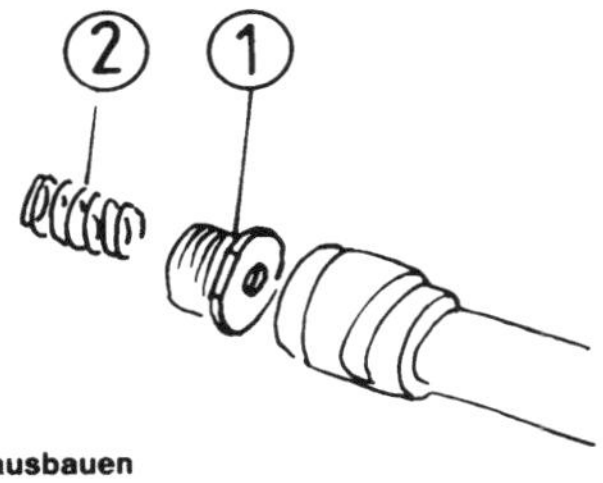

Bild 145
Verschlusszapfen ausbauen

1 Verschlusszapfen
2 Feder

- Federn herausnehmen.
- Zum Ausbau der Wählschwinge Montagewerkzeug 23 1 250 einbauen.
- Innensechskantschraube entfernten.
- Wählschwinge nach oben herausnehmen, Rolle beachten.

Einbauhinweis: Feder der Sperre ausbauen, Wählschwinge mit Montagewerkzeug einstekken. Wählschwinge nach aussen mit der Rolle über den Sperrhebel schwenken.
Ende der Spiralfeder mit Einbaulange bringen. In dieser Stellung Wählschwinge nach unter drükken (nicht schlagen).
Vor Ausbau der Montagevorrichtung Wählschwinge mit Innensechskantschraube befestigen. Schraube mit Sicherungsmittel einsetzen.

- Sperrhebel und Halteblech des Lagers ausbauen.
- Dichtung entfernen.
- Rillenlager mit Schlagdorn 23 1 120 austreiben. Distanzscheibe beachten.
- Distanzscheibe bestimmen.
- Sitztiefe in Gehäuse mit Tiefenmass messen.
- Lagerbreite messen.
- Aus Differenz der beiden Masse Stärke der Distanzscheibe bestimmen; Spiel 0.
- Gehäuse Hinterteil in Lagerbereich auf 80° C erhitzen.
- Distanzscheibe einlegen.
- Rillenlager einbauen, geschlossener Käfig weist nach innen.

Vorgelegewelle.

- Auszieher 23 1 280 mit der stärkeren Seite in die Lagerschale einsetzen.
- Hülse 33 4 020 aufsetzen.
- Aufdrückvorrichtung 23 1 300 aufschrauben.
- Lagerschale herausziehen.

Einbauhinweis: Lagerschale so einsetzen, dass der Schlitz der Lagerschale mit dem Noppen im Gehäuse fluchtet.

- Lagerschale mit Schlagdorn 23 1 260 eintreiben.
- Axialspiel der Vorgelegewelle ermitteln.
- Sicherungsring im Gehäuse Vorderteil einsetzen.
- Vorhandene Distanzscheibe einlegen.
- Lagerschale mit Schlagdorn eintreiben (Festsitz). Ölnut muss mit der Nut im Gehäuse fluchten.
- Vorgelegewelle mit den Rollenlagern in das Gehäuse Hinterteil stecken.
- Gehäuse Vorderteil aufsetzen und mit zwei Schrauben diagonal befestigen.
- Gehäuse Vorderteil mit den Zentrierstiften leicht zentrieren.
- Öleinfüllschrauben entfernen.
- Messuhr mit Halter von vorne (Kupplungsseite) so aufspannen, dass der Fühler der Messuhr auf das Zahnrad der Vorgelegewelle zu liegen kommt.
- Mit Schraubenzieher durch die Ölablassbohrung Vorgelegewelle axial bewegen und Spiel feststellen. Sollmass 0,13 bis 0,23 mm.
- Bei Abweichung Distanzscheibe unter Lager korrigieren.

Radsatz einbauen.
Distanzscheibe der Antriebswelle bestimmen.

- Vorhandene Distanzscheibe und Sicherungsring einbauen.
- Spiel auf 0 bis 0,09 mm ausgleichen.

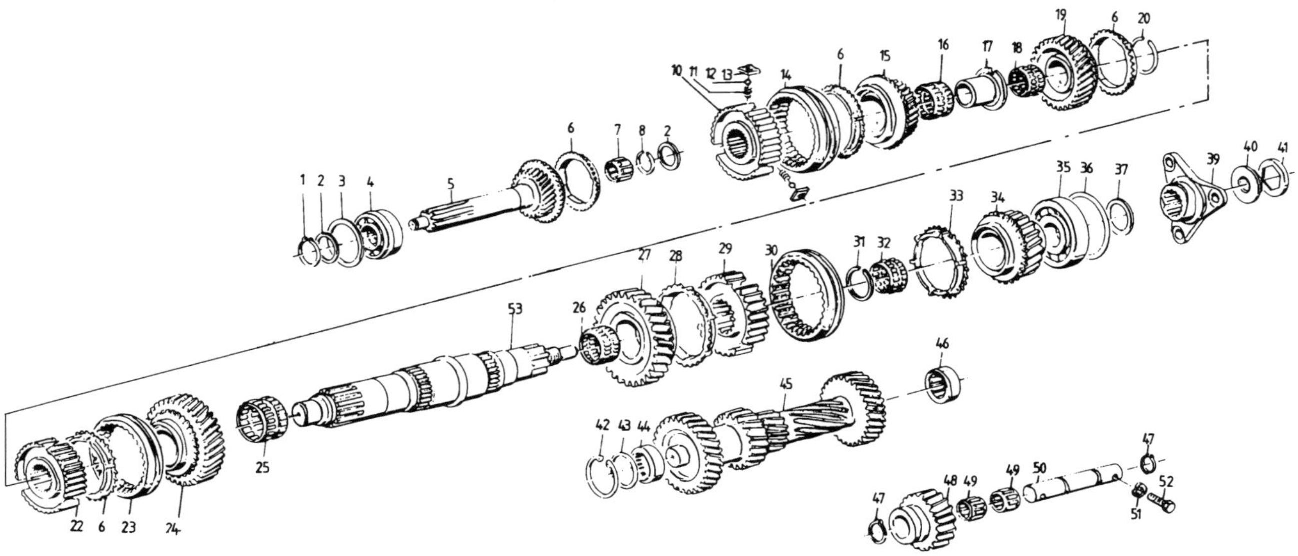

Bild 146

1 Sicherungsring
2 Distanzscheibe
3 Distanzscheibe
4 Kugellager
5 Antriebswelle
6 Synchronring
7 Nadelkäfig
8 Führungsmuffe 3./4. Gang
9 Führungsmuffe
10 Sicherungsring
11 Druckfeder
12 Kugel
13 Mitnehmerstein
14 Schaltmuffe
15 Zahnrad 3. Gang
16 Nadelkäfig
17 Distanzbüchse
18 Nadelkäfig
19 Zahnrad 2. Gang
20 Sicherungsring
22 Führungsmuffe
23 Schaltmuffe
24 Zahnrad 1. Gang
25 Nadelkäfig
26 Nadelkäfig
27 Schaltrad R-Gang
28 Synchronring
29 Führungsmuffe
30 Schaltmuffe
31 Sicherungsring
32 Nadelkäfig
33 Synchronring
34 Zahnrad 5. Gang
35 Kugellager
36 Distanzscheibe
37 Anlaufscheibe
39 Abtriebsflansch
40 Bundmutter
16 Abtriebsflansch
41 Sicherungsblech
42 Sicherungsring
43 Distanzscheibe
44 Rollenlager
45 Vorgelegewelle
46 Rollenlager
47 Sicherungsring
48 Rücklaufrad
49 Nadelkäfig
50 Achse für Zwischenrad
51 Federscheibe
52 Sechskantschraube M 8 × 25
53 Abtriebswelle

10 Das automatische Getriebe

Alle Automatik-Modelle sind mit einem Getriebe von «ZF» (Zahnradfabrik Friedrichshafen) ausgerüstet. Es handelt sich um den Typ «ZF 3 HP 22» mit drei Fahrstufen und hydraulischem Drehmomentwandler (Bild 147) oder ab Modell 84 um das Vierstufengetriebe vom Typ «ZF 4 HP 22» mit Schongangcharakteristik. Beide Getriebetypen sind über die Glocke des Wandlers direkt mit dem Motor verschraubt.

An dieser Stelle werden nur einfache Wartungs- und Einstellarbeiten beschrieben; das Zerlegen und Revidieren des automatischen Getriebes ist eine Arbeit, welche, nebst dem Vorhandensein spezieller Werkzeuge und Prüfeinrichtungen, Erfahrung und Fachkenntnis voraussetzt. Solche Arbeiten sollten deshalb einer Fachwerkstatt überlassen werden.

10.1 Schalthebel einstellen

Vor der Einstellung den Lagerblock des Schalthebels auf Festsitz prüfen.

- Schaltstange (10) in Bild 149 vom Schalthebelunterteil (9) abbauen.
- Wählhebelteil (11) am Getriebe in Stellung «0» einrasten.
- Schalthebel (1) gegen Anschlag (5) an der Schaltkulisse drücken.
- Länge der Schaltstange (10) so lange verändern, bis der Bolzen (17) mit der Bohrung im Schalthebelunterteil (9) übereinstimmt.
- Schaltstangenlänge am Bolzen (17) um eine Umdrehung verkürzen. Schaltstange anbauen und sichern.

10.2 Getriebebowdenzug einstellen

Voraussetzung für die Einstellung ist ein richtig eingestellter Gasbowdenzug.

- In Leerlaufstellung mit der Schraube (Bild 150) das Spiel «A» auf 0,25 bis 0,5 mm einstellen.
- Fahrfusshebel (10) bis zum Kickdownanschlag drücken. Der Abstand «A» soll jetzt 43,5 bis 51,5 mm betragen. Eine Korrektur erfolgt mit Schraube (11).

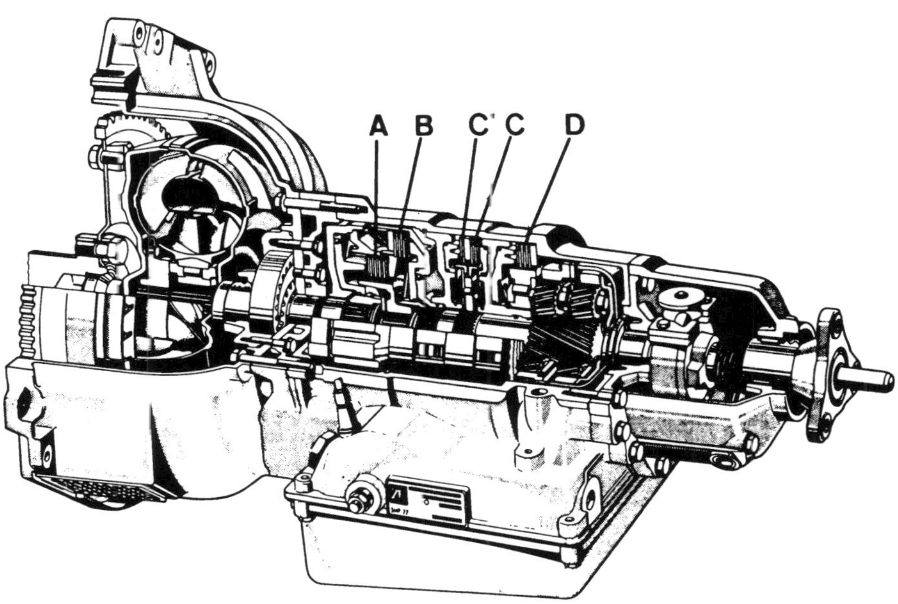

Bild 147
ZF 3 HP 22 Automatik-Getriebe
A, B bewegliche Kupplungen
C, D fixe Kupplungen

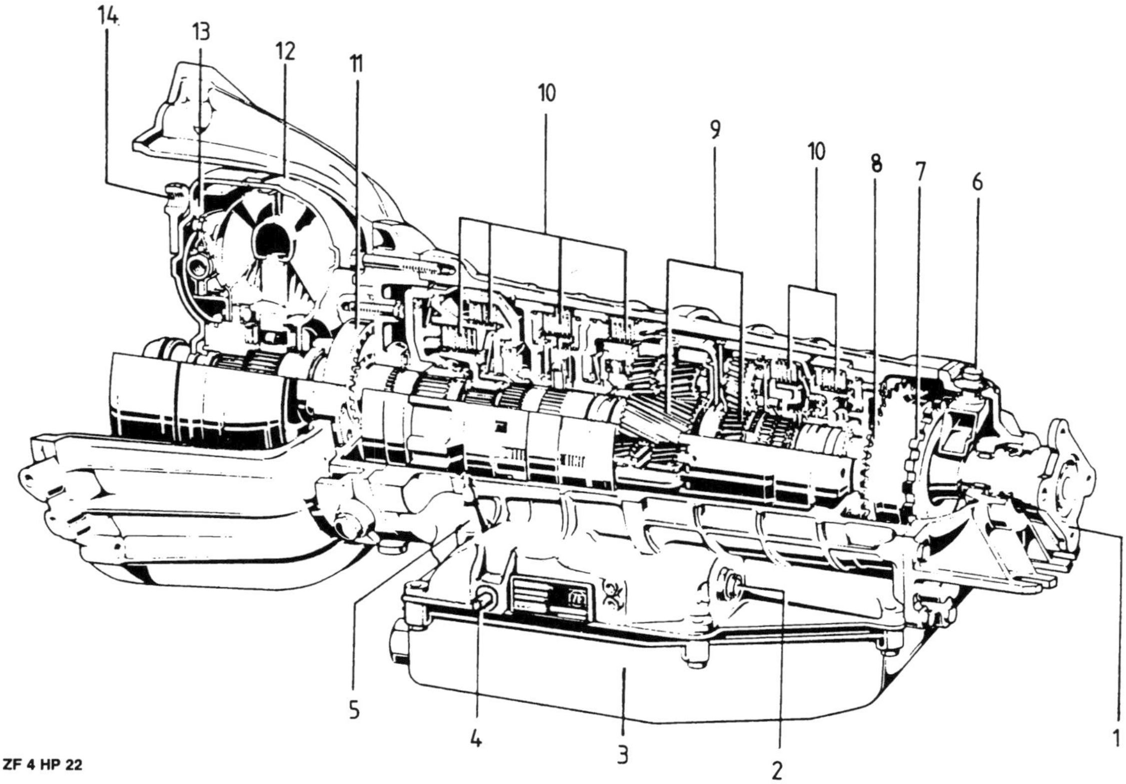

Bild 148
Automatic-Getriebe ZF 4 HP 22

1 Abtriebsflansch
2 Verschlussschraube
3 Ölwanne mit Steuergerät
4 Wählhebelwelle
5 Gaskabelzug
6 Getriebeentlüftung
7 Parksperrenrad
8 Fliehkraftregler
9 Planetengetriebe
10 Lamellenkupplungen
11 Ölpumpe
12 Drehmomentwandler
13 Wandlerüberbrückungskupplung
14 Anschluss-Mitnehmerscheibe

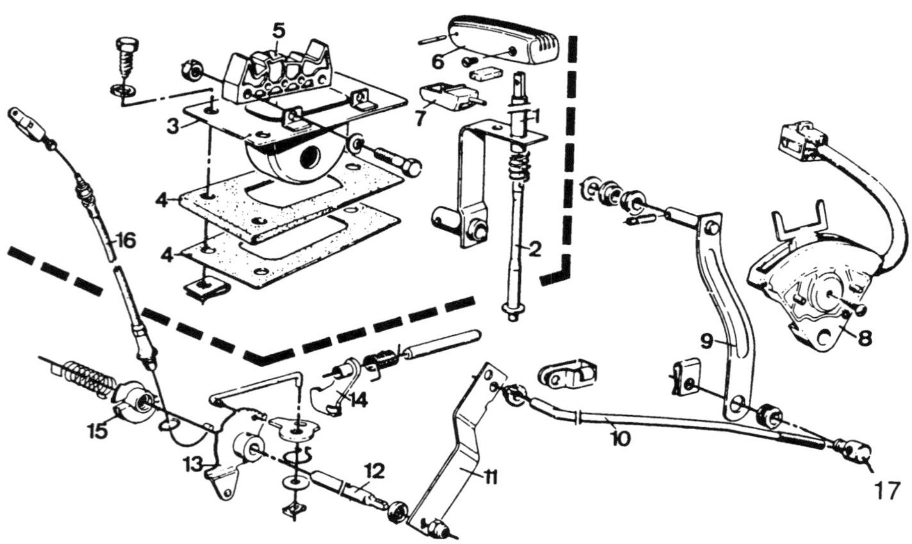

Bild 149
Schaltgestänge des Automatischen Getriebes

1 Schaltstange
2 Schalthebelunterteil
3 Trägerplatte
4 Dichtung
5 Schaltkulissse (Anschlag)
6 Schaltgriff
7 Druckkontakt
9 Schalter
10 Schaltstange
11 Schalthebelunterteil
12 Schaltwelle
13 Stufenwählscheibe
14 Sperrklinke
15 Nocken
16 Kick-down-Kabel
17 Einstellbolzen

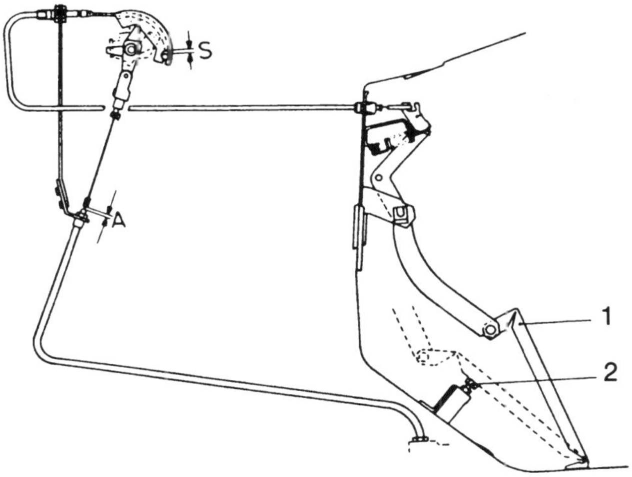

Bild 150
Getriebebowdenzüge

1 Gaspedal 2 Einstellmutter Vollgasanschlag Gaspedal

10.3 Getriebeöl nachfüllen

Der Getriebeölstand sollte bei betriebswarmem Getriebe und laufendem Motor anlässlich jeder Motorölkontrolle überprüft werden:

- Schalthebel in Position «P» bringen und betriebswarmen Motor im Leerlauf drehen lassen.
- Kontrollieren, ob das Fahrzeug auf ebener Unterlage steht. Ölmessstab für das Getriebe herausziehen und Ölstand kontrollieren (siehe Bild 151).
- Ölstand gegebenenfalls durch Nachfüllen von Spezial-Getriebeöl korrigieren (zugelassene Ölsorten siehe Tabellenanhang). Die Distanz zwischen der «min»- und «max»-Markierung auf dem Messstab entspricht einem Volumen von ca. 0,25 Liter. Muss das Getriebeöl in kaltem Zustand kontrolliert resp. aufgefüllt werden, so ist der richtige Ölstand ca. 1/4 über der «min»-Markierung.

Es dürfen keine anderen als die aufgeführten Ölsorten verwendet werden.
Sowohl zu wenig als auch zu viel Öl im Getriebe ist schädlich. Ölstand so korrigieren, dass er zwischen die beiden Markierungen zu liegen kommt.

10.4 Aus- und Einbau des Getriebes

- Im Motorraum den Getriebebowdenzug aushängen und vom Haltebügel abbauen.

Schaltdrehzahlen ZF-3-HP-22		
Fahrzeug	*316*	*318*
Wählhebelstellung D 1./2. Gang Vollgas-Fahrfusshebelstellung	3860–4640	3680–4650
Wählhebelstellung D 1./2. Gang Kickdown	5480–6130	5480–6130
Wählhebelstellung D 2./3. Gang Vollgas-Fahrfusshebelstellung	4970–5440	4970–5440
Wählhebelstellung D 2./3. Gang Kickdown	5580–6040	5580–6040
Schaltdrehzahlen ZF-4-HP-22		
Wählhebelstellung D Teilgas- Fahrfusshebelstellung 1–2 2–3 3–4	 2072–2089 2156–2413 2157–2287	 2242–2260 2349–2582 2341–2467
Wählhebelstellung D Vollgas- Fahrfusshebelstellung 1–2 2–3 3–4 4–3 3–2 2–1	 4214–4924 4980–5432 4608–4958 2618–2879 2800–3064 2371–2739	 4237–4954 5010–5454 4637–4988 2618–2879 2865–3116 2446–2809
Wählhebelstellung D Kickdown- Fahrfusshebelstellung 1–2 2–3 3–4 4–3 3–2 2–1	 5286–5942 5467–5898 – sofort 3686–3991 2960–3387	 5312–5970 5493–5925 – sofort 3908–4118 3430–3708

- Alle von oben erreichbaren Befestigungsschrauben des Getriebes herausdrehen.
- Halterung des Öleinfüllstutzens lösen.
- Automatic-Öl ablassen und kontrollieren: Riecht das Öl verbrannt und besitzt eine schwärzliche Färbung oder ist es grauschillernd (Aluminiumabrieb), so muss das Getriebe revidiert werden, da grössere Schäden vermutet werden können.

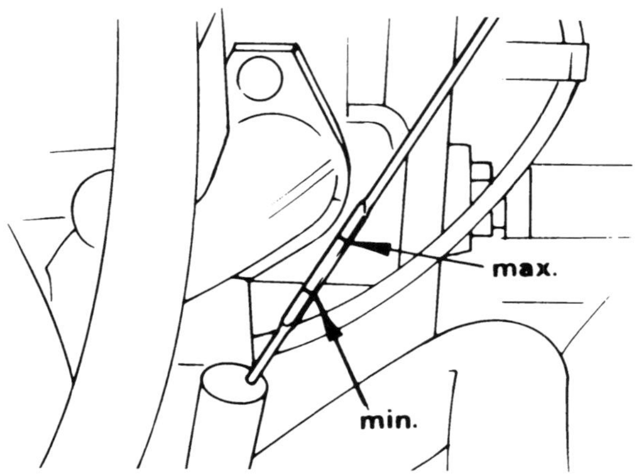

Bild 151
Ölmessstab

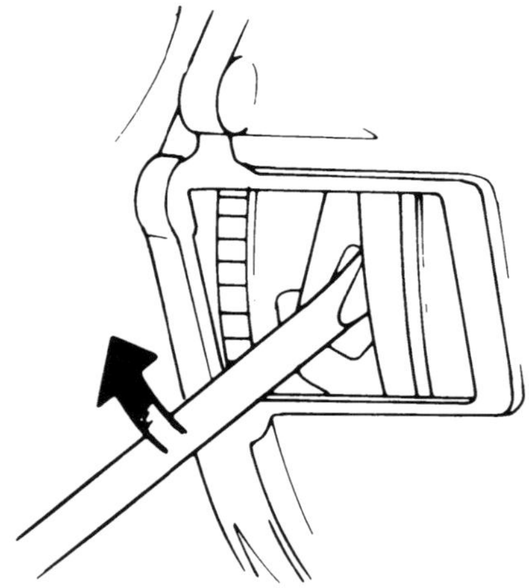

Bild 152
Abdrücken des Drehmomentwandlers

- Auspuffabstützung vom Getriebe abbauen.
- Auspuffrohr am Dreieckflansch vom Auspuffkrümmer trennen.
- Gelenkwelle bei der Guibo-Kupplung vom Getriebe abbauen (Kapitel 11.1).
- Tachowelle ausbauen und aus der Halterung an der Ölwanne herausziehen.
- Mittellager der Gelenkwelle abbauen, Gelenkwelle zwischen Tunnel und Auspuff nach unten knicken und aus dem Zentrierzapfen des Getriebeflansches ziehen.
- Schaltstange vom Wählhebel abbauen.
- Öleinfüllrohr vom Getriebe abbauen. Ölkühlerleitungen vom Getriebe lösen und gegen das Eindringen von Schmutz sichern.
- Abdeckblech beim Schwungrad ausbauen, den Motor durchdrehen und durch die vier Löcher im Schwungrad den Drehmomentwandler von der Mitnehmerscheibe lösen.
- Getriebe mit geeigneter Vorrichtung abstützen (nicht unter der Ölwanne).
- Getriebequerträger (Traverse) von der Karosserie abbauen und die restlichen Befestigungsschrauben des Getriebes herausdrehen.
- Schutzgitter an der Wandlerglocke abnehmen, Getriebe vorsichtig vom Motor abziehen und dabei den Wandler mit abdrücken (siehe Bild 158).
- Mitnehmerscheibe auf Bruchstellen und Rissbildung prüfen und gegebenenfalls ersetzen. Dazu Schwungrad blockieren und Dehnkopfschrauben herausdrehen. Gewindebohrungen einwandfrei säubern und neue Mitnehmerscheibe mit neuen Dehnkopfschrauben und etwas «Loctite 270» anbauen (vorgeschriebenes Anzugsdrehmoment beachten, Kapitel 21).

Der Einbau des automatischen Getriebes erfolgt in umgekehrter Reihenfolge des Ausbaus. Folgende Punkte sind speziell zu beachten:

- Vorgeschriebene Anzugsdrehmomente beachten.
- Sich am ausgebauten Getriebe versichern, dass sich der Führungszapfen auf dem Wandler hinter der Gehäusekante befindet. Ist dies nicht der Fall, muss der Wandler unter leichtem Drehen in die Primärpumpe eingeführt werden.
- Beim Anbau der Ölkühlerleitungen die Dichtungen überprüfen und gegebenenfalls ersetzen.
- Mittellager der Gelenkwelle 2 mm in Fahrtrichtung vorspannen.
- Dichtung am Auspuffkrümmer prüfen und gegebenenfalls ersetzen.
- Um Brummgeräusche im Fahrbetrieb zu verhindern, Auspuffabstützung folgendermassen einbauen (siehe Bild 123):
  - Halteblech (1) lockern.
  - Abstützung (2) spannungsfrei gegen das Auspuffrohr drücken und befestigen.
  - Halteblech (1) festziehen.
- Getriebebowdenzug einstellen und Automatiköl einfüllen (Kapitel 10.2 und 10.3).

11 Die Gelenkwelle

Der Kraftfluss vom Getriebe zu den Hinterrädern erfolgt über eine geteilte Gelenkwelle mit Kreuz- resp. Gummigelenken zum spiralverzahnten Achsantrieb und von dort über geteilte Achswellen mit doppelten Gleichlaufgelenken zu den Radnaben. Bild 159 zeigt die Teile der Kardanwelle.

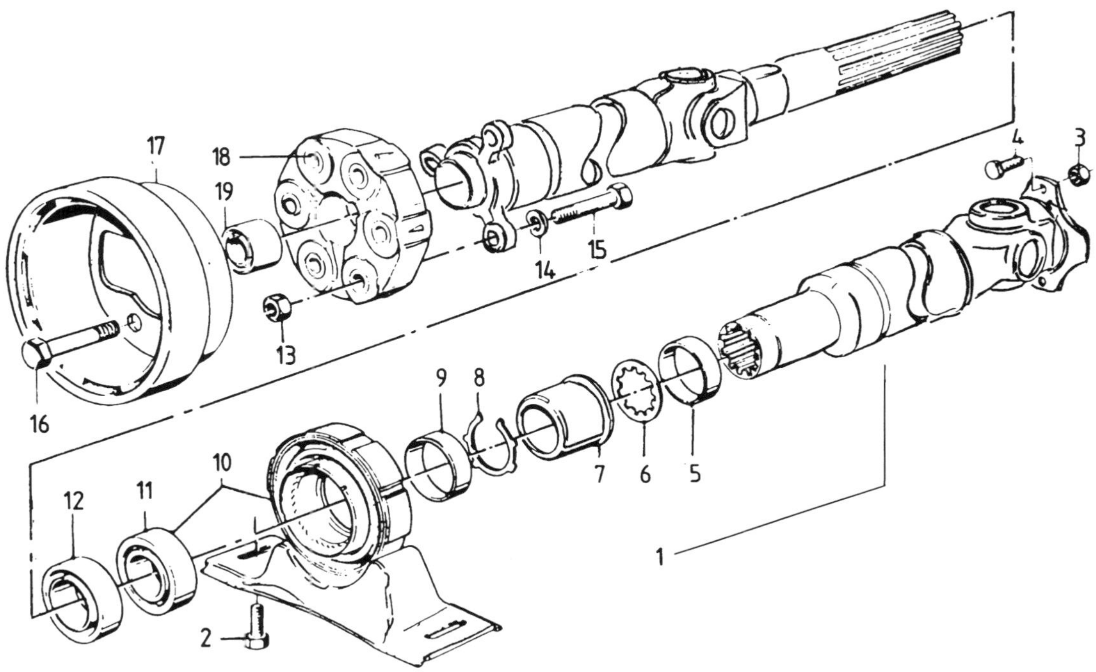

Bild 153
Kardanwelle

1 Rep Satz Kreuzgelenk	6 Zahnscheibe	11 Lager	16 6kt Schraube
2 6kt Schraube	7 Schraubring	12 Staubschutz	17 Dämpfer
3 6kt Mutter	8 Sicherungsring	13 6kt Mutter	18 Gelenkscheibe
4 6kt Schraube	9 Staubschutz	14 Federscheibe	19 Führungsbuchse
5 Klemmring	10 Mittellager	15 6kt Schraube	

11.1 Aus- und Einbau der Gelenkwelle

Ausbau:

- Auspuff am Dreieckflansch vom Auspuffkrümmer trennen und Auspuffabstützung vom Getriebe abbauen.
- Gelenkwelle vom Getriebeflansch lösen (Gummikupplung bleibt an der Gelenkwelle).
- Gelenkwelle vom Hinterachsgetriebe lösen.
- Mittellager abbauen, Gelenkwelle nach unten knicken und aus der Zentrierung im Getriebeflansch ausfahren.

Der Einbau erfolgt in umgekehrter Reihenfolge. Folgendes ist zu beachten:

- Vorgeschriebene Anzugsdrehmomente einhalten.
- Mittellager beim Einbau 2 mm in Fahrtrichtung vorspannen.
- Neue Stoppmuttern verwenden und Gummigelenk mit Hilfe eines Schraubenziehers jeweils so zusammendrücken, dass die Gewinde der Flanschbolzen beim Einbau nicht beschädigt werden. Um zusätzliche Spannungen zu vermeiden, die Schrauben festhalten und nur die Muttern drehen.

Beim Ersatz der Gummikupplung ist darauf zu achten, dass das Spannband um die Kupplung erst nach deren Anbau an die Welle entfernt wird, da sonst die Schrauben nicht mehr ohne Beschädigung der Gewinde eingesetzt werden können.

Beim Ersatz der Gummikupplung ist darauf zu achten, dass das Spannband um die Kupplung erst nach deren Anbau an die Welle entfernt wird, da sonst die Schrauben nicht mehr ohne Beschädigung der Gewinde eingesetzt werden können.

Beim Ersatz der Gelenkscheibe (Automatik-Modelle) ist darauf zu achten, dass die Pfeilspitzen auf der Scheibe an die Flanscharme der Gelenkwelle bzw. des Getriebeabtriebsflansches zeigen (siehe Bild 154).

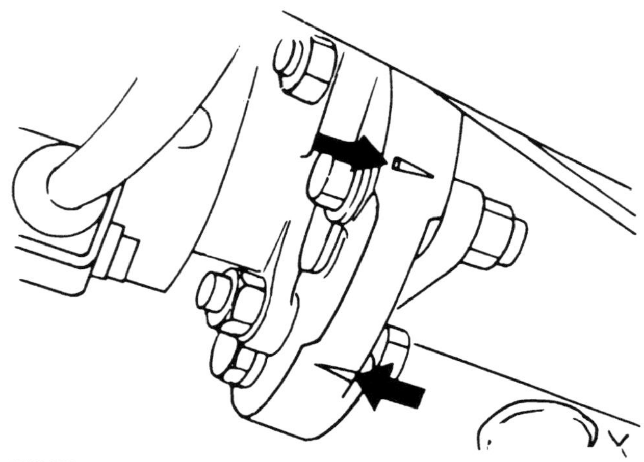

Bild 154
Korrekte Montage der Gelenkscheibe (Automatik-Modelle)

11.2 Gelenkwelle überholen

Die Zentrierung im vorderen Flansch kann folgendermassen ersetzt werden:

- Zentrierung mit zähem Fett füllen und mit Hilfe eines Dornes (⌀ 14 mm) austreiben.
- Zentrierung mit ca. 6 g «Molykote-Longterm 2» fetten und bis zu einem Überstand von 5 mm eintreiben (siehe Mass «A» in Bild 155). Die Dichtungsseite muss nach aussen zeigen.
- Gummikupplung prüfen und gegebenenfalls ersetzen.

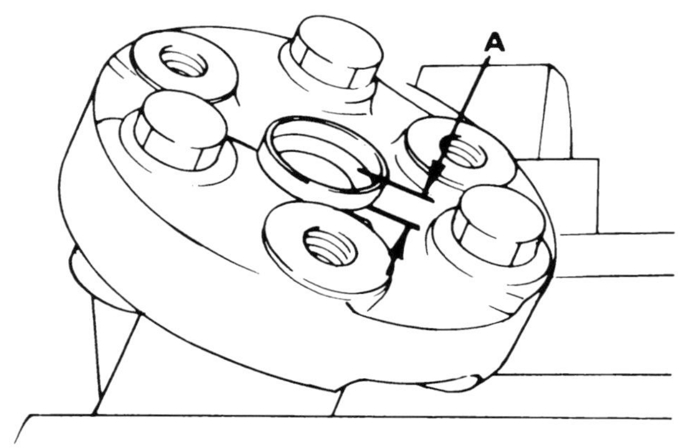

Bild 155
Überstand (A) der Zentrierung

Das Mittellager kann folgendermassen erneuert werden:

- Gelenkwellenhälfte mit Körnerschlägen in ihrer Lage zum Gelenk kennzeichnen (siehe Pfeil in Bild 156). Seegerring (1) ausheben, Staubschutzteller abnehmen und Gelenkwellenhälfte mit handelsüblichem Abzieher ausbauen.
- Mittellager von der Welle abziehen.
- Rillenkugellager mit Abzieher von der Welle abbauen oder gegebenenfalls aus dem Mittellager treiben.
- Aufnahme des Rillenkugellagers im Mittellager mit Wasser bestreichen und neues Kugellager einbauen.
- Mittellager mit geeigneter Hülse auf die Gelenkwelle treiben.
- Gelenkwelle und Gelenk entsprechend den angebrachten Markierungen zusammenbauen (Schiebestück vor Einbau mit «Longterm 2» fetten).

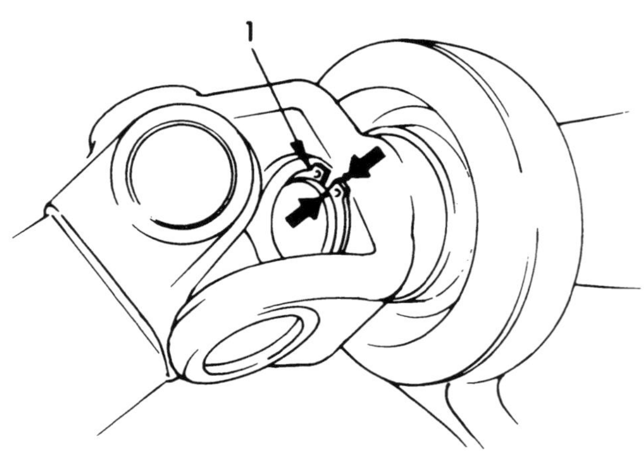

Bild 156
Körnerschläge (Pfeile) auf Kreuzgelenk

1 Sicherungsring

Bei Rassel- oder Schabgeräuschen der Welle:

- Spiel im Schiebestück mit «Loctite grün» für Fügeteile (Kenn-Nr. 75) beseitigen.
  Dazu:
- Keilbahnen am Schiebestück mit Körnerschlag kennzeichnen.
- Keilbahnen mit Tri-Ersatz reinigen und Aktivator Q einsprühen.
- «Loctite grün» auftragen und Welle einbauen. Die Aushärtezeit beträgt ca. 2 Stunden.

11.3 Fehlersuchtabelle Gelenkwelle

Störung	*Ursache*	*Abhilfe*
Vibration oder Brummen	Gelenkwelle nicht richtig ausgerichtet	Gelenkwelle mit Vorrichtung durch seitliches Verschieben des Mittellagers und in der Höhe durch Unterlegen von Scheiben am Mittellager ausrichten
	Zentrierlager defekt	Zentrierlager erneuern und mit Molykote Longterm 2 fetten
	Schlag von Zentrierzapfen oder Flansch	Zentrierzapfen und Flansch mit Messuhr auf Schlag prüfen. Flansch versetzen, gegebenenfalls erneuern
	Mittellager defekt, Gummi eingerissen	Mittellager ersetzen
	Wuchtblech durch mechanische Einwirkung (Wagen im Gelände aufgesessen o. ähnl.) abgerissen	Gelenkwelle erneuern
	Kreuzgelenke ausgeschlagen oder zu fest	Abbiegemoment überprüfen, wenn Spiel oder Abbiegemoment zu gross (gequetschte Nadeln) Gelenkwelle ersetzen
	Giubo-Kupplung bzw. Gelenkscheibe defekt, Gummi eingerissen	Giubo-Kupplung bzw. Gelenkscheibe erneuern
	Gelenkwelle hat axiale Spannung	Hinterachsgetriebe spannungsfrei an Gelenkwelle anflanschen, gegebenenfalls Hinterachsgetriebeaufhängung lösen, Hinterachsgetriebe ausrichten, und wieder befestigen
Pfeifgeräusch	Rillenlager im Mittellager defekt (läuft zu stramm)	Rillenlager durch C-4-Rillenlager ersetzen

12 Hinterachsgetriebe

Das Hinterachsgetriebe besteht aus einem Winkeltrieb (Kegelradpaar) und dem Ausgleichsgetriebe (Differentialgetriebe).
Das Kegelradpaar reduziert einmal die hohe Drehzahl der Kardanwelle auf die vom Raddurchmesser bestimmte Drehzahl der Räder. Zum andern macht der Kegeltrieb den Antrieb der rechtwinklig zueinander stehenden Drehachsen (Kardan – Antriebswellen) möglich.
Bei Kurvenfahrten legt das innere Rad gegenüber dem äusseren einen kürzeren Weg zurück.
Zum Ausgleich ist das Differentialgetriebe eingebaut.
Auf rutschigem Untergrund besteht die Gefahr des Durchdrehens eines Rades. Um dies zu verhindern, wird auf Wunsch eine Differentialbremse mit einem Sperrgrad von 25 % geliefert.

12.1 Aus- und Einbau des Hinterachsgetriebes

- Gelenkwellen lösen.
- Antriebswellen abbauen und hochbinden.
- Schrauben vom Hinterachsgetriebe am Hinterachsträger oben lösen.
- Hinterachsgetriebe mit Wagenheber abstützen.
- Vordere Schrauben links und rechts lösen.
- Sofern vorhanden, Kabel vom Tachometer abziehen.
- Befestigungsschraube vom Gummilager ausbauen und Hinterachse absenken.

Der Einbau erfolgt in umgekehrter Reihenfolge. Folgendes beachten:
Selbstsichernde Muttern stets erneuern.
Anziehdrehmomente beachten.
Hinterachsgetriebe zuerst mit den oberen Schrauben befestigen.
Bei Austausch auf Übersetzung und richtigen Getriebetyp achten.
Das vorgeschriebene Öl einfüllen.

12.2 Wellendichtringe der Abtriebsflansche ersetzen

- Antriebswellen am Abtriebsflansch lösen und hochbinden.
- Abtriebsflansch mit Montageeisen abdrücken.
- Wellendichtring mit Auszieher 005 010 ausziehen.

Einbauhinweis:
— Vor Montage des Abtriebsflansches ist der Runddrahtsprengring so in die Nut des Ausgleichsgehäuses einzulegen, dass beide Enden in der Nut versenkt sind. Dadurch wird ein seitliches Verbiegen des Ringes verhindert.
  Abtriebsflansch von Hand und durch leichtes Drehen eindrücken, bis der Runddrahtsprengring hörbar einrastet.
  Ausgedehnte Sprengringe ersetzen.
— Wellendichtringe mit Hinterachsöl schmieren.
— Wellendichtringe mit Schlaghülse 33 1 260 eintreiben.
— Abtriebsflansch bei eingelaufener Lauffläche ersetzen.

12.3 Gummilager für Hinterachsgetriebe ersetzen

- Muttern an Hinterachsträger lockern.
- Hinterachsgetriebe abstützen.
- Kabel vom Tachometer abziehen.
- Befestigungsschraube vom Gummilager ausbauen.
- Hinterachsgetriebe absenken.
- Gummilager mit Spezialwerkzeug 33 2 120 auspressen.
  Hinweis: Gummilager ist exzentrisch, Werkzeugauflage beachten.
- Neues Gummilager mit Werkzeug 33 2 120 einziehen.
  Einbaulage des Gummilagers beachten.

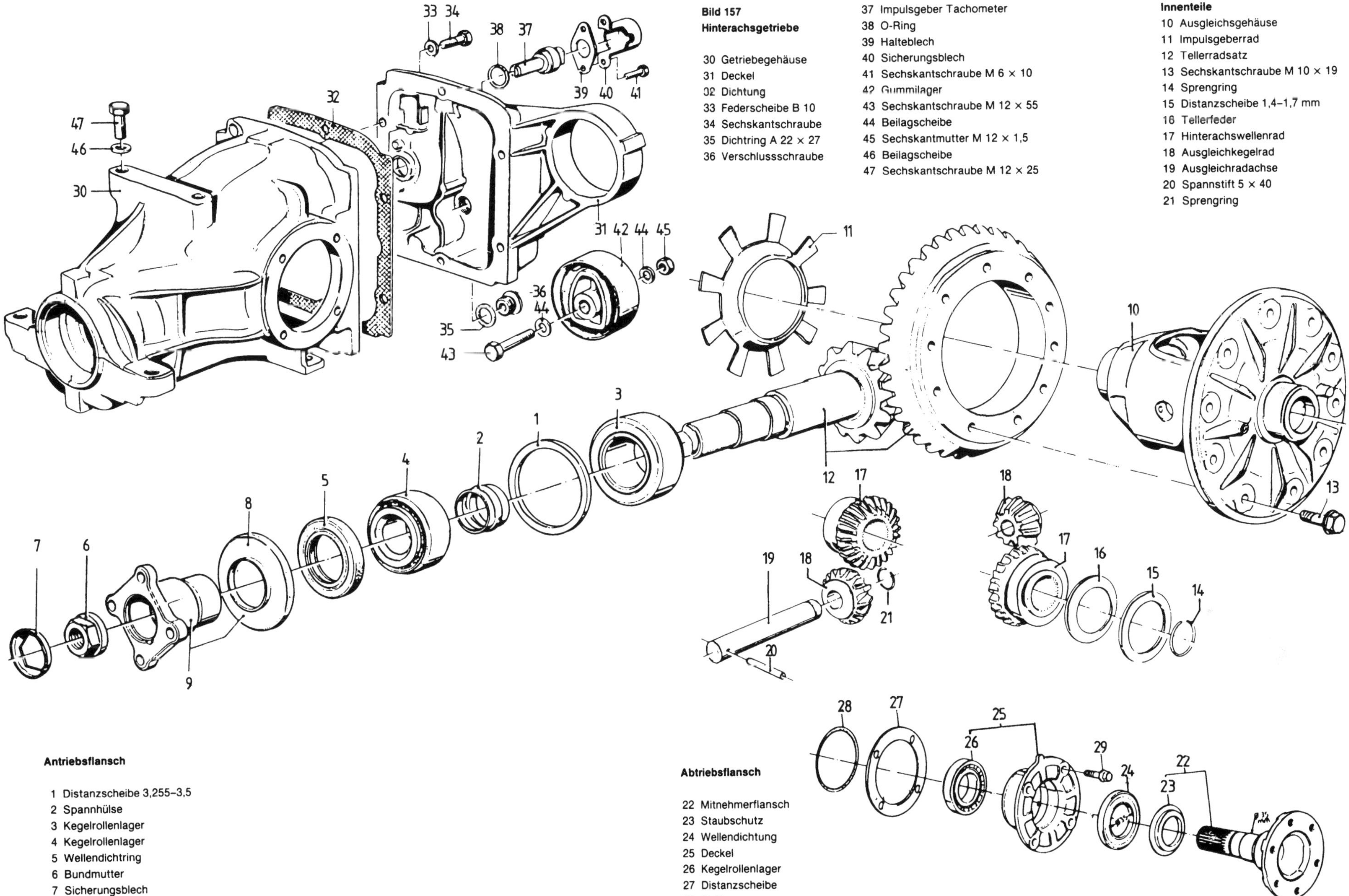

Bild 157
Hinterachsgetriebe

30 Getriebegehäuse
31 Deckel
32 Dichtung
33 Federscheibe B 10
34 Sechskantschraube
35 Dichtring A 22 × 27
36 Verschlussschraube
37 Impulsgeber Tachometer
38 O-Ring
39 Halteblech
40 Sicherungsblech
41 Sechskantschraube M 6 × 10
42 Gummilager
43 Sechskantschraube M 12 × 55
44 Beilagscheibe
45 Sechskantmutter M 12 × 1,5
46 Beilagscheibe
47 Sechskantschraube M 12 × 25

Innenteile

10 Ausgleichsgehäuse
11 Impulsgeberrad
12 Tellerradsatz
13 Sechskantschraube M 10 × 19
14 Sprengring
15 Distanzscheibe 1,4–1,7 mm
16 Tellerfeder
17 Hinterachswellenrad
18 Ausgleichkegelrad
19 Ausgleichradachse
20 Spannstift 5 × 40
21 Sprengring

Antriebsflansch

1 Distanzscheibe 3,255–3,5
2 Spannhülse
3 Kegelrollenlager
4 Kegelrollenlager
5 Wellendichtring
6 Bundmutter
7 Sicherungsblech
8 Staubschutz
9 Antriebsflansch

Abtriebsflansch

22 Mitnehmerflansch
23 Staubschutz
24 Wellendichtung
25 Deckel
26 Kegelrollenlager
27 Distanzscheibe
28 O-Ring
29 Sechskantschraube

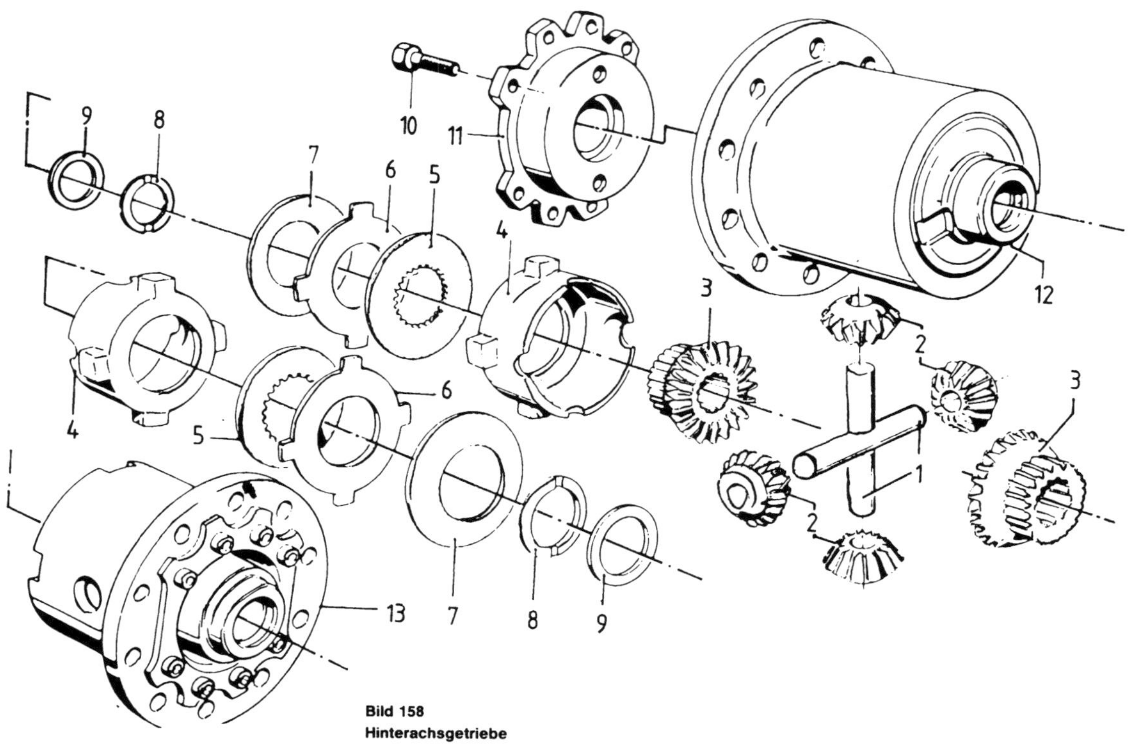

Bild 158
Hinterachsgetriebe

1 Differentialachse
2 Ausgleichskegelrad
3 Hinterachswellenrad
4 Druckring
5 Innenlamelle
6 1,90 mm Außenleuchte
2,00 mm Außenlamelle
2,10 mm Außenlamelle
7 Tellerfeder
8 Anlaufscheibe
9 Tellerfeder
10 Zylinderschraube
11 Gehäusedeckel
12 Diferentialgehäuse
13 25 % Sperreinsatz

12.4 Wellendichtring des Antriebsflansches ersetzen

- Hinterachsgetriebe am Aufnahmebügel 33 1 010 befestigen.
- Öl ablassen, Gehäusedeckel abbauen.
- Mitnehmerflansche mit Montageeisen abdrükken.
- Beide Lagerdeckel mit Körner zeichnen.
- Lagerdeckel abbauen.

Achtung: Lagerdeckel mit Distanzscheibe nicht vertauschen. Distanzscheibe mit Bindedraht am Lagerdeckel befestigen.
Mit den Ausgleichsscheiben wird die Ausgleichsgehäuselagerung und das Verdrehflankenspiel eingestellt.

Bei Beschädigung O-Ringe ersetzen.

- Ausgleichsgehäuse komplett herausnehmen.
- Sicherungsblech beim Antriebsflansch ausheben.
- Reibmoment mit Reibometer 00 2 000 ermitteln und notieren. Das gemessene Reibmoment plus Reibmoment des neuen Dichtrings (20 Nm) muss bei der Montage erreicht, darf aber nicht überschritten werden.
- Antriebsflansch mit Halteschlüssel 23 0 020 gegenhalten und Bundmutter lösen.
- Antriebsflansch mit Abzieher 33 1 150 abziehen.
- Wellendichtring in Hinterachsöl tauchen und bündig eintreiben.
- Neuen Antriebsflansch mit Werkzeug 23 1 300 auf Antriebswelle pressen, aber nicht festziehen.

Hinweis: Beim Erneuern des Antriebsflansches braucht die Spannbüchse nicht erneuert zu werden.

- Antriebsflansch nach und nach festziehen, zwischendurch das Reibmoment messen.
- Antriebskegellager auf das zuvor ermittelte Reibmoment plus 230 Nm einstellen.
- Wird das Reibmoment überschritten, muss die Spannbüchse erneuert und der Messvorgang wiederholt werden. Dazu Antriebskegelrad ein- und ausbauen.
- Ausgleichsgehäuse wieder einbauen, auf richtige Lage der Lagerdeckel achten.

12.5 Lager für Ausgleichsgehäuse ersetzen

- Ausgleichsgehäuse komplett ausbauen, siehe 12.4.
- Impulsstern abdrücken (wenn vorhanden). Achtung: Impulsstern nicht verbiegen.
- Kegelrollenlager am Ausgleichsgehäuse mit Abzieher 33 1 300 abziehen.
- Tellerrad abbauen.
- Neues Kegelrollenlager mit Hülse 33 1 330 aufpressen. Auf beiden Seiten stets Lager des gleichen Herstellers verwenden.
- Wellendichtringe aus beiden Lagerdeckeln ausbauen.
- Lageraussenringe mit Ausziehvorrichtung 33 1 350 und Ausziehstern 33 1 351 ausdrükken.

Achtung: Ausziehstern muss in Lageraussenring einrasten.

- Neue Lageraussenringe mit Druckplatte 33 1 373 einpressen.

Werden nur die Ausgleichslager ersetzt, kann das Antriebskegelrad eingebaut bleiben und das Ausgleichsgehäuse wird zum Ermitteln der Ausgleichsscheiben ohne Tellerrad eingesetzt.

Achtung: Lagerfabrikat notieren, wird zur Reibmomentermittlung gebraucht.

- Die neuen Lager mit Hinterachsöl gut schmieren und abtropfen lassen.
- Seitliche Lagerdeckel gezeichnet mit zugehörenden Ausgleichsscheiben, aber vorerst ohne O-Ringe einbauen.
- Lagerdeckelschraube gegenüber Tellerradseite festziehen. Einbaulage des Deckels beachten. Die Ausgleichsbohrung, von aussen erkennbar an der Nase, zeigt bei Einbaulage des Getriebes immer nach oben.
- Die axiale Vorspannkraft der Ausgleichsgehäuse-Lagerung (5000 N) kann über das Reibmoment ermittelt werden. Lagerdeckelschrauben des zweiten Lagers nur soweit festziehen, solange sich das Ausgleichsgetriebe noch leicht drehen lässt.
- An der auf das Anziehmoment festgezogenen Seite eine Abtriebsflansch einsetzen, und mittels Bügel mit eingeschweisster Mutter (Selbstanfertigung) und dem Reibmomentmesser 00 2 000 das Reibmoment ermitteln. Reibmoment bei einer Drehzahl von 50 U/min feststellen.
- Folgende Reibmomente müssen erreicht, dürfen aber nicht überschritten werden:

Lagerfabrikat	Reibmoment
FAG	1,9
SKF	1,9
Timken	1,94
Koyo	1,73

Wurden bereits neue Dichtringe eingebaut, muss pro Dichtring 20 Ncm hinzugezählt werden.

- Wird das angegebene Drehmoment trotz angezogenen Lagerdeckeln nicht erreicht, so muss eine dünnere Ausgleichsscheibe gegenüber dem Tellerrad montiert werden, bis das vorgeschriebene Drehmoment erreicht ist. Umgekehrt ist zu verfahren, wenn das Moment bereits bei nicht festgezogenen Deckeln erreicht wird.
- Ausgleichsgehäuse ausbauen, Seitendeckel und ermittelte Ausgleichsscheiben zuordnen und nicht mehr vertauschen.
- Tellerrad auf Ausgleichsgehäuse montieren.
- Gewinde einwandfrei säubern, Gewindebohrer verwenden.
- 2 Gewindestifte zu Führung in Gewinde des Tellerrad diagonal einsetzen.
- Tellerrad auf 100° C erwärmen, mit Termochrom-Stiften kontrollieren, Tellerrad montieren, neue Schrauben mit Loctite 270 einsetzen, Anzugsdrehmoment beachten.
- Schrauben kreuzweise anziehen.
- Ausgleichsgetriebe mit Tellerrad einbauen.
- Seitendeckel nach Kennzeichnung mit den entsprechenden Scheiben montieren.
- Verdrehflankenspiel mit Messuhr feststellen, Sollmass 0,06–0,13 mm. Ausschlaggebend ist das Tragbild.
- Zur Tragbildabnahme das Tellerrad mit Tuschierfarbe bestreichen, mehrmals in beide Richtungen unter Last drehen.
- Eine Korrektur von Verdrehflankenspiel und Tragbild erfolgt durch Verändern der Stärken der beiden Ausgleichsscheiben. Die Summe der Ausgleichsscheiben darf nicht mehr verändert werden; wenn eine Scheibe dünner gewählt wird, muss die andere Scheibe um den gleichen Betrag stärker werden. Eine Axialverschiebung des Tellerrades von 0,01 mm bedeutet eine Flankenspielveränderung von 0,0076 mm.
- Wellendichtringe und O-Ringe in die Seitendekkel, wie bereits beschrieben, einsetzen.

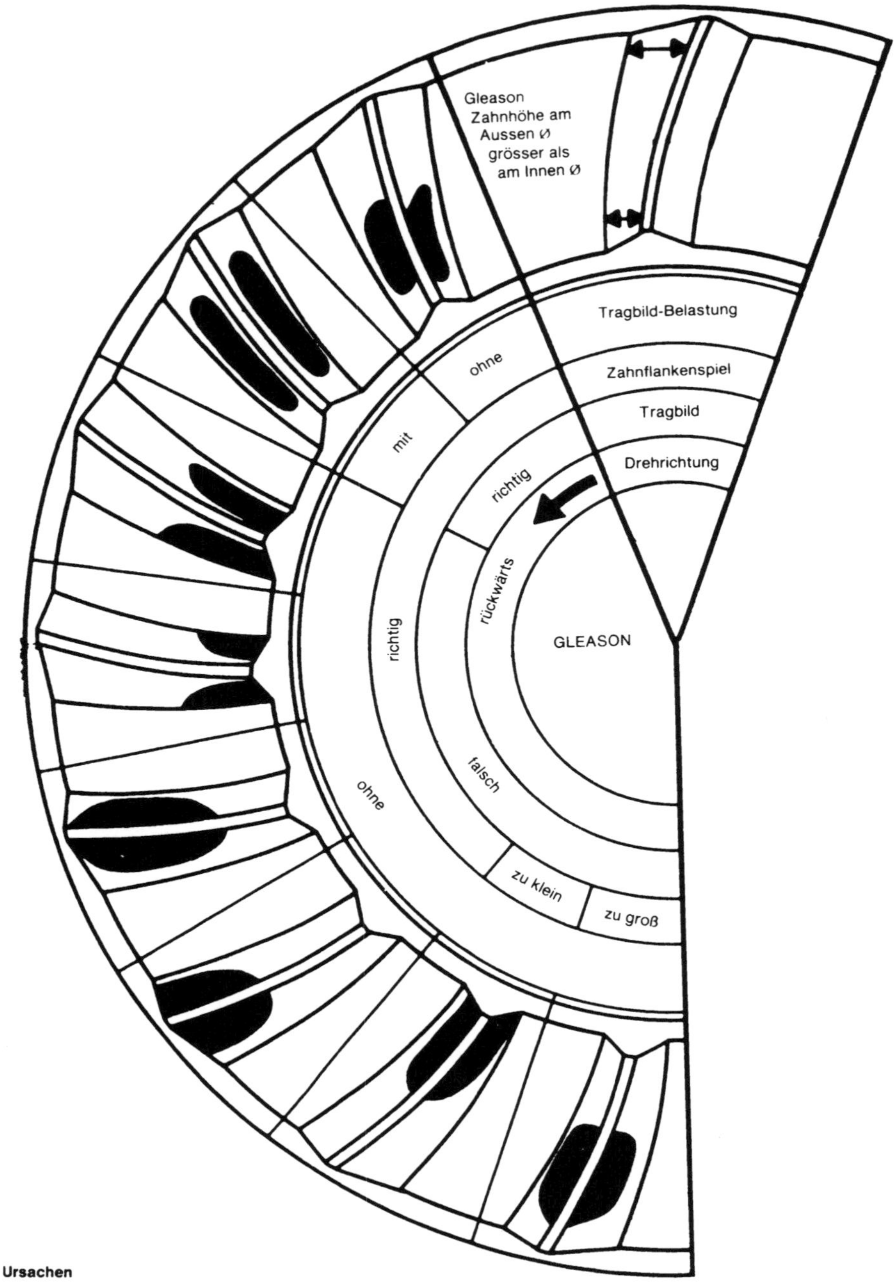

Bild 159
Trägerbilder und deren Ursachen

12.6 Lager für Antriebskegelrad ersetzen

- Hinterachsgetriebe wie beschrieben zerlegen.
- Antriebskegelrad auspressen.
- Vorderen Lagerring mit Vorrichtung 33 1 350 herausziehen.
- Hinteren Lagerring mit Vorrichtung 33 1 360 ausziehen.
  Achtung: Unter dem hinteren Lageraussenring befindet sich die Passscheibe, diese wird zur Blockmasseinstellung benötigt.
- Alte Passscheibe vor dem hinteren Lageraussenring einsetzen.
- Neuen Lagerring einpressen, Vorrichtung 33 1 360 verwenden.
- Kegelrollenlager mit Abzieher 33 1 300 von Antriebskegelrad abziehen.
- Neues Lager auf Antriebskegelrad aufpressen.
- Zum Ermitteln der richtigen Passscheibe wird das Antriebskegelrad ohne Spannbüchse eingebaut.

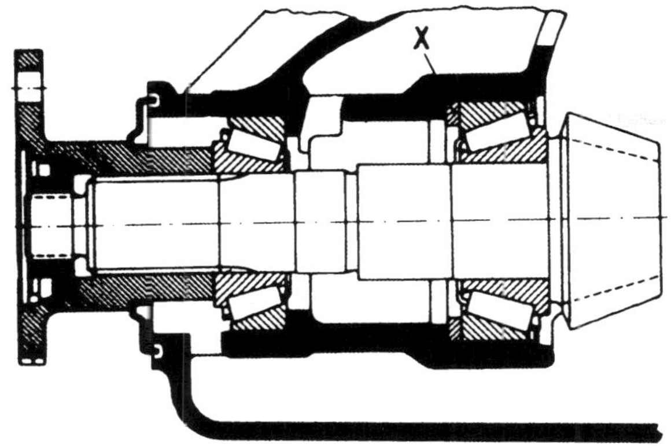

Bild 160
Schnitt durch Kegelradwelle und Lagerung

X Passcheibe

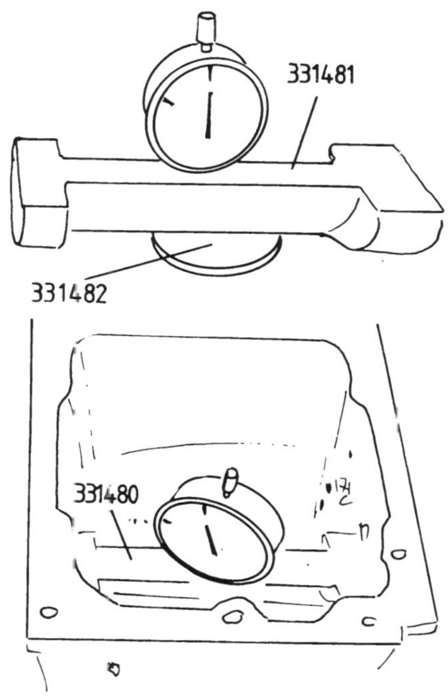

Bild 161
Blockmass zusammenstellen und eichen

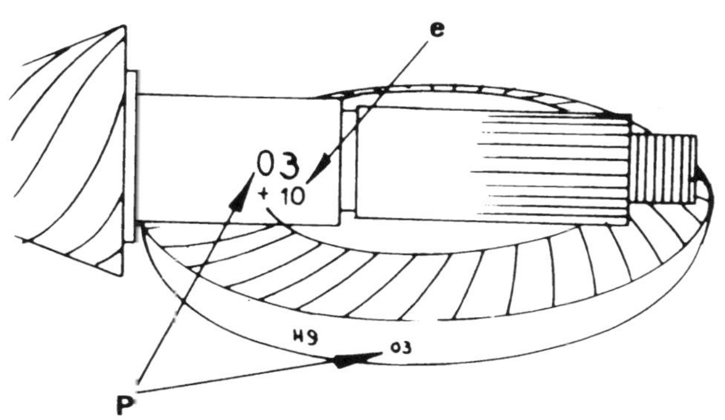

Bild 162
Schlagzeilen am Kegel-Tellerradpaar

- Vorderes Kegelrollenlager mit Werkzeug 23 1 300 montieren.
- Antriebsflansch montieren – festziehen, bis ein Reibmoment von 250 Ncm erreicht ist.
- Blockmass zusammenstellen und eichen (Bild 161).
  Messuhr in Vorrichtung 33 1 481 befestigen.
  Vorrichtung mit Vorspannung auf Null stellen.
- Messscheibe auf Kegelrad legen und Blockmass in Gehäuse montieren.
- Nach Schema Korrekturmasse für die Passscheibe ermitteln.
  Mass e + / e – ist das Ausgleichsmass, das auf dem Zahnradpaar vermerkt ist.
- Antriebskegelrad ausbauen und Lagerfabrikat notieren. Wird zur Ermittlung des Reibmoments benötigt.
- Passscheibe richtiger Stärke einbauen.
- Antriebskegelrad mit Spannhülse einbauen.
- Wellendichtring gut eingeölt bündig einpressen.
- Antriebsflansch montieren, noch nicht festziehen. Die Vorspannkraft von 5000 N wird mit dem Reibmoment eingestellt.
- Bundmutter im Antriebsflansch nach und nach festziehen, laufend das Reibmoment messen.
- Festziehen, bis das vorgeschriebene Reibmoment aus unterstehender Tabelle plus 20 Ncm für neuen Dichtring erreicht ist.

Lagerfabrikat	Reibmoment (Nm)			
	320	323	323 Sport	325
FAG	2,48	2,42	2,42	2,42
SKF	2,00	2,00	1,90	1,90
Timken	2,23	2,30	2,45	2,45
Koyo	1,86	1,86	1,95	1,95

- Neues Sicherungsblech mit Werkzeug 33 4 050 eintreiben.
- Ausgleichsgetriebe einbauen und Tragbild/Flankenspiel wie beschrieben kontrollieren und einstellen.
- Hinterachsgetriebe vollständig montieren und mit Öl befüllen.
  Sinngemäss ist zu verfahren bei Ersatz des Zahnradpaares.

12.7 Ausgleichskegelräder ersetzen

- Ausgleichsgetriebe wie beschrieben ausbauen.
- Tellerrad ausbauen.

- Ausgleichsradachsen mit Dorn 33 1 470 von der angesenkten Seite her ausdrücken.
- Ausgleichsräder mit Antriebsflansch herausdrehen.
- Hinterachswellenräder mit Tellerfeder und Ausgleichsscheibe ausbauen.
- Neue Hinterachswellenräder mit Tellerfeder und Ausgleichsscheibe einbauen. Die Innenwölbung der Tellerfeder zeigt zum Ausgleichsgehäuse.
- Hinterachswellenräder mit Abtriebsflansch zentrieren.

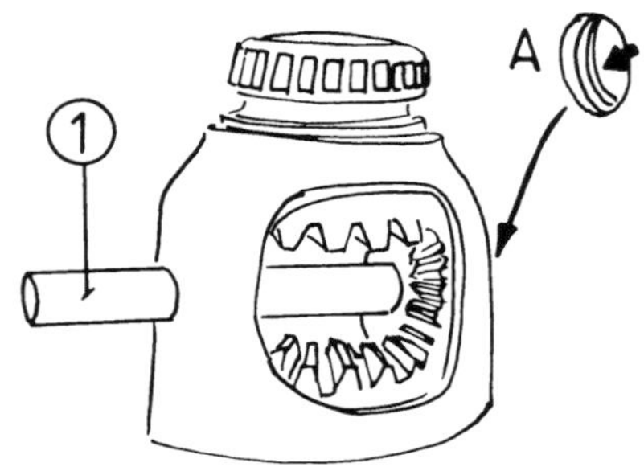

Bild 164

1 Ausgleichsachse
A Sicherungen

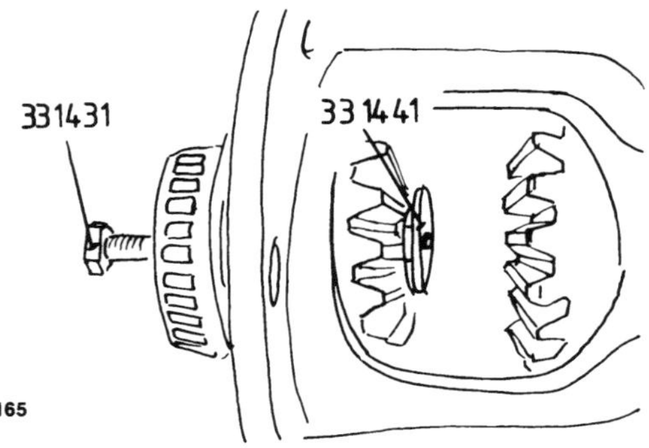

Bild 165

Vorspannen der Tellerfedern

Ausgleichsräder herausdrehen

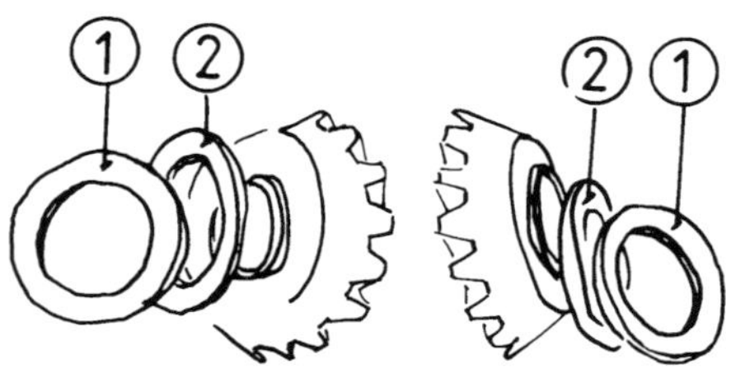

Bild 163

1 Tellerfeder
2 Ausgleichsscheibe

- Druckstück 33 1 306 in ein Hinterachswellenrad einsetzen.
  Gewindeplatte 33 1 441 mit Spindel 33 1 430 einschrauben.
- Durch Festziehen der Spindel die Hinterachswellenräder so weit auseinanderdrücken, dass sich der Abtriebsflansch gerade noch drehen lässt.
- Ausgleichskegelräder genau gegenüberliegend einsetzen.
- Durch Drehen des Abtriebsflansches Ausgleichsräder in Einbaulage bringen.
- Druckstück, Gewindeplatte, Spindel ausbauen.
- Nachfolgender Arbeitsgang ist mit einer hydraulischen Presse auszuführen.
- Auf richtige Lage des Sicherungsrings achten.
- Vorlaufdorn von der Seite ohne Sicherungsring einschieben.
- Ausgleichsradachse mit der grossen Aussparung auf den Vorlaufdorn aufsetzen und einpressen.
  Achtung: Wenn der Sicherungsring eingerastet ist, steigt der Einpressdruck stark an.
  Den Einpressvorgang sofort beenden, da sonst der Sicherungsring abgeschert wird.
- Zum Messen der Vorspannung der Tellerfedern Gewindeplatte 33 1 441 und Schraube 33 1 431 einbauen, Schraube von Hand anziehen.
- Messuhr mit Halter am Ausgleichsgehäuse befestigen.
  Messuhr am blockierten Wellenrad unter Vorspannung auf Null stellen.
- Spindel soweit anziehen, bis Tellerfeder auf Block steht.
  Messuhr ablesen.
- Spindel lockern, Wellenrad durchdrehen und Messvorgang so an mehreren Stellen wiederholen.
- Sollspiel der Feder 0,03 bis 0,1 mm.
- Messvorgang am gegenüberliegenden Wellenrad wiederholen.
  Spiel durch Ausgleichsscheiben entsprechend korrigieren.

12.8 Sperrdifferential zerlegen und zusammenbauen

- Sperrdifferential aus Hinterachsgetriebe ausbauen, siehe 12.4.
- Befestigungsschrauben am Gehäusedeckel herausdrehen.
- Gehäusedeckel abnehmen.
- Gehäuse umdrehen und Inhalt herausgleiten lassen.
  Achtung: Teile in der Reihenfolge des Ausbaus ablegen.
- Sämtliche Teile auf Verschleiss prüfen.
- Der Zusammenbau erfolgt in umgekehrter Reihenfolge.
- Zum Messen der Vorspannung das Mass A von Gehäuserand bis Aussenlamelle feststellen (Bild 167).
- Mass B am Deckel messen (Bild 168).
- Beide Tellerfedern mit gleicher Wölbung zusammenlegen und Mass C feststellen.

Damit die Tellerfeder nicht auf Block vorgespannt wird, ist ein Einbauspiel von 0,1 bis 0,4 mm erforderlich.

- Abweichungen vom Einbauspiel werden mit entsprechend starken Aussenlamellen korrigiert.

Einbaureihenfolge (Bilder 171–175):

— Anlaufscheibe 1, die Öltaschen zeigen zum Gehäuse (nach unten). Die Tellerfeder 2 mit der Innenwölbung zur Differentialachse (nach oben) einlegen. Die glatte Seite der Nasenscheibe 3 zeigt zur Tellerfeder (nach unten). Die Nase rastet in der Führung im Gehäuse ein.
— Distanzscheibe 4.
— Tellerfeder 5 mit Innenwölbung zur Differentialachse 5.
— Aussenlamelle 6 mit den 4 Nasen einsetzen.
— Innenlamelle 7 einsetzen.
— Druckring 8 und Hinterachswellenrad 9 durch Verdrehen in die Führungen bzw. Verzahnung der Innenlamelle einsetzen. Ausgleichsräder mit Wellen 10 und zweites Hinterachswellenrad 9 und Druckring einsetzen.
— Molybdän-beschichtete Innenlamelle 7 und Aussenlamelle einsetzen. Tellerfeder mit der Innenwölbung zur Differentialachse (nach unten) einsetzen.
— In den Gehäusedeckel die Anlaufscheibe 1 mit den Öltaschen zum Deckel, Tellerfeder 2 mit der Innenwölbung nach aussen und Nasenscheibe 3 mit der glatten Seite zur Tellerfeder und mit der Nase in der Nut des Gehäusedeckels mit Fett einsetzen.

- Gehäusedeckel mit den Scheiben aufsetzen.
- Schrauben mit Loctite 270 einsetzen und gleichmässig festziehen. Anzugsmoment beachten.

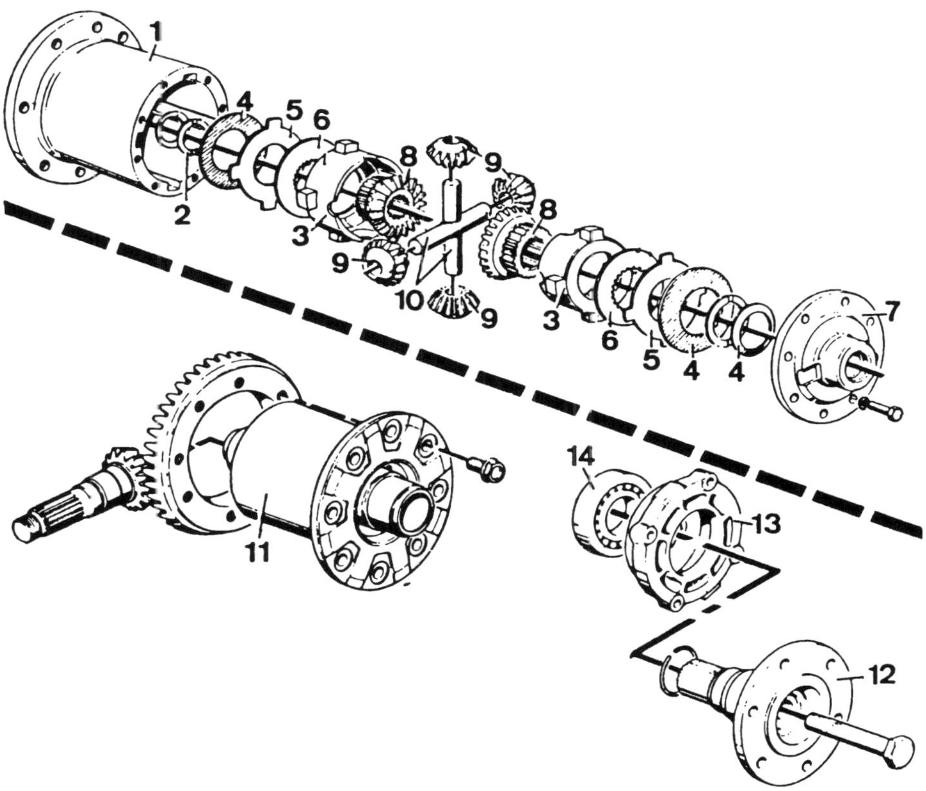

Bild 166
Sperrdifferential

1 Ausgleichsgehäuse
2 Anschlagscheibe (Druckscheibe)
3 Druckstück
4 gebogene Scheiben
5 männliche Scheibe
6 weibliche Scheibe
7 Deckel für Ausgleichsgehäuse
8 Planetenräder
9 Satellitenräder
10 Satellitenachsen
11 Ausgleichsgehäuse zusammengesetzt
12 Anschlussbride
13 Gleitlagerkappe
14 konisches Lager

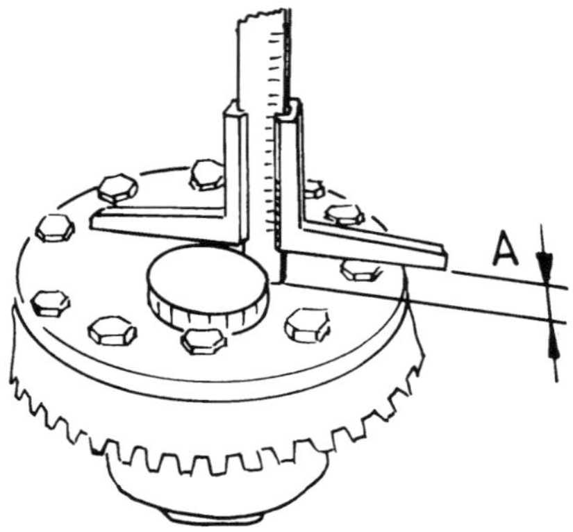

Bild 167

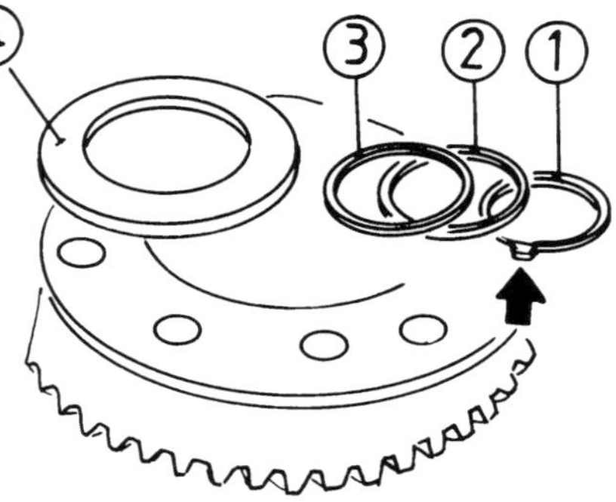

Bild 171

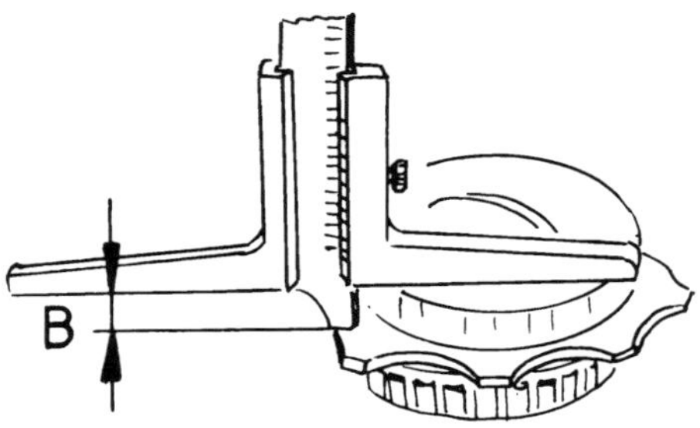

Bild 168

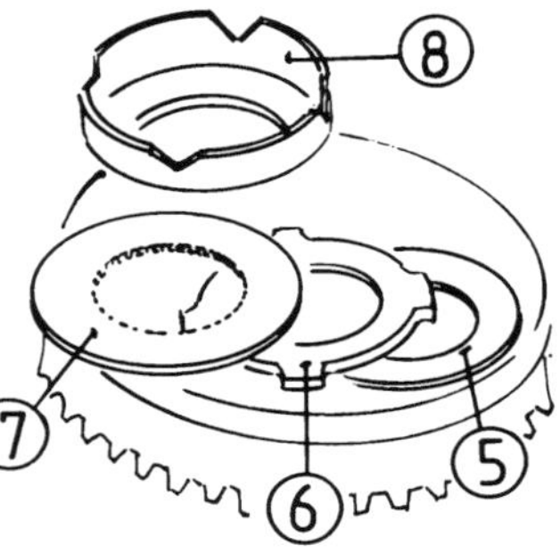

Bild 172

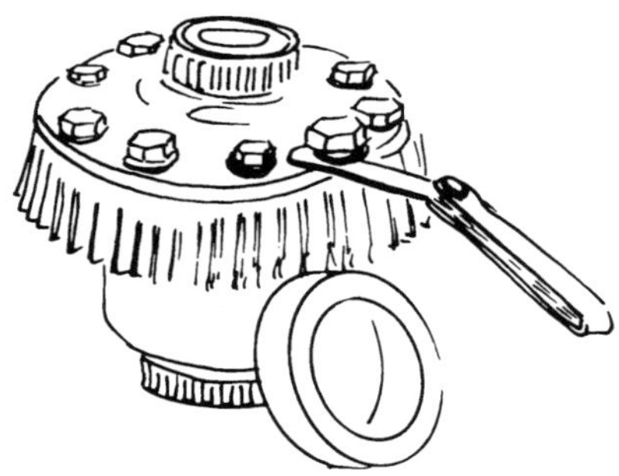

Bild 169

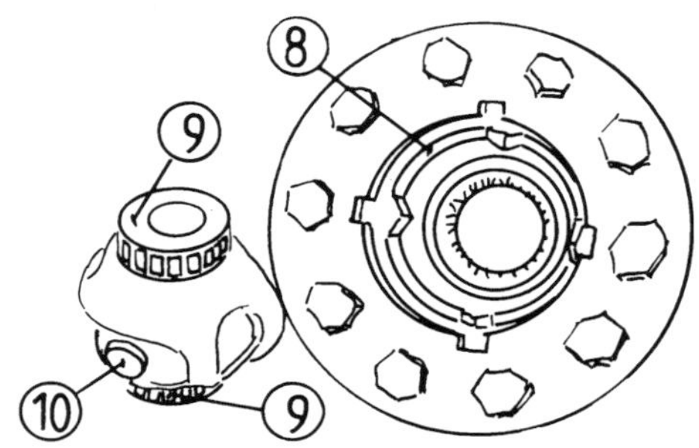

Bild 173

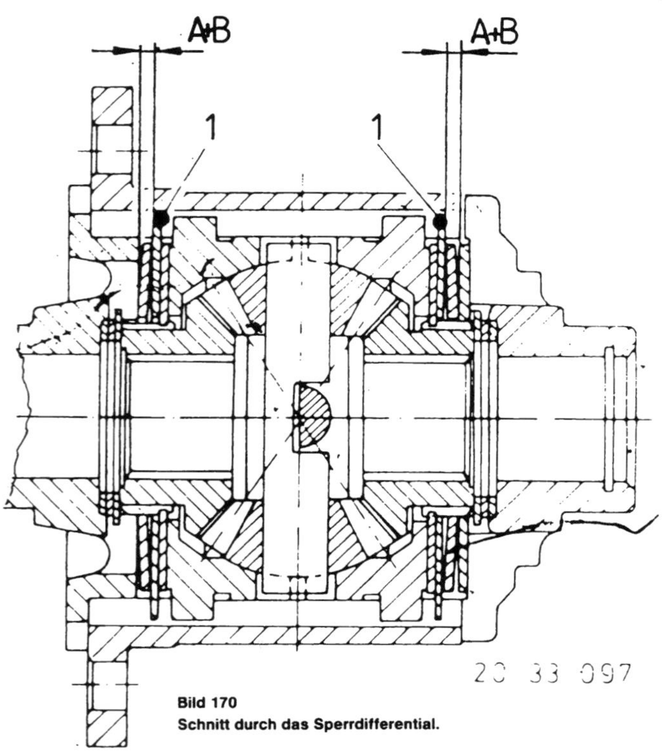

Bild 170
Schnitt durch das Sperrdifferential.

Bild 174

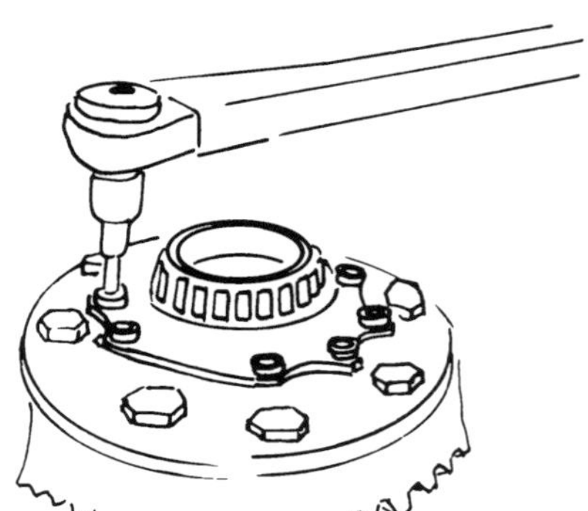

Bild 175

13 Abtriebswellen

Die Abtriebswellen übertragen die Antriebskraft vom Hinterachsgetriebe auf die Räder.
Beim Einfedern der Räder pendeln die Abtriebswellen mit. Um die dadurch entstehenden Winkeländerungen aufzunehmen, sind die Abtriebswellen mit je zwei homokinetischen Gelenken ausgerüstet.
Bei undichten Gummimanschetten sollten die Abtriebswellen durch Austauschwellen ersetzt werden, da bis zum Feststellen des Schadens bereits Wasser und Schmutz in die Gelenke eingedrungen ist. Die Gelenke reagieren auf Wasser und Schmutz sehr empfindlich.

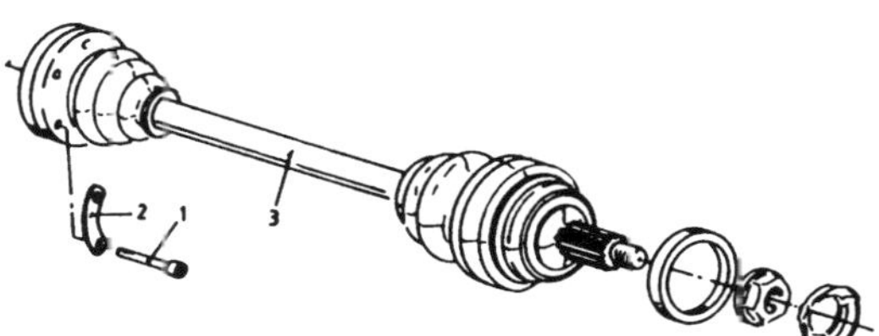

Bild 176
Abtriebswelle

13.1 Ein- und Ausbau der Abtriebswellen

- Fahrzeug hinten aufbocken.
- Rad der entsprechenden Abtriebswelle lösen.
- Abtriebswelle am Hinterachsgetriebe lösen und hochbinden.
- Sicherungsblech an der Radnabe aussen ausheben.
- Abtriebswellen-Mutter lösen (Rad mit Fussbremse blockieren).
- Abtriebswelle mit Werkzeug 33 2 110 ausdrükken.
  Beim Ersatz der Abtriebswellen stets den genauer Wagentyp angeben, da die Abtriebswellen unterschiedlich sind.
- Neue Abtriebswelle mit Werkzeug 33 2 110 einziehen.
- Sicherungsblech mit Werkzeug 33 4 050 einschlagen.
- Achswellenmutter unter Beachtung des Anzugsmoments festziehen.
- Abtriebswelle am Abtriebsflansch des Hinterachsgetriebes befestigen.

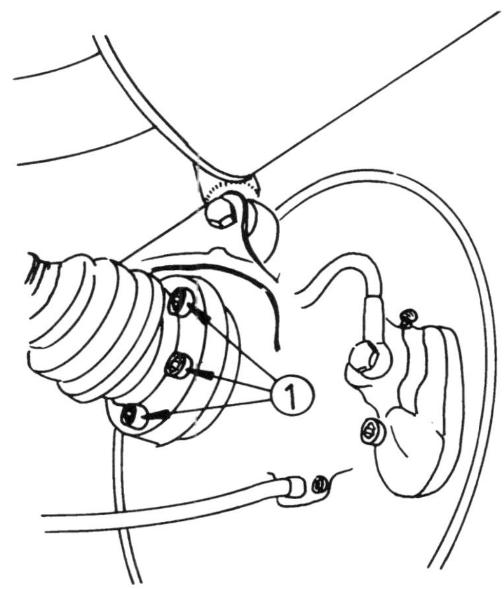

Bild 177
1 Befestigung der Abtriebswelle auf Radnabe

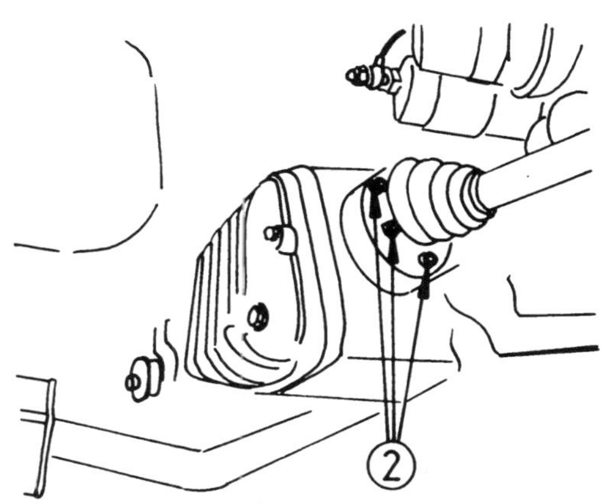

Bild 178
2 Befestigung der Abtriebswelle an Hinterachsgetriebe

14 Vorderradaufhängung

Die Vorderradaufhängung besteht aus dem Querträger, der einerseits die vordere Motorlagerung bildet und seitlich die beiden Querlenker trägt.
Der Querträger ist fest mit dem Fahrzeugrahmen verschraubt. Die Querlenker sind in Gummi gelagert und führen aussen mit einem Kugelgelenk die Federbeine.
Die Federbeine stützen sich oben über das gummigelagerte Stützlager am Fahrzeugrahmen ab.

Die Federbeine bestehen aus dem Federbeinkörper mit Stossdämpfer und der Schraubenfeder.
Am Querträger vorne ist die Zahnstangenlenkung befestigt. Die Federbeine tragen aussen auf den Achsschenkeln die Radnaben und Bremszangen.
Am Querträger ist zudem der Querstabilisator in Gummi gelagert, der die beiden Querlenker federnd miteinander über kurze Zugstangen verbindet.

Bild 179
Gesamtansicht der Vorderradaufhängung

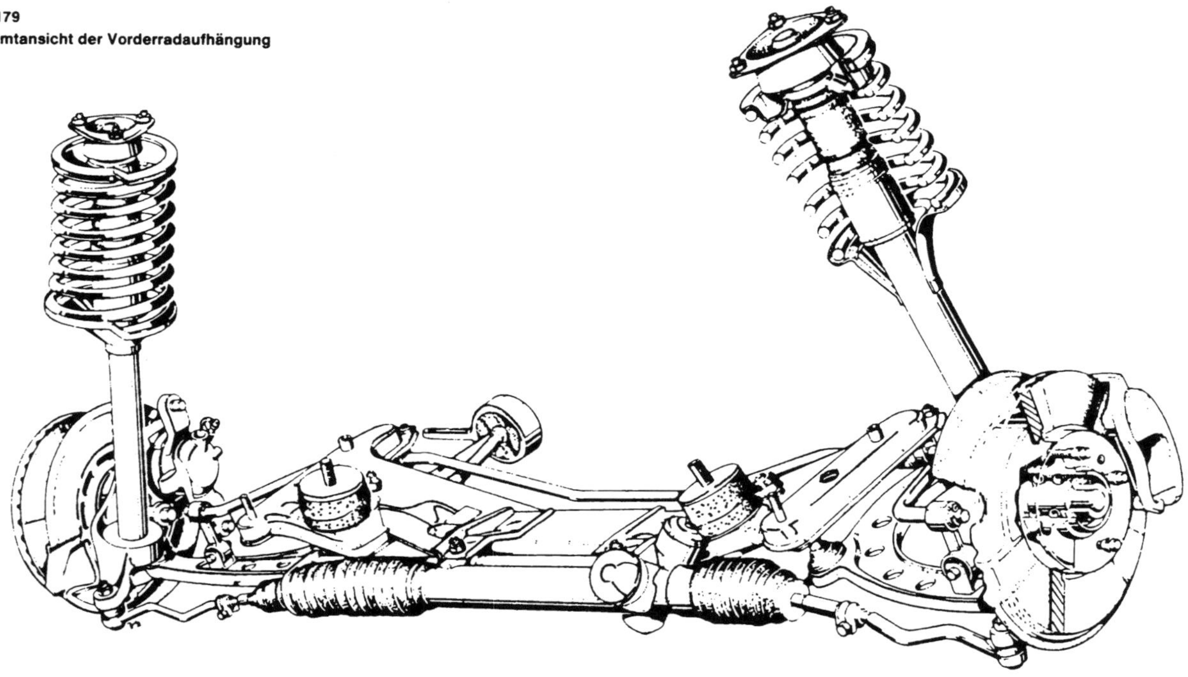

14.1 Vorderachse aus- und einbauen

- Vorderräder demontieren.
- Steckverbindung zu Belagverschleiss-Anzeige trennen.
- Massekabel abbauen.
- Kabel und Bremsschläuche links und rechts aus den Halterungen lösen.
- Bremssattel links und rechts abbauen, Bremsleitungen bleiben angeschlossen.
- Klemmschrauben der Lenkspindel unten ausbauen, oben lockern.
- Lenkspindel vom Lenkgetriebe abdrücken und herausnehmen.
- Bei Fahrzeugen mit Hydrolenkung: Hydraulikflüssigkeit aus Behälter absaugen und wegschütten. Rücklaufleitung und Druckleitung abschliessen. Anschlüsse mit Staubkappen verschliessen.
- Halter für Querlenker hinten links und rechts abbauen.
- Wärmeschutzblech für Querlenkerhalter rechts ausbauen.

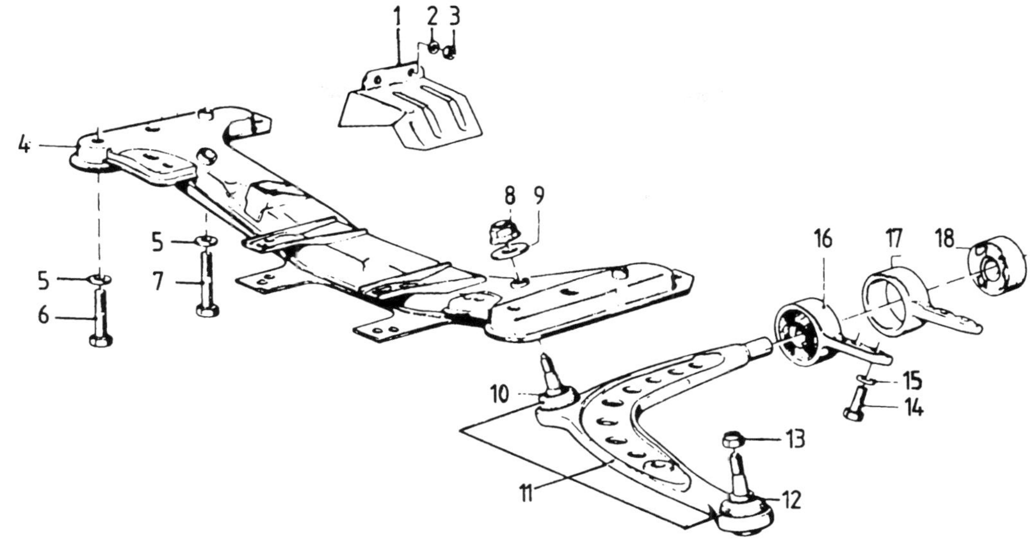

Bild 181
Vorderachsträger

1 Wärmeschutzblech
2 Scheibe
3 Sechskantmutter M6
4 Vorderachsträger
5 Beilagscheibe
6 Sechskantschraube M10×55
7 Sechskantschraube M10×70
8 Beilagscheibe
10 Kugelgelenk
11 Querlenker links
12 Kugelgelenk
13 Sechskantmutter M12×1,5
14 Sechskantschraube M10×40
15 Beilagscheibe A10,5×40
16 Halter links
17 Haltergehäuse
18 Gummiträger

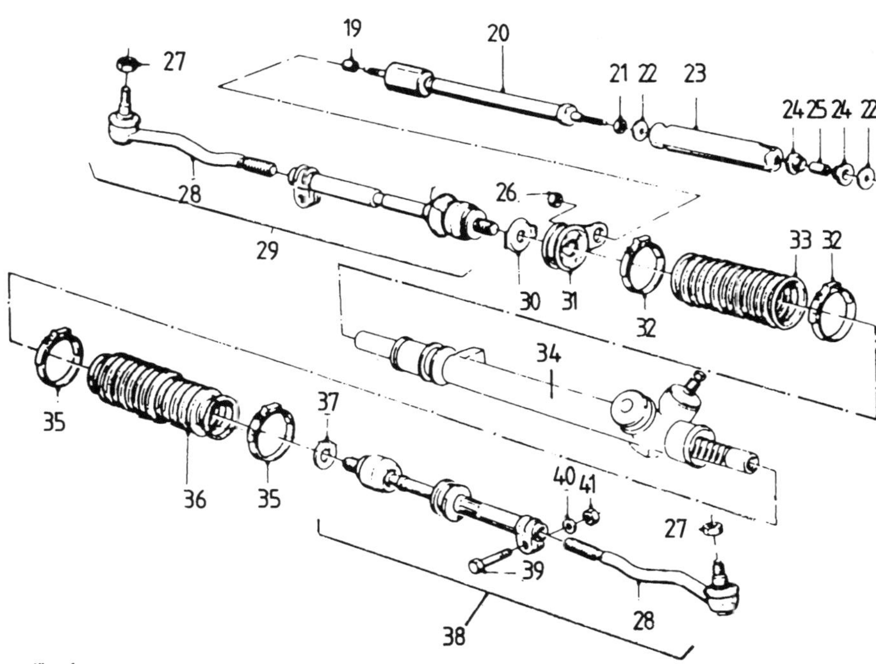

Bild 180
Lenkgestänge mit Lenkungsdämpfer

19 Buchse
20 Lenkungdämpfer
21 M8X1 Sechskantmutter
22 Beilagscheibe
23 Schutzrohr
24 Buchse
25 Buchse
26 M8X1 Sechskantmutter
27 m10X1-8-ZN Sechskantmutter
28 Kugelgelenk
29 Spurstange rechts
30 Sicherungsblech
31 Halteblech
32 Spannband
33 Faltenbalg
34 Lenkgetriebe (Zahnstange)
35 Spannband
36 Faltenbalg
37 Sicherungsblech
38 Spurstange links
39 M8X1C30 Sechskantschraube
40 88 Federring
41 M8X1 Sechskantmutter

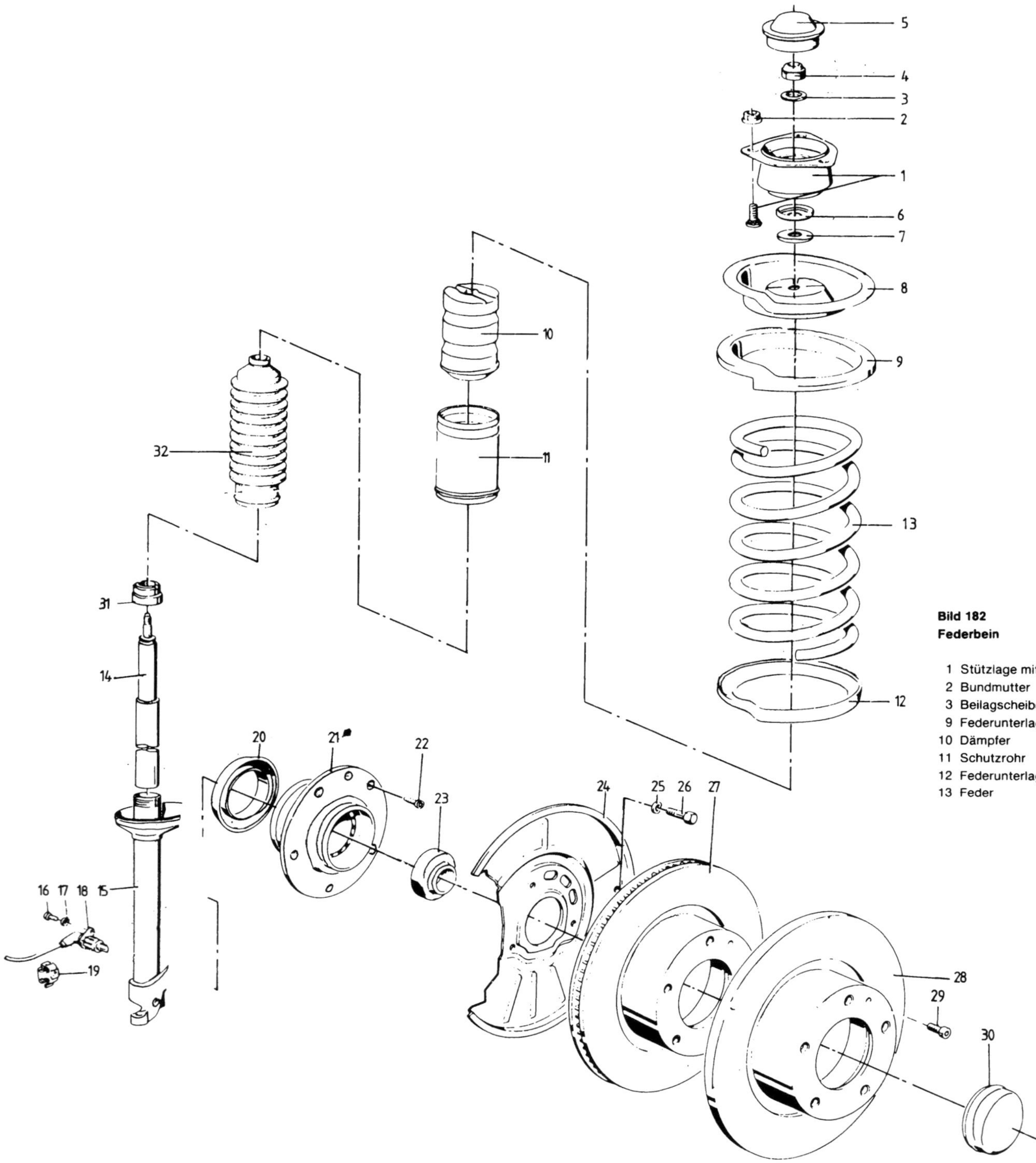

Bild 182
Federbein

1 Stützlage mit Schraube
2 Bundmutter
3 Beilagscheibe Al 3
9 Federunterlage
10 Dämpfer
11 Schutzrohr
12 Federunterlage
13 Feder

Bild 183
Radlager/Bremsscheibe

14 Stossdämpfer
15 Federbein von links
16 Zylinderschraube
17 Federscheibe A6
18 Impulsgeber links
19 Kabelhalter D=8 mm
20 Manschette
21 Radnabe
22 Zylinderschraube M8
23 Mutter
24 Schmutzscheibe
25 Federring
26 6-Kant-Schraubenmutter ....X....
27 Innenbelüftete Bremsscheibe
28 Standardbremsscheibe
29 Innensechskantschraube ....X....
30 Verschlusskappe
31 Schraubring M45×1.5
32 Faltenbalg

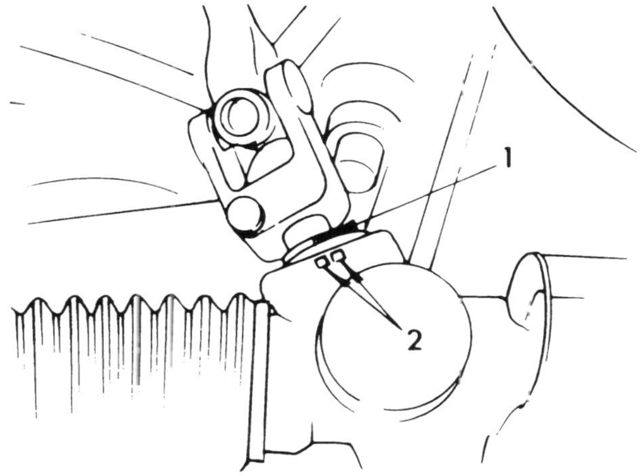

Bild 184
Anschluss Lenkspindel an Lenkritzel in Lenkgehäuse
Markierungen, die bei Geradeausstellung übereinstimmen müssen

- Motorlager links und rechts von Vorderachsträger lösen.
- Rechtes Motorlager oben lockern.
- Motor mit Hebebalken an Kran anhängen, Werkzeug 11 0 020.
- Vorderachsträger mit Wagenheber abstützen.
- Schrauben des Vorderachsträger-Fahrzeugrahmens lösen.
- Muttern der Federbeinlager oben links und rechts lösen.
- Vorderachse langsam absenken.
  Achtung: Federbeine dürfen nicht nach aussen kippen, die Kugelgelenke unten werden sonst beschädigt.
- Der Einbau erfolgt in umgekehrter Reihenfolge. Betreffend Hydrolenkung in Betrieb setzen das Kapitel «Hydrolenkung» beachten.

14.2 Federbein links, rechts komplett aus- und einbauen

- Vorderrad lösen.
- Steckverbindung für Belagverschleissanzeige trennen.
- Massekabel lösen.
- Kabel und Bremsschlauch aus den Halterungen lösen.
- Bremssattel ausbauen und an Karosserie festbinden, Bremsleitung bleibt angeschlossen.
- Zugstange vom Stabilisator lösen.
- Mutter des Führungsgelenks – Federbein unten lösen. Gelenk mit Werkzeug 31 1 110 abdrükken.

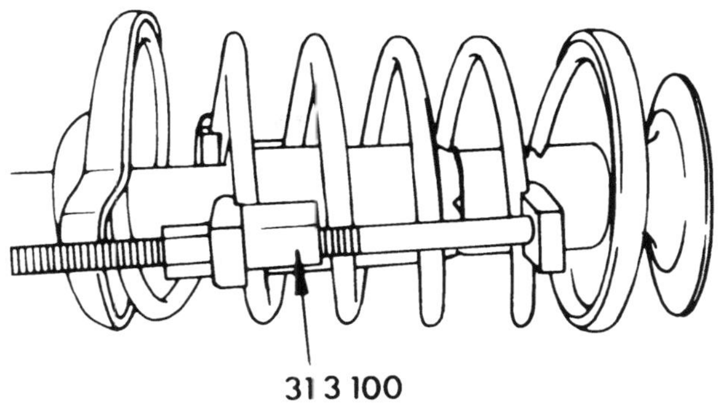

Bild 185
Spannen der Feder

- Mutter des Spurstangengelenks lösen und Gelenk mit Werkzeug 32 2 070 abdrücken.
- Federbein nach aussen drücken und über Führungsgelenkzapfen schieben.
- Federbein abstützen und Muttern des oberen Lagers lösen.
- Federbein herausnehmen.
  Achtung: Federbein nur stehend lagernd.
- Der Einbau erfolgt in umgekehrter Reihenfolge.

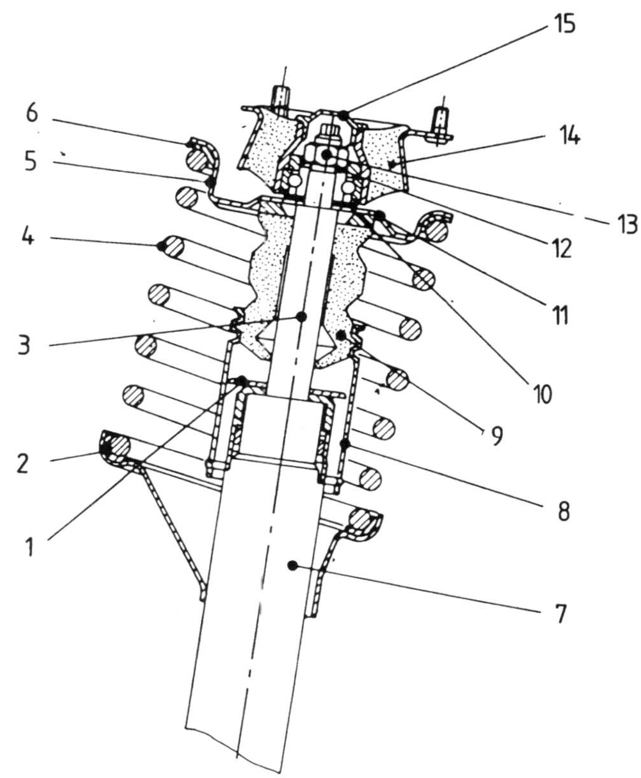

Bild 186
Anordnung Stossdämpfer und Schraubenfeder

1 Schraubring
2 untere Federunterlage
3 Stossdämpferkolbenstange
4 Schraubenfeder
5 oberer Federteller
6 obere Federunterlage
7 Federbeinrohr
8 Schutzrohr
9 Zusatzfeder
10 Scheibe
11 Dichtscheibe
12 Scheibe
13 selbstsichernde Mutter
14 Stützlager
15 Abdeckkappe

14.3 Stossdämpfer für Federbein ersetzen

Hinweis: Beim Ersetzen eines Stossdämpfers muss grundsätzlich ein Dämpfer gleicher Kennzeichnung wieder eingebaut werden.

- Federbein komplett ausbauen.
- Federbein mit Vorrichtung 31 3 000 in Schraubstock aufnehmen.

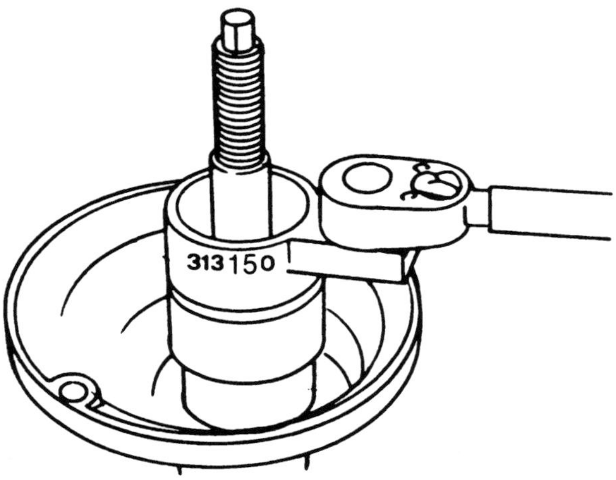

Bild 187
Stossdämpferschraubring mit Spezialschlüssel lösen

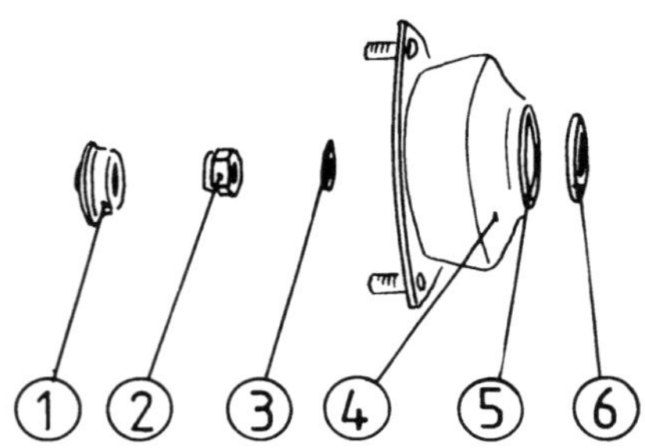

Bild 188

1 Ring
2 Mutter
3 Scheibe
4 Lager
5 Scheibe
6 Abdeckung

- Werkzeug 31 3 116 auf Stützlager aufsetzen.
- Schraubenfeder mit Federspanner 31 3 111 zusammendrücken.
- Verschlusskappe oben abnehmen.
- Selbstsichernde Mutter mit Werkzeug 31 3 170 abschrauben.
  Kolbenstange gegenhalten.
- Scheibe abnehmen, Führungshülse 31 3 115 die ganze Gewindelänge einschrauben.
- Federspanner entspannen und abnehmen.
- Stützlager abnehmen, Reihenfolge der Einzelteile merken.
- Oberen Federteller mit Unterlage und Feder abheben.
- Schraubring des Stossdämpfers mit Werkzeug 31 3 150 lösen.
- Stossdämpfer herausziehen.

Altes Öl aus Federbeinrohr entfernen. Vor Einbau des neuen Stossdämpfers Motoröl einfüllen. Ölmenge 20 bis 25 ccm.

Das Öl dient der Wärmeübertragung. Gasdruck-Vorderachspatronen dürfen nicht mit Öl verbaut werden.

- Die Montage erfolgt in umgekehrter Reihenfolge.

14.4 Lager für Vorderrad ersetzen

- Vorderrad abbauen.
- Bremsscheibe und Abdeckkappe des Lagers abbauen.
- Halsmutter mit Kreuzmeissel entsichern.
- Lagereinheit mit Werkzeug 31 2 101–102–104 abziehen.

Achtung: Einmal abgezogene Lager dürfen nicht mehr verwendet werden. Verbleibt beim Abziehen der Lagereinheit der innere Lagerring auf dem Achsstummel – Schutzblech der Bremsscheibe ausbauen. Staubschutzblech nach hinten biegen und Lagerinnenring mit Werkzeug 00 7 500 und Druckpilz 33 1 309 abziehen, Staubschutzblech erneuern.

Einbau

- Neue Lagereinheit mit Werkzeug 31 2 120 aufziehen.
  Führungshülse die ganze Gewindelänge aufschrauben.
- Halsmutter (neu) mit dem entsprechenden Moment festziehen, sichern.
- Neue Abdeckkappe einsetzen, Kleber HWB 81 22 8407 420 verwenden.
  Achtung: Diese Lager sind lebensdauergeschmiert und können nicht zerlegt werden.
- Die weiteren Arbeitsschritte erfolgen in umgekehrter Reihenfolge der Demontage.

14.5 Vorderachse vermessen

Das exakte Vermessen der verschiedenen Radführungswinkel ist wichtig, weil es Hinweise auf eventuelle Mängel oder falsche Montage liefert. Da das genaue Bestimmen dieser Grössen das Vorhandensein teurer Spezialmessgeräte (optische Sy-

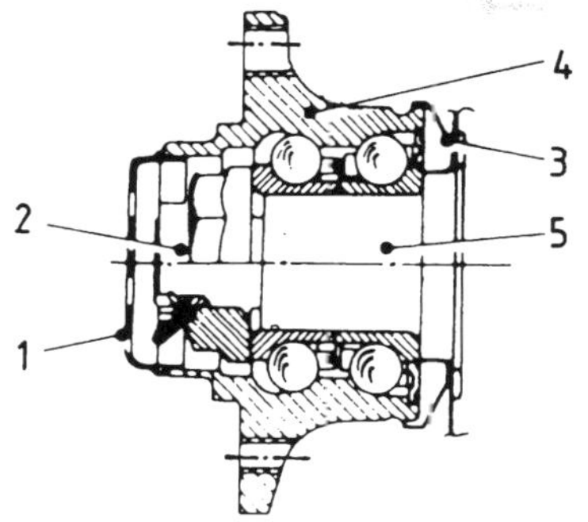

Bild 189
Radlager Vorderrad

1 Abdeckkappe
2 Halsmutter
3 Staubschutzblech
4 Radnabe
5 Achsstummel

steme) voraussetzt, sollte diese Arbeit einer entsprechend ausgerüsteten Fachwerkstatt überlassen werden. Die vorgeschriebenen Werte für Vorspur, Sturz, Spurdifferenzwinkel, Nachlauf und Spreizung finden sich in der Mass- und Einstelltabelle (Kapitel 20).

Folgende Voraussetzungen müssen vor Beginn jeder Messung erfüllt sein:

- gutes, gleichmässiges Reifenprofil
- vorgeschriebener Reifendruck
- einwandfreie Felgen
- vorschriftsmässiges Radlagerspiel
- Normallage des Fahrzeuges, d. h. 2 × 68 kg auf den Vordersitzen, 1 × 68 kg auf dem Rücksitz, 21 kg im Kofferraum und voller Tank.

Ergibt die Messung der Vorspur einen falschen Wert, so können dafür folgende Gründe verantwortlich sein:

- verbogenen Spurstange oder Achsschenkel
- ausgeschlagene Spurstangen-Kugelgelenke
- falsche Längen der Spürstangen (kann durch entsprechendes Verdrehen der äusseren Spurstangenteile links und rechts behoben werden).

Ergibt die Messung des Sturzes einen unkorrekten Wert, so können dafür folgende Gründe verantwortlich sein:

- Deformation an Querlenker, Federbein oder Vorderachsträger, Verwindung in der Bodengruppe oder am Radhaus im Bereich der Stützlageraufnahme.
- ausgeschlagendes Führungsgelenk oder verschlissenes Gummilager
- zu grosses Radlagerspiel
- zu grosser Federdurchhang.

Die Messung der Spreizung darf keinen anderen Befund als beim Sturz liefern, d. h., sind die Werte für den Sturz i. O., so müssen es auch jene der Spreizung sein. Ist dies nicht der Fall, so ist das Federbein oder der Achsschenkel verbogen.

Ergibt die Messung des Nachlaufs einen falschen Wert, so können dafür folgende Gründe in Frage kommen:

- Deformation an Querlenker oder Federbein. Verwindung an der Bodengruppe oder am Radhaus im Berein der Stützlageraufnahme.
- Verbogene Stabilisatorstange oder falsche Distanzscheibe an den Stabilisatorenden eingebaut.
- Die Messung des Spurdifferenzwinkels besitzt nur einen Sinn, wenn die Werte für Sturz, Vorspur und Nachlauf stimmen resp. die Ursachen für deren Abweichung behoben sind. Ergibt die Messung unter diesen Voraussetzungen einen falschen Wert, so können dafür folgende Gründe verantwortlich sein:
- ungleich lange Spurstangen (verbogen oder asymmetrisch eingestellt)
- verbogene Achsschenkel.

15 Hinterradaufhängung

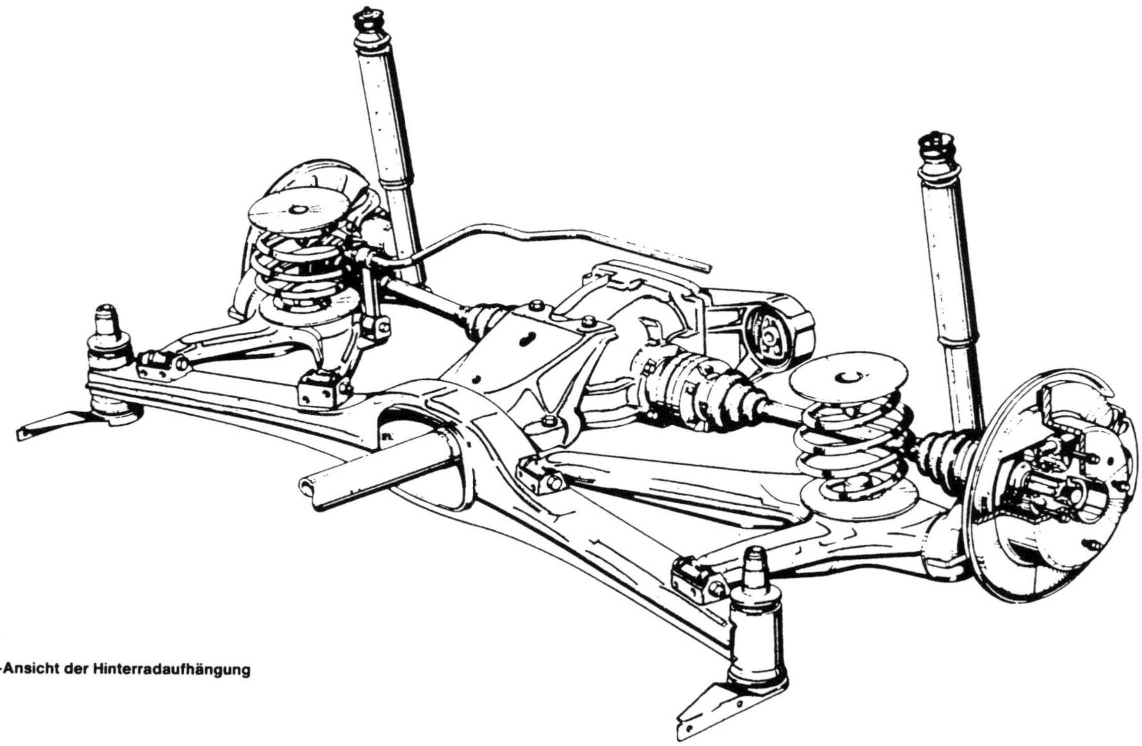

Bild 190
Gesamt-Ansicht der Hinterradaufhängung

Die Hinterradaufhängung besteht aus dem Achsträger, an dem die beiden Schräglenker mit den Radnaben angelenkt sind. Die Lagerelemente bestehen aus Gummi. Der Achsträger ist seinerseits über Gummilager am Fahrzeugrahmen befestigt.
Die Schräglenker stützen sich über Tonnenfedern am Fahrzeugrahmen ab. Die Stossdämpfer sind ausserhalb der Federn montiert.
Das Hinterachsgetriebe ist vorne am Achsträger, hinten über ein Gummilager am Fahrzeugrahmen befestigt.
Die beiden Schräglenker sind über einen Stabilisator elastisch miteinander verbunden.

15.1 Hinterachse komplett aus- und einbauen

- Vor- und Nachschalldämpfer ausbauen.
- Wärmedämmblech ausbauen.
- Gelenkwelle am Hinterachsgetriebe lösen.
- Mittellager der Gelenkwelle lösen.
- Handbremshebel ausbauen (siehe Kapitel Bremsen).
- Bremsflüssigkeitsbehälter entleeren.
- Bremsleitungen links und rechts trennen und verschliessen.
- Hinterachse abstützen.
- Schubstreben links und rechts abbauen.
- Kabelschelle vom Achsträger lösen (Bild 192).
- Kabel vom Tachometer abziehen (wenn vorhanden).
- Befestigungsschraube des Gummilagers des Hinterachsgetriebes lösen.
- Steckverbindung für die Verschleisswarnanzeige trennen.
- Beide Längslenker abstützen, oder, bei montierten Rädern, diese auf dem Boden aufliegen lassen.

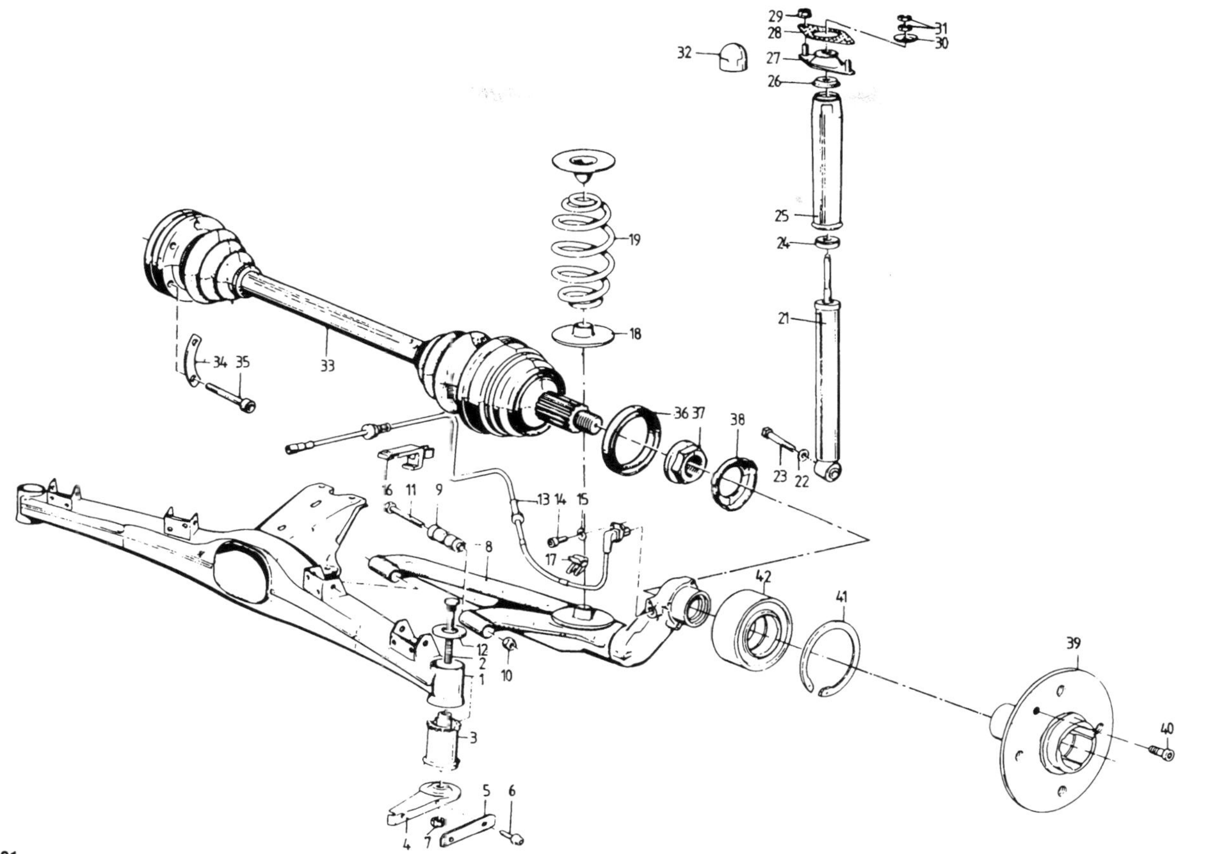

Bild 191
Hinterachse

1 Hinterachsträger
2 Rändelbolzen
3 Gummilager
4 Schubstrebe
5 Unterlegblech
6 Innensechskantschraube M 8 × 22
7 Sehchskantmutter
8 Längslenker
9 Gummilager
10 Sechkantmutter M 12 × 1.5
11 Sechskantschraube M 12 × 1.5 × 90
12 Beilagscheibe
13 Impulsgeber
14 Zylinderschraube M 6 × 12
15 Federscheibe A 6
16 Halter
17 Schelle D = 6 mm
18 Federunterlage mit Gummianschlag
19 Feder
21 Stossdämpfer
22 Beilagscheibe
23 Sechskantschraube M 12 × 1.5 × 65
24 Anschlagpuffer
25 Schutzrohr
26 Teller
27 Stützlager
28 Dichtscheibe
29 Bundmutter
30 Teller
31 Sechskantmutter M 10 × 1
32 Schutzkappe
33 Abtriebswelle
34 Unterlegblech
35 Zylinderschraube
36 Dichtring
37 Bundmutter
38 Sicherungsblech
39 Mitnehmerflansch
40 Zylinderschraube M 8
41 Sicherungsring
42 Kugellager

Bild 192
Hebel lösen

- Stossdämpfer links und rechts am Längslenker lösen.
  Achtung: Die Stossdämpfer begrenzen den Weg der Schräglenker und halten so die Federn in Position.
- Stabilisator an den Schräglenkern lösen.
- Hinterachse absenken oder Fahrzeugrahmen anheben, je nach Abstützung der Schräglenker.
  Achtung: Tonnenfedern werden frei.
- Die Hinterachse entnehmen.

Bei Montage alle selbstsichernden Muttern ersetzen.

Zum Erneuern der Stehbolzen für die Schubstreben ist die hintere Sitzbank auszubauen.

- Die Montage erfolgt in umgekehrter Reihenfolge.
  Achtung: Die Befestigungsschrauben für die Gummilager dürfen nur im belasteten Zustand endgültig festgezogen werden.
  Die Normallage des Fahrzeugs ergibt sich bei einer Belastung der
  Vordersitze von 2 × 68 kp,
  Hintersitze von 1 × 68 kp,
  Kofferraum von 1 × 21 kp.
  Für das Entlüften der Bremsen und das Einstellen der Handbremse das Kapitel «Bremsen» beachten.

15.2 Gummilager des Achsträgers ersetzen

- Hintere Sitzbank ausbauen.
- Längslenker abstützen.
- Schubstrebe abbauen.
- Gewindebolzen nach oben durchschlagen – Gewinde nicht beschädigen.
- Formscheibe 33 3 111 zwischen Karosserie und Achsträger auf das Gummilager legen und Gewindespindel 33 3 101 eindrehen.
- Achtung: Die flachen Seiten der Formscheibe müssen in Richtung der Aussparungen zeigen.
- Abzieher 00 8 550 mit den Klauen in den Aussparungen ansetzen, mit der Gewindespindel 33 3 101 verschrauben und Gummilager herausziehen.

Einbau:

- Formscheibe 33 3 113 zwischen Karosserie und Achsträger am Rande der Aufnahmebüchse auflegen und die Spindel 33 3 103 eindrehen.
- Gummilager mit Cresta verdünnt, Einschiebeöl II oder entspanntem Wasser bestreichen und am Achsträger ansetzen, mit der Formscheibe 33 3 112 und der Mutter 33 3 104 einziehen. Einbaulage der Gummilageraussparung im Hinterachsträger beachten.
- Schubstrebe in Normallage des Fahrzeugs montieren und festziehen.

15.3 Längslenker aus- und einbauen

- Hinterrad demontieren.
- Handbremse anziehen.
- Abtriebswelle ausbauen.
- Handbremshebel ausbauen.
- Bremsflüssigkeitsbehälter entleeren.
- Bremsleitung trennen.
- Längslenker abstützen.
- Stossdämpfer abbauen und Längslenker absenken.
- Feder entnehmen.
- Längslenker vom Achsträger abbauen.

Der Einbau erfolgt in umgekehrter Reihenfolge, folgendes ist zu beachten:

— Beim Befestigen des Längslenkers am Achsträger zuerst die Schraube des inneren Lagerbocks einführen.
— Nach dem Einfüllen der Bremsflüssigkeit ist das Bremssystem zu entlüften - siehe Kapitel Bremsen.
— Die Schrauben der Gummilager sind in Normallage festzuziehen.
— Die Anzugsdrehmomente sind einzuhalten.

15.4 Gummilager des Längsslenkers ersetzen

- Längslenker ausbauen.
- Bund in der Hülse 33 3 053 mit Wasser bestreichen und über den Wulst des Gummilagers schieben.

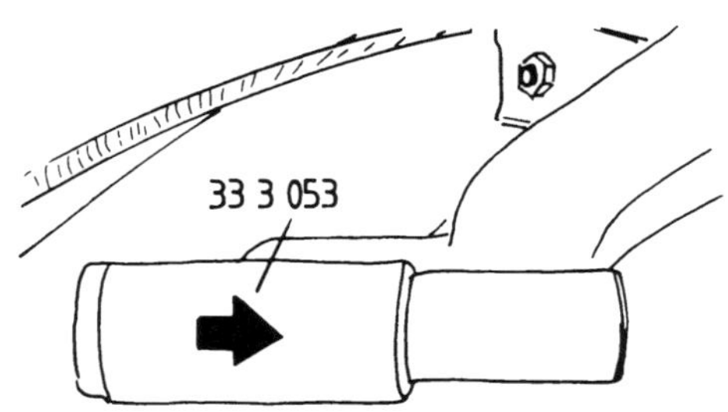

Bild 193
Gummibuchse auspressen

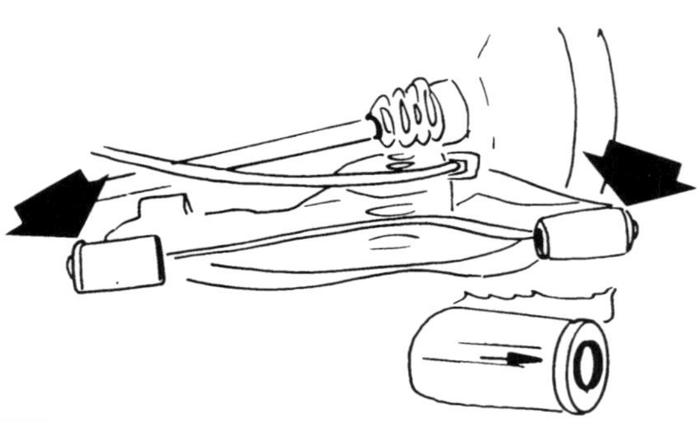

Bild 194
Auspressrichtung der Buchse

- Gummilager mit Vorrichtung 33 3 050 ausziehen.
- Neues Gummilager mit Cresta verdünnt, Einschiebeöl II oder entspanntem Wasser bestreichen.
- Gummilager mit Vorrichtung 33 3 050 einziehen. Achtung: Bundseite des Gummilagers zeigt nach aussen.
- Längslenker einbauen unter Beachtung der vorstehend gegebenen Hinweise.

Eventuell notwendige Vorspurkorrekturen, hervorgerufen durch ungünstiges Zusammentreffen von Toleranzen, können mit dem Einbau von exzentrischen Gummilagern ausgeglichen werden. Unfallbedingte Veränderungen des Achsgeometrie dürfen auf keinen Fall durch diese Massnahme beseitigt werden.

Beispiel:	Istwert	+ 2,5 mm
	Sollwert	+ 2,0 mm
	Korrektur	0,5 mm

- Längslenker wie beschrieben ausbauen.
- Äusseres Gummilager auspressen.
- Längslenker in der Waagerechten am Lenkerauge kennzeichnen.
- Entsprechende Winkelverdrehung dem untenstehenden Diagramm entnehmen.
- Gummilager wie beschrieben in der entsprechenden Stellung einziehen. Reicht die Verstellung nicht aus, so kann auch innen ein exzentrisches Gummilager eingebaut werden.

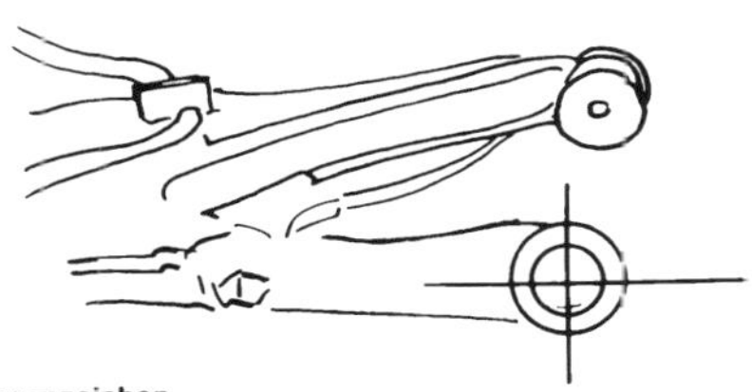

Bild 195
Längslenkerkennzeichen

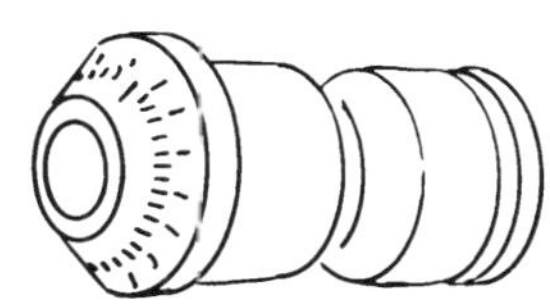

Bild 196
Buchse

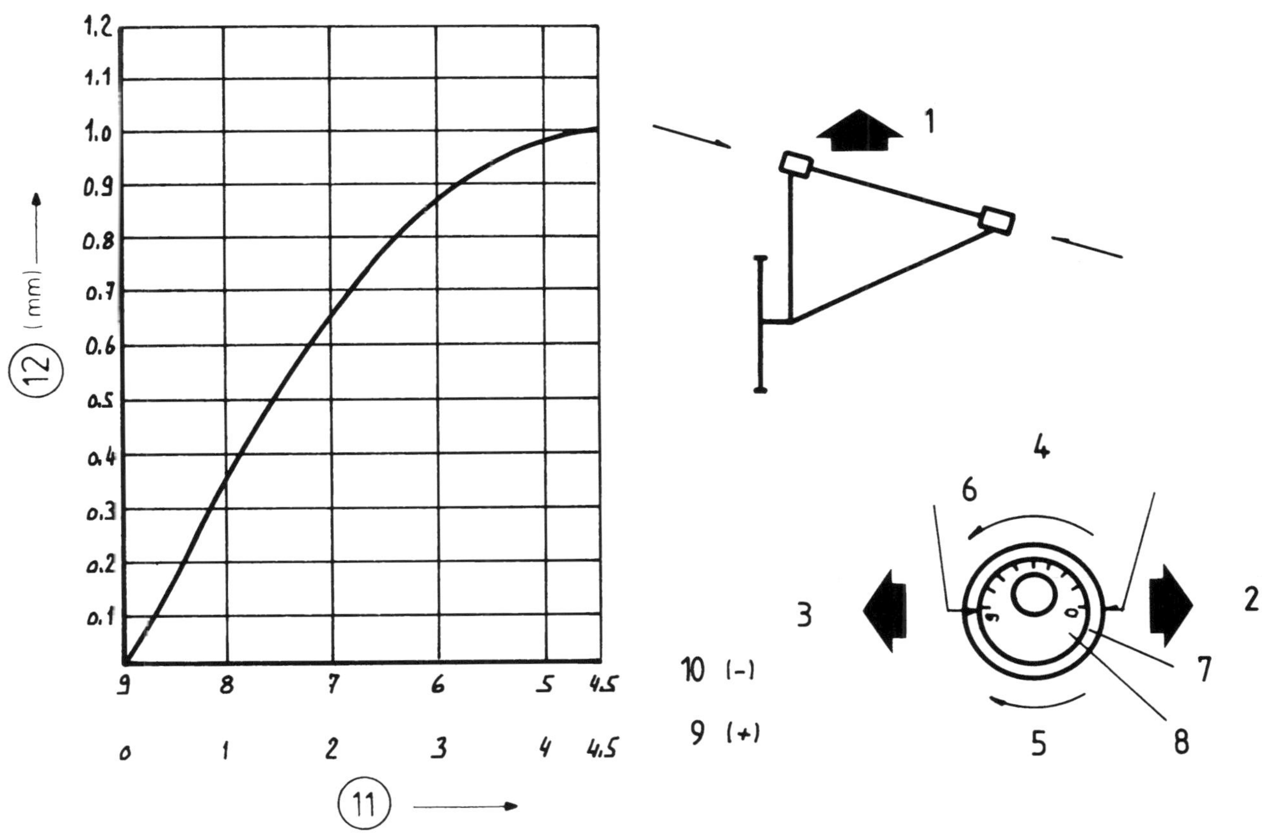

Bild 197
Vorspuränderung am linken Hinterrad

1 Fahrtrichtung
2 Fahrtrichtung innerer Silentblock
3 Fahrtrichtung äusserer Silentblock
4 Einpresshinweis
5 Ablesepunkt Vorspurzunnahme
6 Ablesepunkt Vorspurabnahme
7 Längslenkerauge
8 Silentblock
9 Vorspurzunahme
10 Vorspurabnahme
11 Verdrehwinkel
12 Vorspuränderung

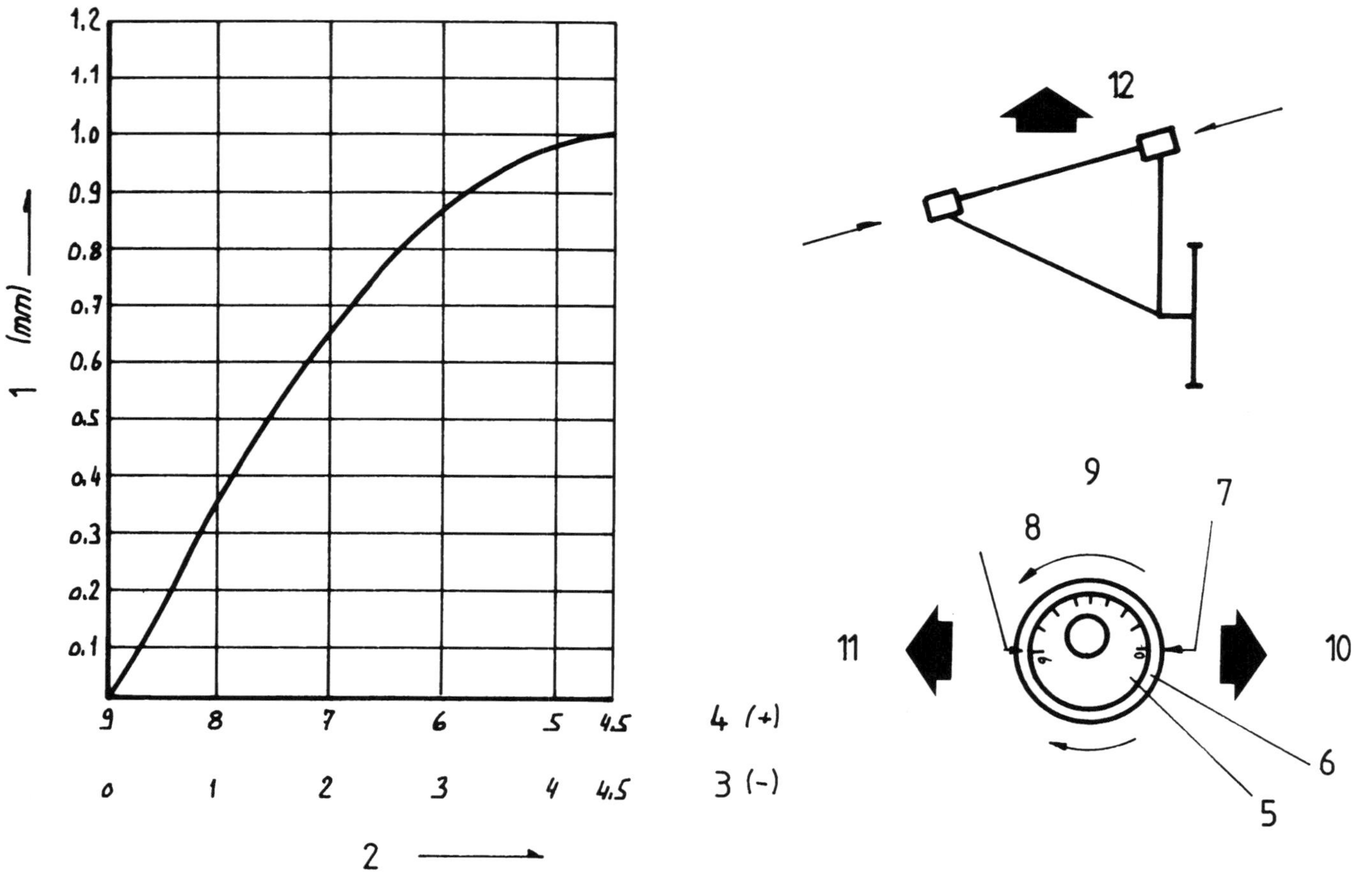

Bild 198
Vorspuränderung am rechten Hinterrad

1 Vorspuränderung
2 Verdrehwinkel
3 Vorspurabnahme
4 Vorspurzunahme
5 Silentblock
6 Längslenkerauge
7 Ablesepunkt Vorspurabnahme
8 Ablesepunkt Vorspurzunahme
9 Einpresshinweis
10 Fahrtrichtung äusserer Silentblock
11 Fahrtrichtung innerer Silentblock
12 Fahrtrichtung

15.5 Radlager und Wellendichtring ersetzen

- Abtriebswelle komplett ausbauen.
- Bremsscheibe ausbauen.
- Hinterachswelle mit Austreibdorn 33 4 010 aus der Lagereinheit austreiben.
- Sicherungsring des Lagers entfernen.
- Radlager mit Werkzeug 33 4 040 ausziehen.
- Neues Radlager mit demselben Werkzeug einziehen.
- Sicherungsring einsetzen.
- Hinterachswelle mit Werkzeug 33 4 040 einziehen.
- Abtriebswelle einziehen – Werkzeug 33 2 110 verwenden.
- Sicherungsblech der Bundmutter eintreiben.
- Bundmutter festziehen und sichern.
  Die Radlager sind lebensdauergeschmiert und können nicht zerlegt werden, das Radlagerspiel kann nicht eingestellt werden.

15.6 Stossdämpfer ersetzen

- Längslenker abstützen oder aufliegen lassen.
  Achtung: Der Stossdämpfer hat die Funktion eines Fangbandes. Die Abstützung darf nicht entfernt oder das Fahrzeug angehoben werden, um eine Beschädigung der Gleichlaufgelenke zu vermeiden.
- Stossdämpfer am Längslenker abbauen.
- Kofferraumverkleidung im Bereich der Stossdämpferbefestigung entfernen.
- Zentriertopf vom Radhaus lösen.
- Stossdämpfer herausnehmen. Stossdämpfer nur stehend lagern.
- Der Einbau erfolgt in umgekehrter Reihenfolge; alle selbstsichernden Muttern ersetzen. Stossdämpfer in Normallage des Fahrzeugs festziehen.

15.7 Tonnenfeder ersetzen

- Auspuffanlage lösen und anbinden.
- Hinterachsgetriebe-Gummilager lösen und nach unten drücken. Mit Holz oder ähnlichem in dieser Lage verkeilen.
- Stabilisator am Längslenker lösen.
- Längslenker abstützen.
- Stossdämpfer vom Längslenker lösen.
  Achtung: Bremsleitung nicht beschädigen.
- Längslenker nur soweit absenken, bis die Feder herausgenommen werden kann.
  Achtung: Bei zu weitem Absenken wird das Gleichlaufgelenk der Abtriebswelle beschädigt.

Beim Ersatz von Federn stets Federn gleicher Farbkennung und mit richtiger Federunterlage einbauen. Vorteilhafterweise Federn im Satz erneuern.

- Der Einbau erfolgt in umgekehrter Reihenfolge.

16 Die Lenkung

Die Lenkkräfte gelangen vom Lenkrad über eine Lenkspindel mit Kreuzgelenken zum Zahnstangenlenkgetriebe. Die Zahnstange führt die Lenkhebel der Achsschenkel über die Spurstangen. Bei der auf Wunsch lieferbaren Servolenkung dient die Zahnstange gleichzeitig als Kolben. Dieser wird vom hineingepumpten Hydrauliköl nach rechts oder nach links verschoben, je nachdem, wie eingeschlagen werden soll. In welche Richtung gepumpt wird, bestimmt der Fahrer durch seine Krafteinwirkung auf das Lenkrad, diese wird auf ein komplexes Ventilsystem übertragen, das Richtung und Menge des Flüssigkeitsstromes regelt. Den Druck im hydraulischen System erzeugt eine Hydraulikpumpe, die vom Motor über Zahnriemen angetrieben wird. Die Bilder 199 bis 201 zeigen den Aufbau der beiden Lenksysteme.

16.1 Aus- und Einbau des Lenkgetriebes

- Haltebolzen der Vorderräder lockern, Fahrzeug vorne anheben und abstützen, Räder abbauen.
- Kronenmutter entsplinten und lösen. Spurstangen mit Hilfe einer Abdrückvorrichtung von den Achsschenkeln abdrücken.
- Lenkgehäuse am Vorderachsträger lösen.
- Mutter am Kreuzgelenk unten lösen, Schraube herausnehmen und Zahnstangenlenkung von der Lenkspindel abziehen.

Der Einbau erfolgt in umgekehrter Reihenfolge. Dabei sind folgende Punkte zu beachten:

- Vorgeschriebene Anzugsdrehmomente einhalten und selbstsichernde Muttern ersetzen (Kapitel 20).
- Lenkspindel und Lenkgetriebe in Geradeausfahrstellung zusammenbauen. Dabei muss die Markierung an der Staubdichtung des Lenkritzels zwischen den Markierungen am Lenkgehäuse liegen.
- Sich beim Anbau des Kreuzgelenkes versichern, dass die Schraube in die Sicherungsrille des Lenkritzels zu liegen kommt.
- Das Lenkgetriebe kann nicht eingestellt oder revidiert werden. Im Schadenfall Lenkgetriebe ersetzen.

16.2 Spurstange links ersetzen

- Radmuttern des linken Vorderrades lockern, Vorderwagen anheben und linkes Rad abnehmen.
- Kronenmutter des Spurstangengelenkes entsplinten und lösen.

Bild 199
Lenkgetriebe

1 Lenkgetriebegehäuse
2 Gummilager
3 Lenkgetriebebefestigung
4 Lärmdämmblech
5 Gehäuse
6 Zahnstange
7 Ritzel
8 Nadellager
9 Kugellager
10 Einstellscheibe
11 Druckstück
12 Druckstück
13 Dichtring
14 Feder
15Einstellschraube
16 Führungsbuchse
17 Spurstange
18 Kugelgelenke
19 Manschetten
20 Halter für Lenkungsdämpfer
21 Lenkungsdämpfer

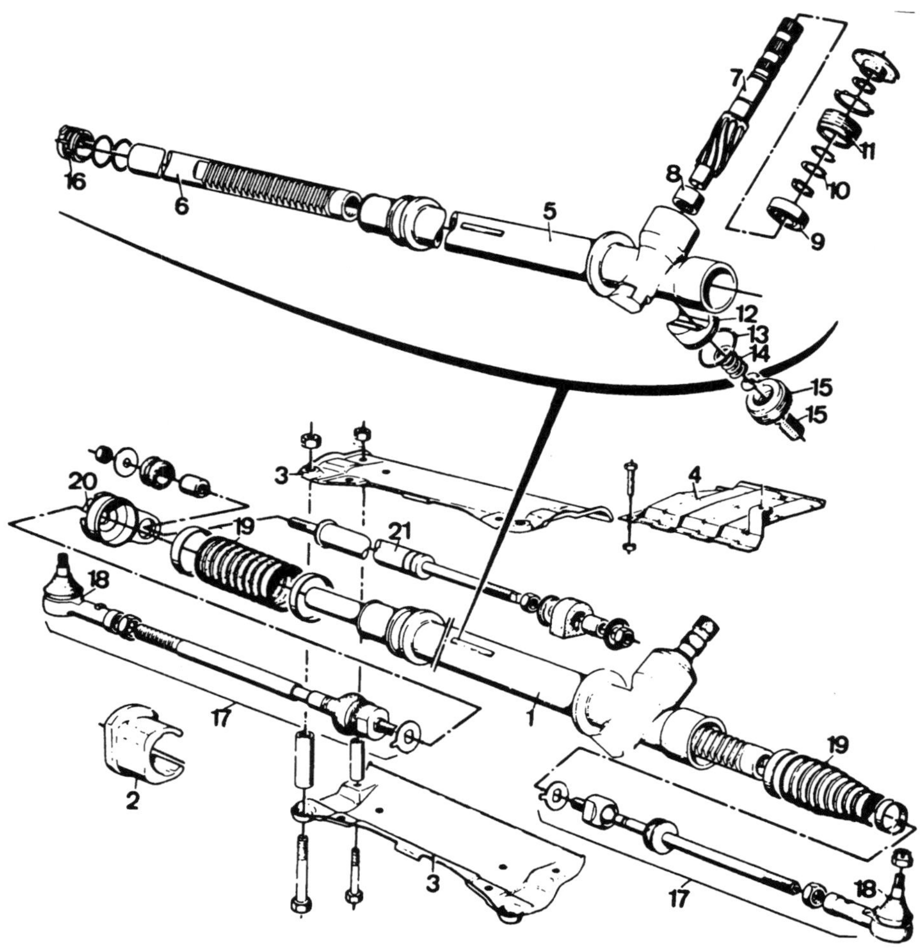

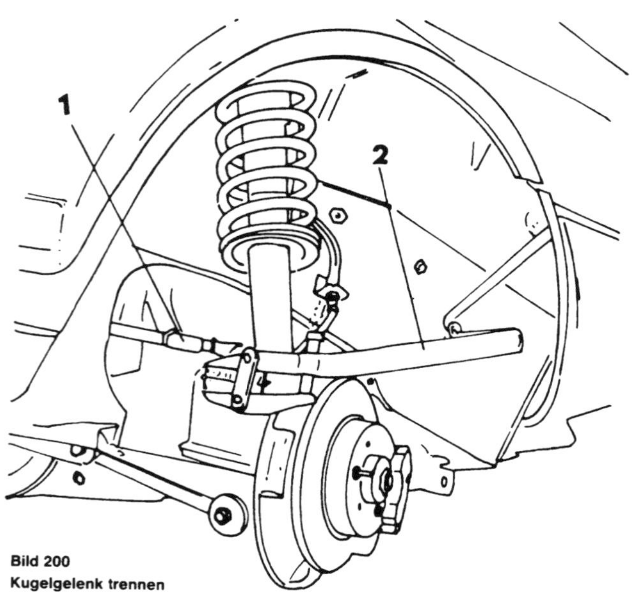

Bild 200
Kugelgelenk trennen

1 Spurstangenkopf
2 Abzieher

- Spurstangengelenk mit Hilfe eines geeigneten Abdrückers vom Achsschenkel abdrücken.
- Kabelband des Faltenbalges an der Zahnstangenlenkung lösen, Faltenbalg zurückschieben und Sicherungsblech aufbiegen.
- Zahnstange so weit einschieben, bis der Spezialgabelschlüssel eingesetzt werden kann, und Spurstange von der Zahnstange abbauen.

Der Einbau erfolgt in umgekehrter Reihenfolge. Folgende Punkte sind speziell zu beachten:

- Vorgeschriebene Anzugsdrehmomente einhalten (Kapitel 20).
- Neues Sicherungsblech richtig einsetzen: Der Ansatz muss in den Ausschnitt der Zahnstange zu liegen kommen.
- Kabelband und Faltenbalg prüfen und gegebenenfalls ersetzen.
- Kronenmutter des Spurstangengelenks neu versplinten.
- Nach erfolgtem Einbau die Vorderachse vermessen (siehe Kapitel 14.7).

16.3 Lenkspindel

16.3.1 Ausbau

Unter Bezug auf Bild 201:

- Minusleitung von der Batterie abklemmen.
- Die fünf Schrauben lösen und Verkleidung unter dem Instrumentenbrett abnehmen.
- Die drei Befestigungsschrauben lösen und Verkleidungs-Unterteil der Lenksäule abnehmen.

mit Hilfe eins Meissels lösen und Kabelbänder abnehmen.

- Schraube lösen und Lenkspindel mit Mantelrohr vom Kreuzgelenk abziehen. Rückstellnocken (1 in Bild 204), Bundring (2), Sprengring (3), Scheibe (4) und Feder (5) von der Lenkspindel abnehmen.
- Madenschraube herausdrehen und Zündanlassschalter nach unten links herausziehen.
- Schelle für Mantelrohr unten am Lagerbock lösen.

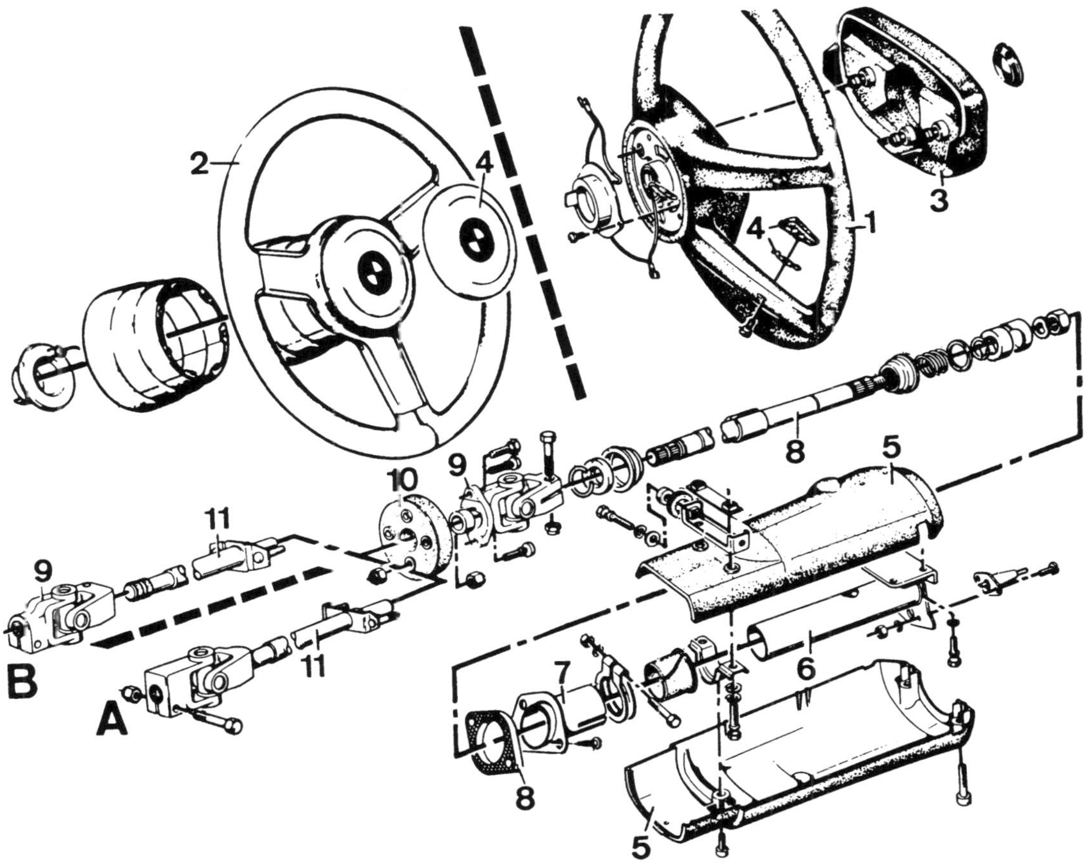

Bild 201
Lenksäule

1 Lenkrad
2 Sportlenkrad
3 Lenkrad-Nabenabdeckung
4 Hupkontakt
5 Lenksäulenabdeckung
6 Lenksäulen-Aufnahmerohr
7 Führungsrohr
8 Welle
9 Kardangelenk
10 Hardyscheibe
11 Innere Welle

- Abdeckplatte im Lenkrad ausheben (Bild 202), Mutter lösen und Lenkrad abbauen.
- Scheibenwischer- und Blinkerschalter von der Schalterplatte abbauen (siehe Pfeile in Bild 203).
- Abreissschrauben des Verkleidungsoberteils

- Oberes Lenkspindellager aus dem Mantelrohr herausdrücken.
- Spreng- und Distanzring unten an der Lenkspindel ausbauen und unteres Lenkspindellager abziehen.

Bild 202
Abdeckung der Lenkradmutter in Pralltopf des Lenkrades

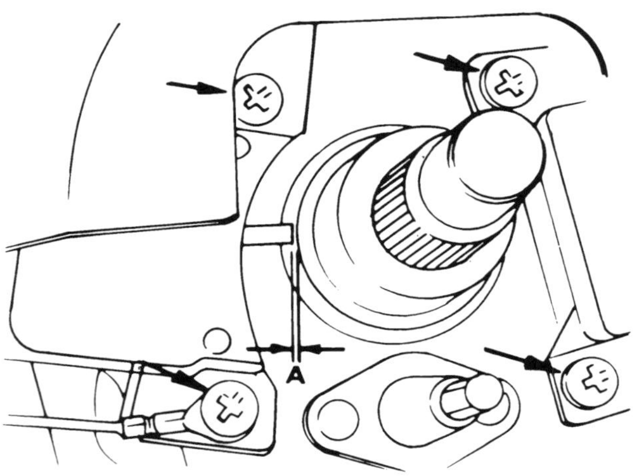

Bild 203
Befestigung Scheibenwischer- und Blinkerschalter

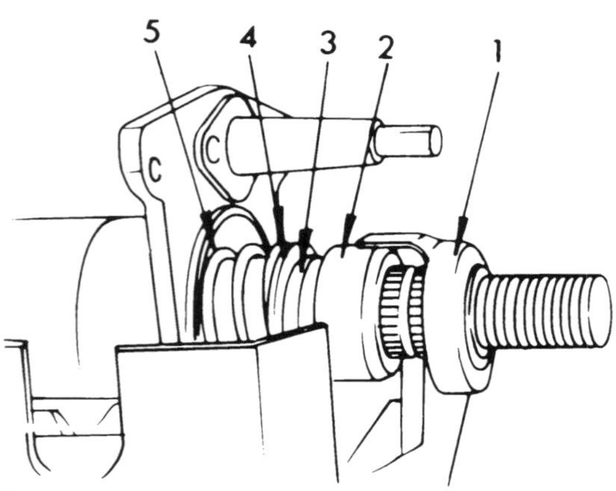

Bild 204
Ansicht der Lenkspindel

1 Rückstellnocken
2 Bundring
3 Sprengring
4 Scheibe
5 Feder

16.3.2 Einbau

Zusammenbau und Einbau erfolgen in umgekehrter Reihenfolge. Folgende Punkte sind speziell zu beachten:

- Vorgeschriebene Anzugsdrehmomente einhalten (Kapitel 20).
- Der Schaft der Distanzringe an den Lenkspindellagern muss zu den Lagern zeigen.
- Am oberen Lenkspindelende muss sich der Sprengring (3 in Bild 204) im Einstich des Bundrings befinden.
- Beim Einbau der Lenkspindel mit Mantelrohr darauf achten, dass sich die Schraube am Kreuzgelenk in der Sicherungsrille befindet.
- Verkleidungsoberteil und Mantelrohr verspannungsfrei ausrichten.
- Einbau des Fahrtrichtungsschalters folgendermassen vornehmen (siehe Bild 203):
  - — Lenkung in Geradeausfahrstellung bringen.
  - — Fahrtrichtungsschalter in Mittelstellung bringen. Der Mitnehmer muss dabei auf die Mitte des Rückstellnockens zeigen.
  - — Mit dem Fahrtrichtungsschalter ein Spiel von A = 3 mm einstellen.
- Lenkrad in Geradeausfahrstellung anbauen und selbstsichernde Mutter ersetzen.
- Abdeckplatte (Bild 202) am Pralltopf des Lenkrades wieder anbringen.

16.4 Servolenkung

Reparaturen an der Servolenkung gehören, noch mehr als bei der normalen Lenkung, aus Sicherheitsgründen in die Werkstatt. Ein plötzlicher Ausfall der Servolenkung kann dem Fahrer einen gehörigen Schrecken einjagen; man kann zwar weiterhin lenken, aber die notwendigen Drehkräfte am Lenkrad steigen um ein Mehrfaches an. Im äussersten Fall sollte man sich mit dem Aus- und Einbau von Einzelteilen (siehe Bild 205) beschäftigen, denn die meisten Teile sind nicht reparabel und werden neu oder im Austausch geliefert. Im übrigen gelten die Hinweise in diesem Kapitel analog auch für die Servolenkung, die in der Grundstruktur eng mit der mechanischen Ausführung verwandt ist.
Alle 60 000 km werden ein Filterwechsel und eine Funktionskontrolle des Lenkservos notwendig. Allerdings kann praktisch bei jeder Fahrt eine Funktionskontrolle vorgenommen werden (Ölstand- und

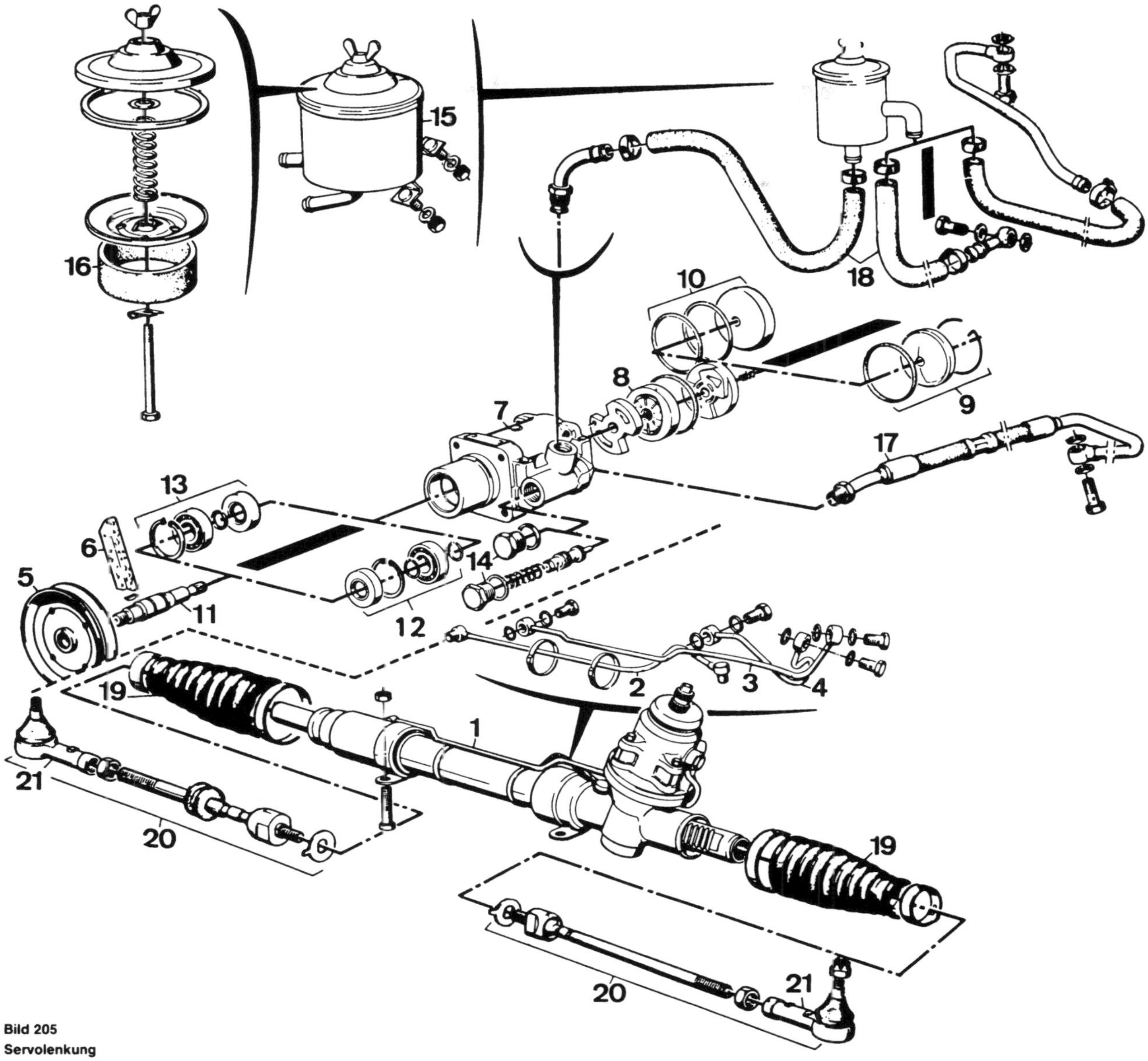

Bild 205
Servolenkung

1 Lenkgetriebe
2, 3, 4 Servoleitungen
5 Riemenscheibe der Servopumpe
6 Keilriemen
7 Servopumpe
8 Rotor
9 Deckel 1. Montage
10 Deckel 2. Montage
11 Pumpenwelle
12 Lager und Simmerring 1. Montage
13 Lager und Simmerring 2. Montage
14 Pumpen-Rückschlagventil
15 Behälter für Hydraulikflüssigkeit
16 Filter
17 Druckleitung
18 Niederdruckleitung
19 Manschetten
20 Spurstangen
21 Kugelgelenke

Sichtkontrolle). Grundsätzlich sollte bei einer Störung zuerst nach dem Hydrauliköl gesehen werden. Dazu Flügelmutter (3 in Bild 206) lösen und Deckel (4) abnehmen. Der Flüssigkeitsstand (2) muss etwa 5 mm über der Markierung (1) am Gehäuserand stehen; Motor anlassen und Flüssigkeitsstand beobachten; der Pegel muss jetzt bis zur Markierung absinken. Gegebenenfalls mit der nötigen Menge an freigegebenem ATF (siehe Kapitel 20) ergänzen. Verliert das Lenkgetriebe beständig hydraulische Flüssigkeit, hilft Nachfüllen allein nicht, hier muss die Werkstatt helfen. Die Pumpe der Servolenkung wird über einen separaten Keilriemen von der Motorkurbelwelle aus angetrieben. Sollte der Keilriemen unterwegs reissen, so kann trotzdem weitergefahren werden, allerdings ist wesentlich mehr Muskelkraft zum Lenken vonnöten. Bei kräftigem Fingerdruck soll sich der Riemen zwischen den beiden Keilriemenscheiben 5 bis 10 mm durchdrücken lassen. Sonst die beiden Halteschrauben vorn an der Servopumpe lockern, Pumpe nach aussen ziehen, Schrauben festdrehen und Spannung nochmals kontrollieren.

Bild 206
Kontrolle Flüssigkeitsstand Servolenkung

1 Markierung
2 Flüssigkeit (ATF)
3 Flügelmutter
4 Deckel

17 Achsvermessung

Die Vorder- und Hinterachse müssen, um einen einwandfreien, sicheren Fahrbetrieb zu ermöglichen, nach exakten Werten eingestellt sein. Zum Messen und Einstellen dieser Werte ist eine optische Vermessungsanlage erforderlich.
Da meistens eine derartige Anlage nicht vorhanden ist, sollte man diese Arbeit dem Fachbetrieb oder Spezialisten überlassen.
Aus diesem Grund gehen wir hier lediglich auf die Messbedingungen und Messdaten ein.

17.1 Messbedingungen

Die nachfolgend aufgeführten Werte gelten für die Normallage des Fahrzeugs.
Die Normallage wird folgendermassen erstellt:
— Vordersitze mit je 68 kp,
— Rücksitz mit 68 kp,
— Kofferraum mit 21 kp belasten.
— Der Tank muss vollständig befüllt sein.
— Die Radlager müssen das normale Spiel aufweisen.
— Die Reifen müssen den vorgeschriebenen Druck aufweisen.

17.2 Messdaten Vorderachse

Typ 316/318
Vorspur 2,0 mm (0°18′ ± 5′)
Sturz – 40′ ± 30′
Spurdifferenzwinkel bei 20° Einschlag – 1°40′ ± 30′
Spreizung bei 10° Radeinschlag 13° 52′ ± 30′
bei 20° Radeinschlag 14° 15′ ± 30′
Nachlauf bei 10° Radeinschlag 8° 30′ ± 30′
bei 20° Radeinschlag 8° 46′ ± 30′
Radversatz der Vorderräder 0° ± 15′
Toleranzdifferenz zwischen links und rechts 30′.

17.3 Messdaten Hinterachse Typ 316/318

Vorspur 2,0 mm (0°18′ ± 7′)
Sturz – 1°50′ ± 30′
Geometrische Fahrachse 0° ± 15′.

18 Bremsanlage

Die Zweikreisanlage besteht aus dem Hauptbremszylinder mit Servounterstützung, den Bremskraftreglern für beide Bremskreise und den Scheibenbremsen für die vorderen und den Trommelbremsen für die hinteren Räder.
Die Handbremse wirkt auf die Hinterräder und ist als Trommelbremse in die Scheibenbremse integriert. Die bereits vorhandene Trommelbremse wird auch als Handbremse benutzt.
Die zum Bremsen notwendige Fusskraft wirkt über das Bremspedal auf den Hauptbremszylinder. Diese Kraft wird durch den Bremskraftverstärker unterstützt. Der Hauptbremszylinder überträgt die Bremskraft hydraulisch auf die in den Bremsen eingebauten Bremszylinder.

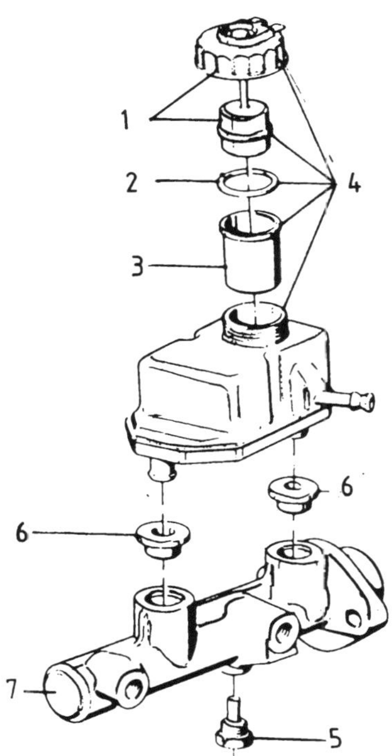

Bild 207
Hauptbremszylinder

1 Pedal
2 O-Ring
3 Sieb
4 Rep-Satz
5 Anschlag
6 Stopfen
7 Bremszylinder

Die Bremskraft wird durch Regler in jedem Bremskreis begrenzt. Die verwendete Bremsflüssigkeit ist stark hygroskopisch, sie bindet leicht Wasser. Dadurch sinkt der Siedepunkt der Flüssigkeit. Beim Bremsen entsteht in den Zylindern sehr viel Wärme, weshalb ein hoher Siedepunkt der Bremsflüssigkeit zum einwandfreien Betrieb der Bremse notwendig ist.
Aus Sicherheitsgründen ist folgendes zu beachten:
Nur Bremsflüssigkeit der Klasse DOT 3 oder 4 verwenden.
Vor dem Einbau sind alle Gummidichtungen und Anschlüsse auf Beschädigung zu kontrollieren und im Zweifelsfall immer zu erneuern.
Alte, dem System entnommene Flüssigkeit wegschütten.
Die Bremsflüssigkeit pro Jahr einmal austauschen.
Beim Umgang mit Bremsflüssigkeit ist Vorsicht geboten:
Bremsflüssigkeit ist giftig und wirkt ätzend auf Lack und dergleichen.
Der Flüssigkeitsstand im Vorratsbehälter des Hauptbremszylinders und die Bremsbelagstärke der Bremsen werden elektrisch überwacht.

18.1 Hauptbremszylinder aus- und einbauen

- Bremsflüssigkeit im Vorratsbehälter mit einem Saugheber entnehmen.
- Stecker der Niveaukontrolle abziehen.
- Schlauch der Kupplungshydraulik abziehen.
- Die Bremsleitungen abschliessen.
- Behälter vom Zylinder abziehen.
- Die Befestigungsschrauben des Zylinders-Bremsservo lösen.
- Zylinder entnehmen.
  Achtung: Im Befestigungsflansch des Zylinders befindet sich ein O-Ring.
- Der Einbau erfolgt in umgekehrter Reihenfolge.
- Nach einfüllen der Bremsflüssigkeit ist das System zu entlüften.

18.2 Hauptbremszylinder überholen

- Hauptbremszylinder ausbauen.
- Kolben leicht einschieben, Sicherungsring ausbauen.
- Kolben mit den restlichen Teilen herausnehmen.
- Alle Teile in Spiritus reinigen.
- Zylinder auf Beschädigung (Rost, Riefen etc.) prüfen.
  Ein beschädigter Zylinder ist stets zu ersetzen.
- Alle Bohrungen auf Durchgang prüfen.
- In den unbeschädigten Zylinder einen Reparatursatz Kolben, Dichtungen einbauen. Alte Teile dürfen nicht mehr verwendet werden.

Alle Einbauteile mit ATE-Bremszylinderpaste bestreichen.

- Zwischenkolben auf Anschlag halten und Anschlagschraube mit neuer Alu-Dichtung montieren.
- Sekundärmanschette mit Silikonfett einsetzen.
- Anschlagsscheibe montieren.
- Kolben leicht einschieben und Sicherungsring einsetzen. Auf einwandfreien Sitz achten.
- O-Ring beim Befestigungsflansch ersetzen.

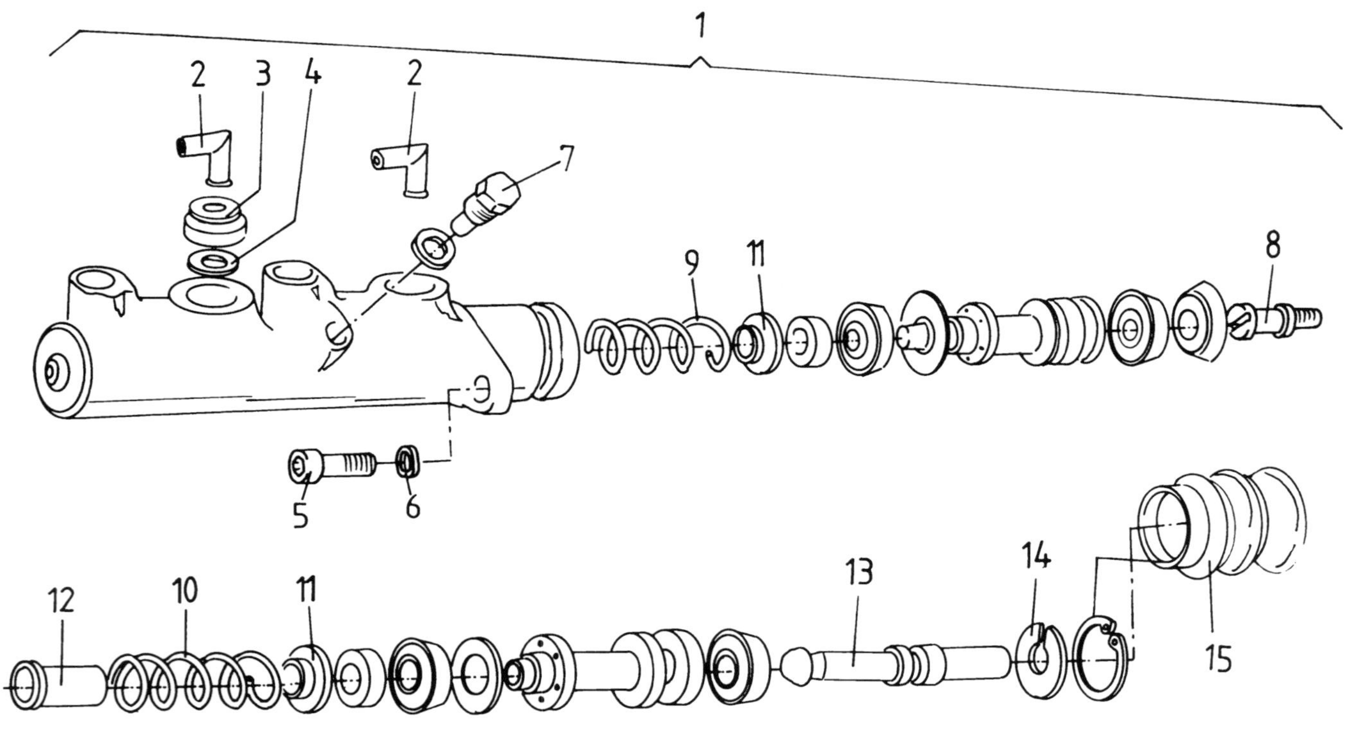

Bild 208
Explosionsbild des Hauptbremszylinders

1 Tandem-Zylinder
2 Rohrwinkel
3 Behälterstopfen
4 Scheibe
5 Zylinderschraube
6 Federscheibe
7 Anschlagschraube
8 Anschlagschraube
9 Druckfeder
10 Druckfeder
11 Federteller
12 Anschlaghülse
13 Kolbenstange
14 Anschlagscheibe
15 Schutzkappe

18.3 Bremsservo prüfen

Eine einfache Funktionskontrolle des Bremsservos (Bild 211) ist folgendermassen möglich:
Bremspedal bei abgestelltem Motor ca. 10mal betätigen und durchgedrückt halten.
Motor starten und fühlen, ob sich das Bremspedal senkt. Pedal loslassen, Motor abstellen und eine Minute warten – das Bremspedal muss sich immer noch mit gleicher Leichtigkeit niederdrücken lassen; bei mehrmaliger Betätigung muss das Pedal von Mal zu Mal mehr Widerstand bieten. Bei negativem Befund können folgende Defekte vorliegen:

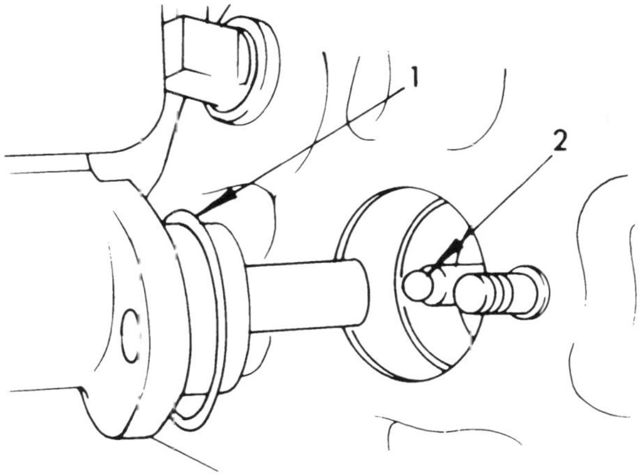

Bild 209
Montage des Hauptbremszylinders

1 Gummiring 2 Ausgleichsscheiben

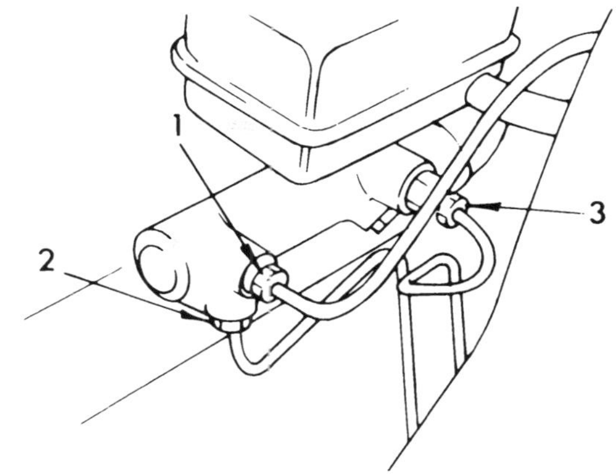

Bild 210
Bremskreisanschlüsse

1 Vorn rechts 2 Vorn links 3 Hinten

Bild 211
Bremsservo

1 Servo
2 Halter
3 Filter
4 Dämpferscheibe
5 Schutzmanschette
6 Rückschlagventil
7 Unterdruckschlauch (Vergasermodell)
8 Unterdruckschlauch (Einspritzmodelle)
9 Steckanschluss

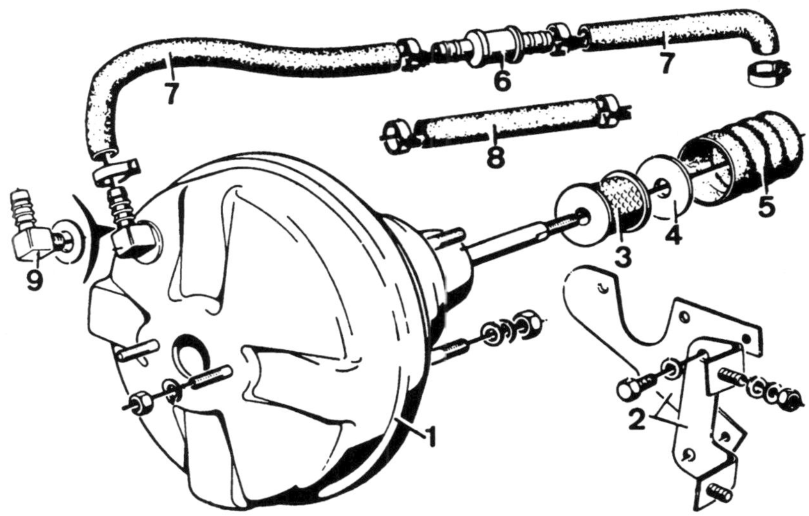

- Unterdruckschlauch zwischen Ansaugrohr und Bremsservo ist undicht oder Rückschlagventil im Unterdruckschlauch ist defekt. Abhilfe: Schlauch und Ventil ausbauen und kontrollieren (Ventil sitzt auf Gummidichtung und ist nur aufgesteckt). Gegebenenfalls Ventil mitsamt Dichtung ersetzen; dabei Einbaulage des Ventils beachten: Pfeil resp. schwarze Seite zeigt zum Ansaugkrümmer.
- Gummiring zwischen Hauptbremszylinder und Bremsservo ist defekt. Abhilfe: Hauptbremszylinder ausbauen und Gummiring ersetzen (siehe Hinweise in diesem Kapitel).
- Filtereinsatz ist verschmutzt. Abhilfe: Bremsservo folgendermassen ausbauen und Filter reinigen:

— Bremsflüssigkeit im Ausgleichsgehäuse absaugen.
— Im Fussraum des Fahrers Bajonett-Clip ausheben und Bolzen aus der Kolbenstange des Bremspedals ausbauen.
— Bremsleitungen vom Hauptbremszylinder abbauen und vor eindringendem Schmutz schützen.
— Versorgungsschlauch für die Kupplungshydraulik vom Hauptbremszylinder abziehen.
— Unterdruckschlauch vom Bremsservo abbauen. Bremsservo vom Halter abschrauben und zusammen mit Hauptbremszylinder nach vorne herausziehen.
— Schutzkappe (1 in Bild 212), Halter (2), Schalldämpfer (3) und Filter (4) abbauen. Defekte

resp. verschmutzte Filter und Dämpfer ersetzen bzw. reinigen.

— Bremsservo wieder einbauen. Ab Bremspedal den Drehbolzen mit neuem Bajonett-Clip sichern. Bremshydraulik entlüften (Kapitel 18.9).

— Bremsservo defekt. Abhilfe: Servo wie vorgängig geschildert ausbauen, Hauptbremszylinder vom Servo trennen und diesen ersetzen resp. revidieren lassen. Beim Einbau eines neuen Bremsservos die Druckstange so einstellen, dass das Mass «A» von 239 bis 249 mm eingehalten wird. Bremslichtschalter so einstellen, dass das Mass «B» von 5,0 bis 5,1 mm eingehalten wird.

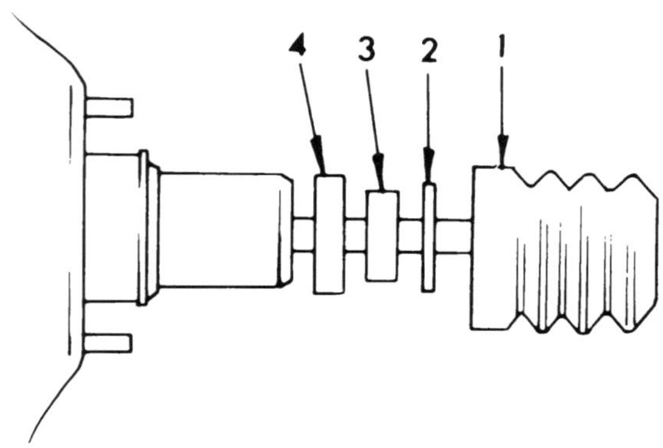

Bild 212
Blick unter Schutzkappe der Servoeinheit

1 Schutzkappe
2 Halter
3 Schalldämpfer
4 Filter

18.4 Bremskraftregler ersetzen

Die Bremskraftregler begrenzen den Bremsdruck der beiden Bremskreise.
Besteht Verdacht auf einen defekten Regler, sind die Bremsdrücke mit den enstprechenden Messgeräten durch einen Fachbetrieb zu prüfen.
Da diese Messgeräte im Regelfall nur in den Fachbetrieben vorhanden sind, sollte diese Arbeit diesen Betrieben übergeben werden.
Bei Defekt ist stets ein Regler der gleichen Kennung einzubauen. Die Lage der Regler ersehen Sie aus dem Bremsleitungsschema.

18.5 Vorderradbremsen

18.5.1 Beläge ersetzen

- Vorderräder demontieren.
- Stecker der Verschleissanzeige abziehen.
- Untere Befestigungsschraube lösen, Führungsbolzen gegenhalten.
- Schwimmsattel nach oben drehen.
- Bremsklötze entnehmen.
- Bremskolben mit Rücksetzzange vollständig zürückdrücken.

Staubmanschetten prüfen, bei Defekt ersetzen. Verschleissanzeige auf den neuen Belägen montieren.

- Bremsbeläge einsetzen.
  Auf richtige Lage der Druckfedern achten.
- Schwimmsattel nach unten schwenken.
- Neue selbstsichernde Schraube eindrehen.
  Anzugsdrehmoment beachten.

Achtung: Bremsbeläge stets im Satz erneuern. Werden die alten Beläge verwendet, ist jeder Belag in der alten Position einzubauen.

- Steckverbindung der Verschleissanzeige erstellen.

18.5.2 Faustsattel vorne aus- und einbauen

- Vorderrad abbauen.
- Bremsflüssigkeit mit Saugheber aus Vorratsbehälter entfernen.
- Bremsschlauch von Bremsleitung trennen (Bild 214).
- Faustsattelbefestigug lösen.
- Verschleisswarnanzeige trennen.
- Faustsattel nach hinten abziehen.

Der Einbau erfolgt in umgekehrter Reihenfolge.
Anzugsdrehmomente beachten.
Nach Auffüllen der Bremsflüssigkeit System entlüften.

18.5.3 Bremsscheibe vorn ersetzen

- Vorderrad ausbauen.
- Faustsattel ausbauen – Bremsschlauch bleibt angeschlossen (Bild 215).
- Faustsattel hochbinden.
- Befestigungsschrauben der Bremsscheibe lösen.
- Bremsscheibe abnehmen.

Der Einbau erfolgt in umgekehrter Reihenfolge.
Anzugsmoment beachten.

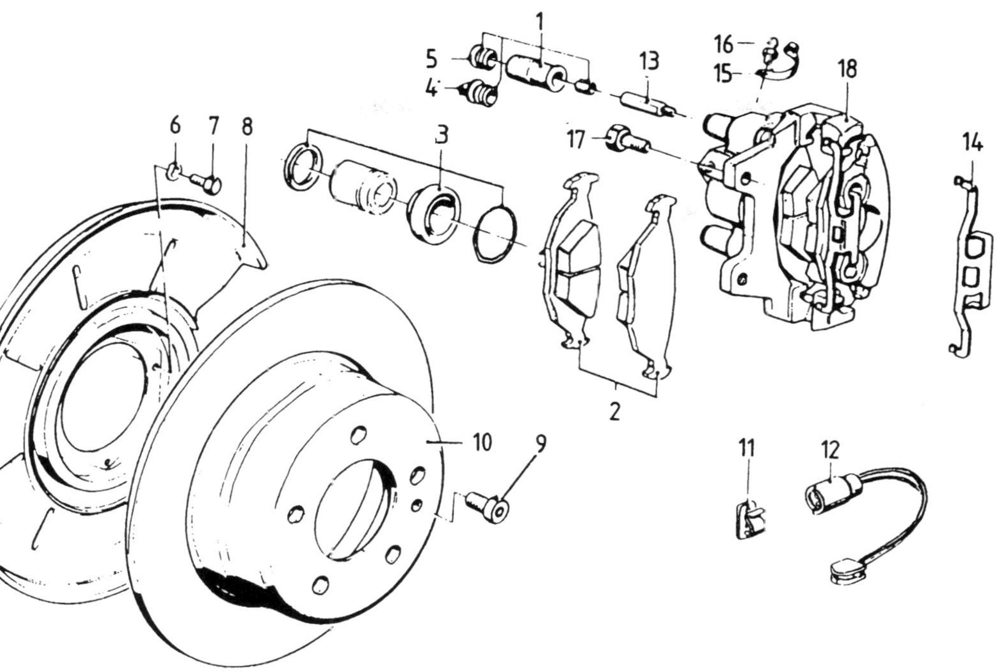

Bild 213
Scheibenbremse vorn

1 Reparatursatz Führungshülse
2 Bremsbeläge
3 Dichtungssatz Bremssattel
4 Schutzstopfen
5 Schutzstopfen
6 Federscheibe
7 6kt Schraube M 6 × 8
8 Schutzblech
9 Zylinderschraube M 8
10 Bremsscheibe
11 Kabelklemme
12 Bremsbelagfühler
13 Führungsschraube
14 Klammer
15 Staubkappe
16 Entlüfterventil
17 6kt Schraube M 10 × 30
18 Bremssattel

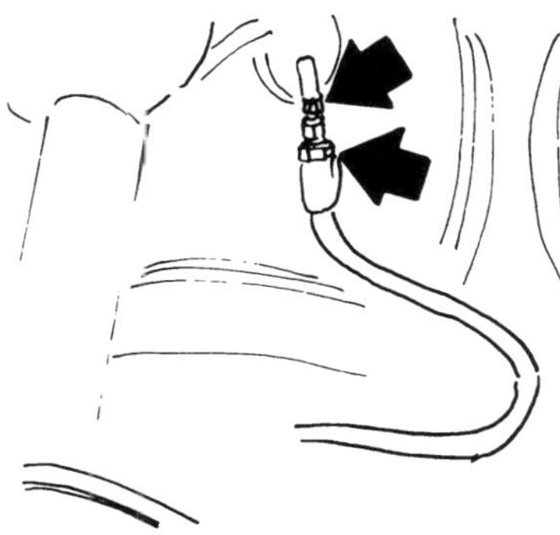

Bild 214
Bremsleitung trennen

Bild 215
Faustsattel lösen

1 Sechskantschrauben

Beim Ersatz der Bremsscheibe stets neue Bremsbeläge einbauen.

18.5.4 Bremsscheibe prüfen und überholen

- Vorderrad abbauen.
- Radlagerspiel überprüfen, Spiel axial 0 bis 0,05 mm.
- Messuhrhalter befestigen.
- Bremsscheibe zusätzlich mit 2 Schrauben M 12 × 1,5 befestigen.
- Mit Messuhr Schlag der Bremsscheibe prüfen. Schlag max. 0,2 mm am grössten Durchmesser der Bremsfläche.
- Bremsscheibe mit Mikrometer an 8 Stellen auf Stärkendifferenz prüfen, max. 0,02 innerhalb der Bremsfläche.

Liegen die Messwerte ausserhalb der Sollwerte, kann die Bremsscheibe bis zu folgenden Massen nachgearbeitet werden.

320	323	325
11,1	20,4	23,4 mm.

Beim Bearbeiten ist ein Rautiefe von Ra 1,5 bis 3,5 einzuhalten.

18.6 Hinterradbremsen

Die Typen 316/318 besitzen hinten Trommelbremsen (Bilder 216 bis 218).

Die Hinterradbremse wird als Fuss- und Handbremse verwendet.

18.6.1 Bremsbacken der Hinterradbremse aus- und einbauen

- Hinterrad abbauen.
- Bremstrommel abnehmen.
  Handbremsseil lösen und automatische Nachstellung soweit zurückstellen, bis Trommel vollständig frei ist.
- Teller der Rückhaltefedern hineindrücken (Stift gegenhalten) und um 90° drehen (Bild 219).
- Feder und Federteller entnehmen.
- Untere Rückzugfeder vorne aushängen (Bild 220).
- Bremsbacken aus Radzylinder ziehen.
- Obere Rückzugfeder vorne aushängen.
- Vordere Bremsbacken mit automatischer Nachstellung abnehmen.

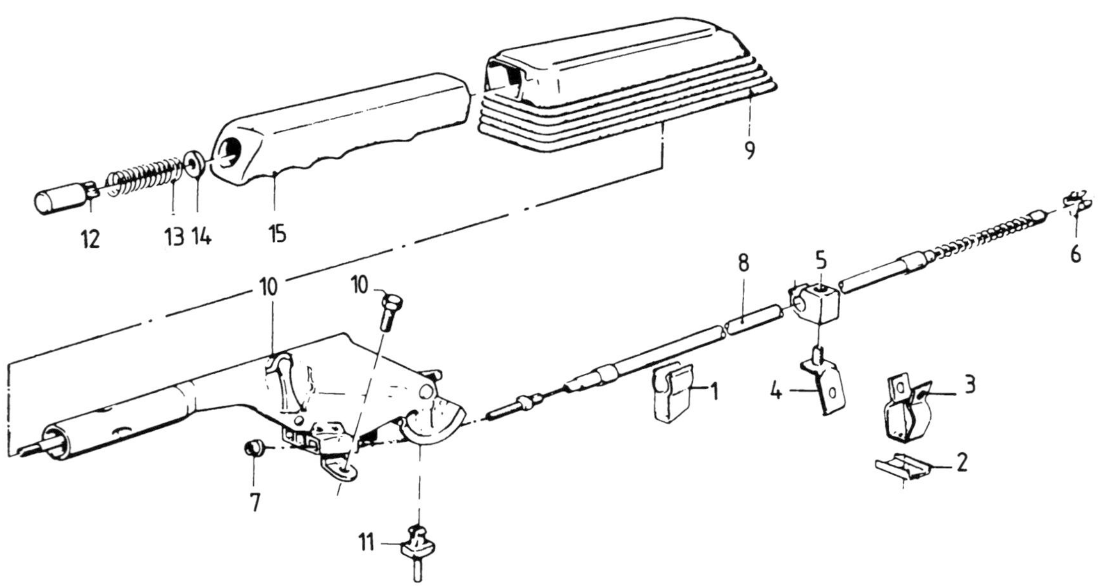

Bild 216
Handbremshebel

1 Halter
2 Halter links/rechts
3 Rohrschelle
4 Haltewinkel
5 Halter
6 Klammer
7 Mutter
8 Bowdenzug
9 Schutzkappe
10 6kt Schraube M 8 × 18
11 Führung
12 Druckknopf
13 Druckfeder
14 Gummischeibe
15 Griff
16 Handbremshebel

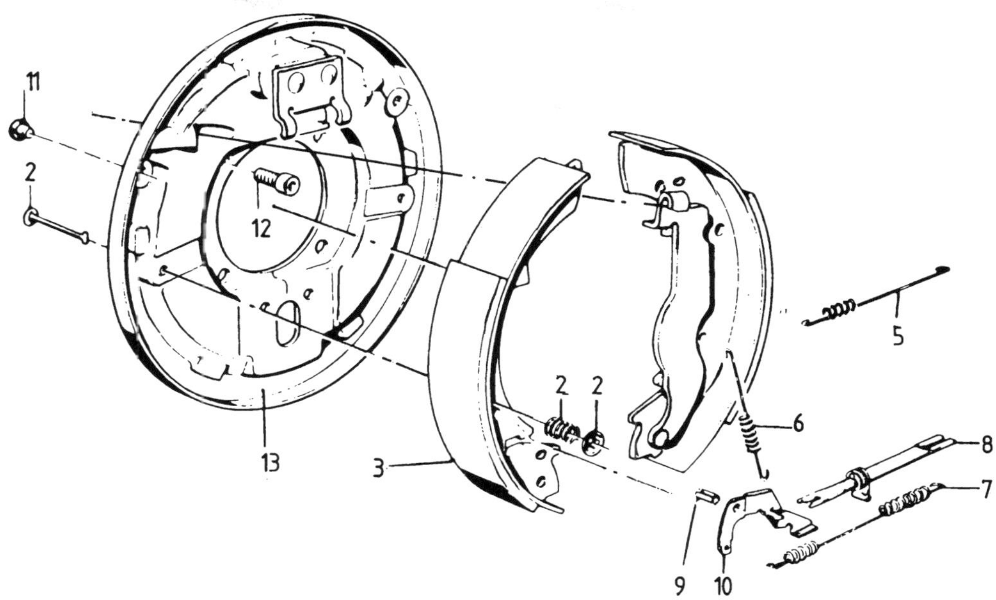

Bild 217
Trommel-Handbremse

1 Bremsträger
2 Halter
3 Bremsbacken
4 Feder
5 Zugfeder-Nachstellung
6 Zugfeder-Nachstellung
7 Untere Rückzugfeder
8 Gestänge
9 Spannstift
10 Hebel
11 Stopfen
12 Zylinderschraube M 10 × 16
13 Verschluss-Scheibe

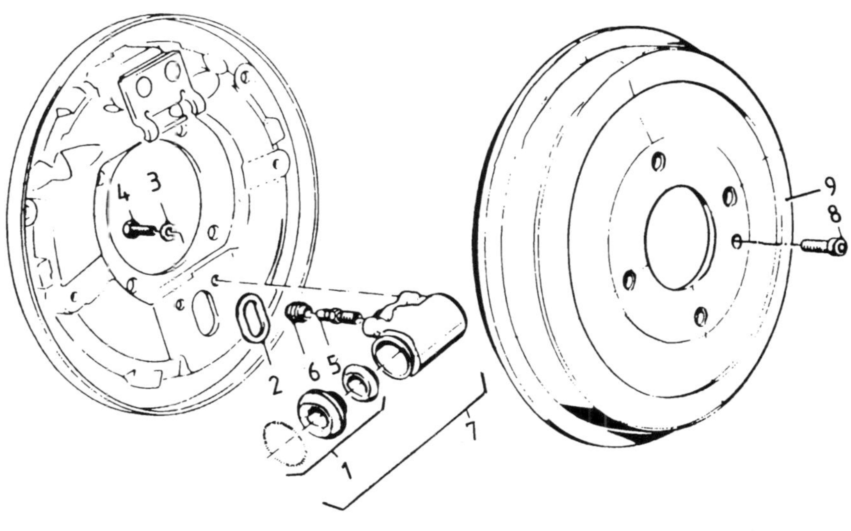

Bild 218
Trommelbremse

1 Dichtungssatz Radbremszylinder
2 Dichtring
3 Federscheibe
4 6kt Schraube M 6 × 12
5 Entlüfterventil
6 Staubkappe
7 Radbremszylinder komplett
8 Zylinderschraube M 8
9 Bremstrommel

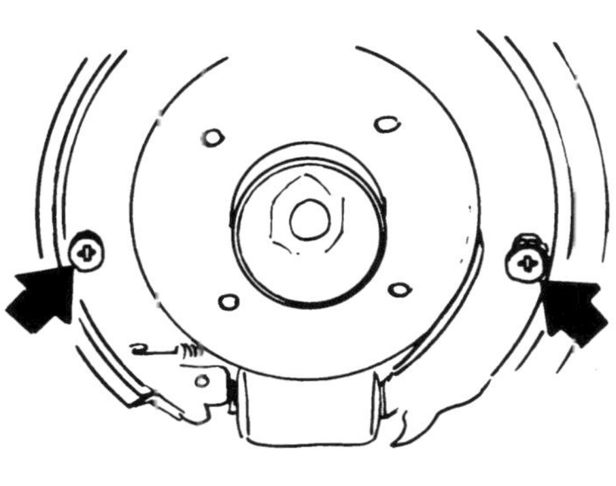

Bild 219
Rückhaltefeder 90° drehen

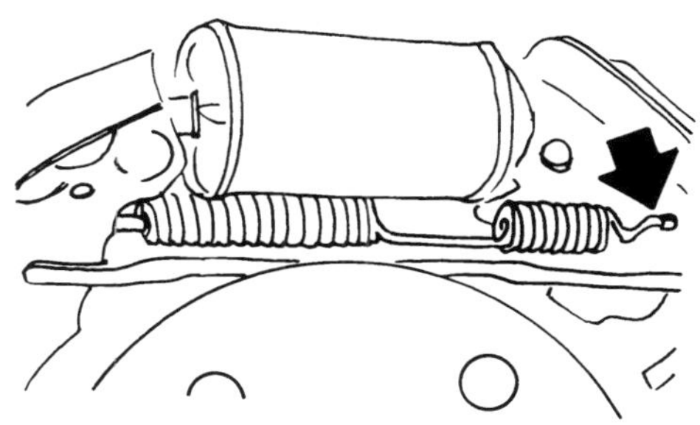

Bild 220
Rückzugfeder aushängen

- Handbremsseil aushängen.
- Hintere Bremsbacken abnehmen (Bild 221).

Bremsbacken im Tausch ersetzen. Stets alle 4 Backen im Satz erneuern.

Anordnung der Nachstellritzel:

- linke Seite Rechtsgewinde,
- rechte Seite Linksgewinde.

Thermoclip muss einrasten (Pfeil). Kröpfung der Rückzugfeder beachten.

Nachstellritzel zurückdrehen, auf Leichtgängigkeit und Funktion überprüfen. Falls erforderlich, reinigen und leicht fetten (Bild 222).

- Der Einbau erfolgt in umgekehrter Reihenfolge des Ausbaus.

Achtung: Verzogene Federn grundsätzlich ersetzen. Handbremse einstellen.

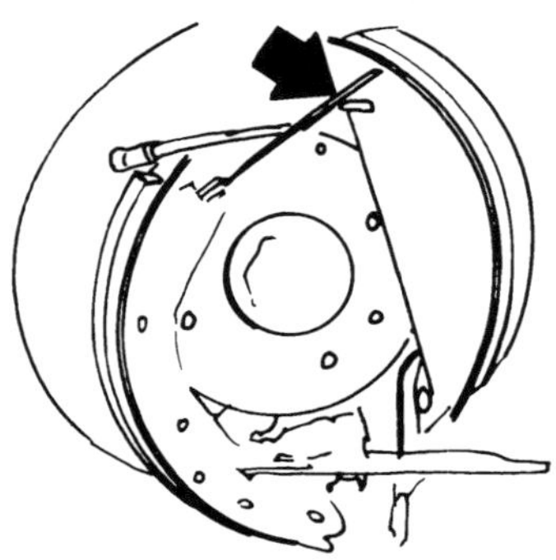

Bild 221
Bremsbacken abnehmen
Handbremsseil aushängen

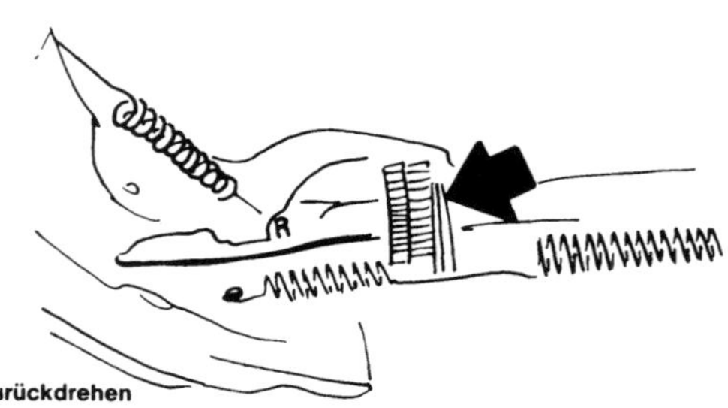

Bild 222
Nachstellritzel zurückdrehen

18.6.2 Handbremse einstellen

Voraussetzung: Beide Handbremsseile sind leichtgängig, die Nachstellmechanismen funktionieren einwandfrei.

Die Handbremse muss nachgestellt werden, wenn sich der Handbremshebel um mehr als 8 Zähne anziehen lässt.

- Abdeckung des Handbremshebels entfernen, vorne Klammer, hinten Gummi abziehen (Bild 223).
- Einstellschrauben der Seile lösen.
- Fussbremse mehrmals betätigen.
  Grundlüftspiel stellt sich automatisch ein, leises Klickgeräusch an den Hinterrädern.
  Die Funktion der Nachstellung kann durch eine Radschraubenbohrung kontrolliert werden.
  Dazu eine Radschraube an jedem Hinterrad entfernen. Rad so drehen, dass Gewindeloch 30° hinter der Senkrechten oben steht (Bild 224).
- Bremsseil einstellen:
  Handbremshebel 5 Zähne anziehen und Nachstellmutter der Bremsseile soweit nachstellen, bis sich die Hinterräder links und rechts gerade noch gleichmässig drehen lassen.
  Handbremshebel lösen und prüfen, ob sich die Hinterräder frei drehen lassen.
- Die Kontrolleuchte der Handbremse muss bei gelöster Bremse ausgehen, sonst Schalter beim Handbremshebel nachstellen.
- Abdeckung des Handbremshebels einbauen.

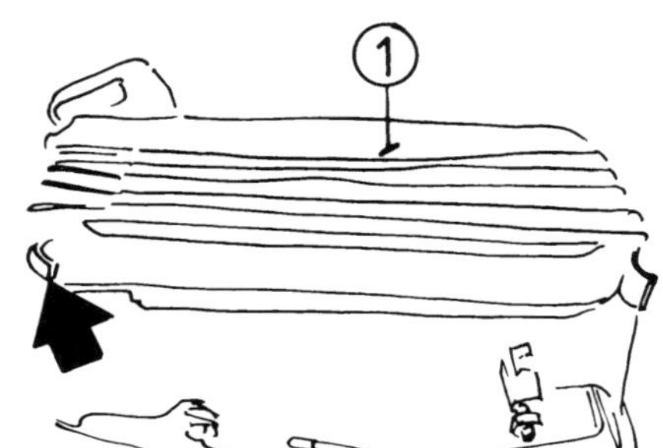

Bild 223
Abdeckung Handbremse abnehmen

Bild 224
Handbremse einstellen

18.6.3 Bremsklötze hinten ersetzen

- Hinterräder demontieren.
- Kunststoffkappen von den Inbusschrauben abziehen (Bild 225).
- Stecker der Verschleissanzeige abziehen. Führungsschrauben lösen.
- Klammer auf der Aussenseite der Bremse herausdrücken (Bild 226).
- Schwimmsattel nach hinten abziehen.
- Äusseren Bremsklotz abnehmen, der innere Klotz sitzt mit einer Feder im Bremskolben.
- Bremskolben mit Rücksetzzange vollständig zurückdrücken.
- Neue Bremsbeläge einsetzen.
- Die Montage erfolgt in umgekehrter Reihenfolge der Demontage. Folgendes ist zu beachten: Die Führungsschrauben sind zu ersetzen. Anzugsdrehmomente einhalten. Stets alle 4 Bremsbeläge ersetzen. Werden die alten Beläge weiter verwendet, so ist jeder Belag in der alten Position einzubauen.

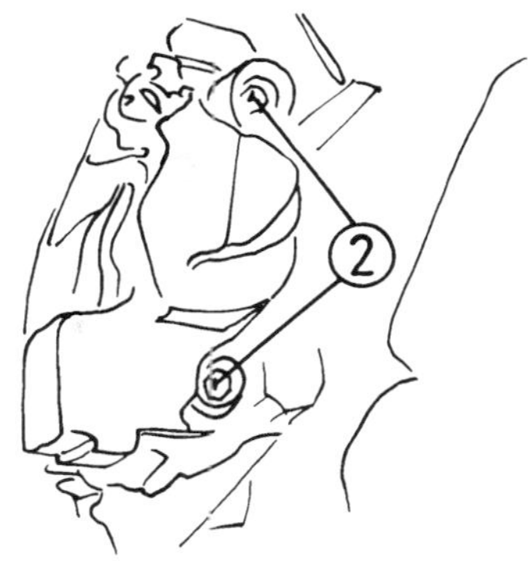

Bild 225
Kunststoffkappen 2 abziehen

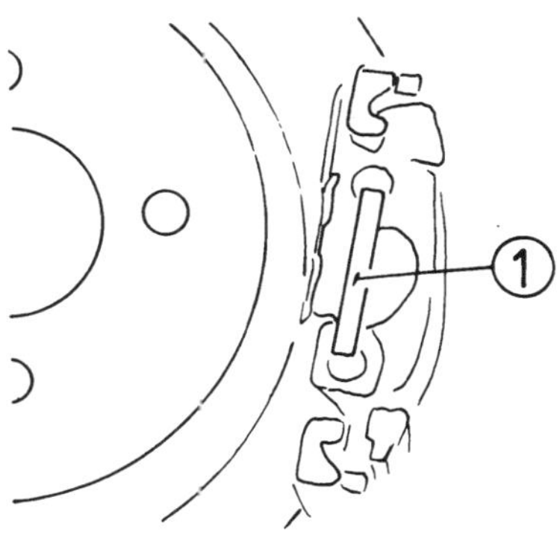

Bild 226
Klammer 1 herausdrücken

18.6.4 Faustsattel hinten aus- und einbauen

- Hinterrad abbauen.
- Bremsflüssigkeit aus Vorratsbehälter entfernen.
- Bremsschlauch von der Bremsleitung trennen.
- Befestigungsschrauben des Faustsattels lösen.
- Stecker für die Verschleissanzeige trennen.
- Faustsattel nach hinten abziehen.
- Der Einbau erfolgt in umgekehrter Reihenfolge. Anzugsdrehmoment beachten.
- Bremssystem entlüften.

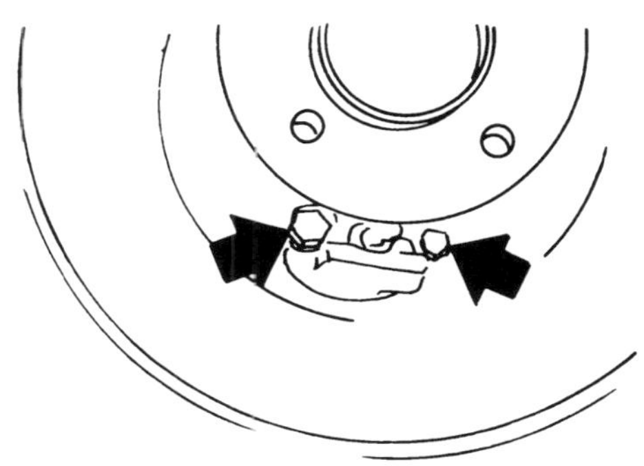

Bild 227
Spreizschloss ausbauen

18.7 Handbremse

18.7.1 Handbremse aus- und einbauen

- Hinterräder abbauen.
- Faustsattel ausbauen, bleibt angeschlossen.
- Bremsscheibe wie vorstehend beschrieben ausbauen.
- Untere Rückzugfeder mit Bremsfederzange aushängen (Bidl 228).
- Haltefeder mit Schlüssel 34 4 000 90° drehen und aushängen.
- Bremsbacken unten auseinanderziehen und nach oben herausziehen.

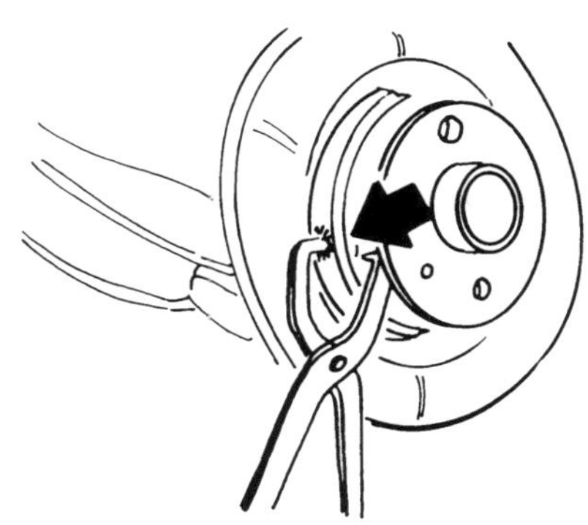

Bild 228
Rückzugfeder aushängen

- Das Spreizschloss auf Gängigkeit prüfen. Mit Molykotepaste G dünn bestreichen (Bild 227).

Mindestbelagstärke 1,5 mm.

- Beläge in umgekehrter Reihenfolge montieren.

18.7.2 Handbremsseilzug ein- und ausbauen

- Faustsattel hinten ausbauen.
- Bremsscheibe ausbauen.
- Handbremsbacken ausbauen.
- Spreizschloss ausbauen.
- Handbremshebel ausbauen.
- Handbremszug am Schwingarm aushängen.
- Abstützung am Handbremsschild für den Seilzug lösen und Seilzug herausziehen.
- In umgekehrter Reihenfolge Seilzug einbauen.
- Handbremse einstellen.

18.7.3 Handbremshebel aus- und einbauen

- Gummischutzkappe des Handbremshebels abziehen, dazu Klammer vorne hochziehen und hinten ausheben.
- Ascher hinten ausheben.
- Schraube lösen (Bild 229).
- Konsole durch Zurückschieben aushängen und herausnehmen.
- Muttern der Handbremsseile lösen.
- Schrauben des Handbremshebels lösen (Bild 231).
- Handbremshebel herausnehmen.
- Der Einbau erfolgt in umgekehrter Reihenfolge.

18.8 Ersatz der Radbremszylinder

Sind Bremszylinder undicht oder festgefressen, so sind sie grundsätzlich zu ersetzen.
Zur einwandfreien Reparatur ist sehr viel Fachwissen und Spezialwerkzeug erforderlich.

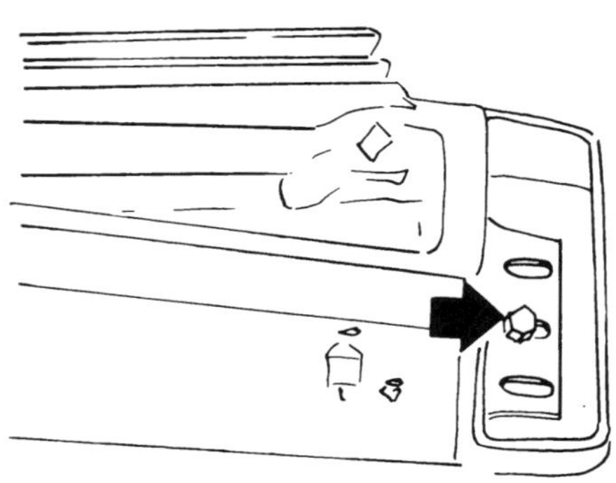

Bild 229
Schraube lösen

Aus Sicherheitsgründen sollte man die Beurteilung der Wiederverwendbarkeit der Zylinder dem Spezialisten überlassen.
Aus diesem Grund sollte man sich auf den Ersatz von Staubmanschetten an den Bremszangen beschränken.

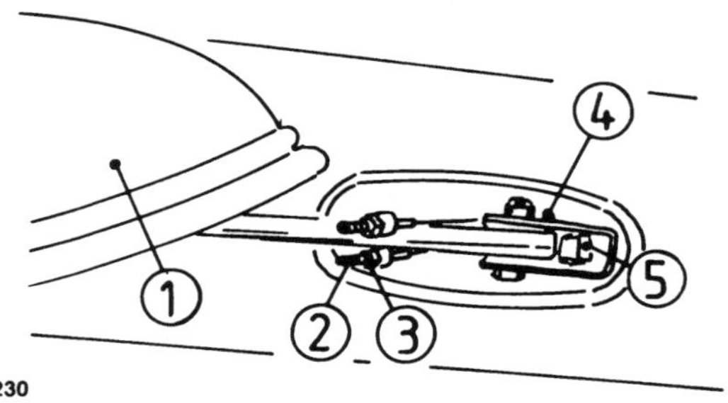

Bild 230
Muttern Handbremsseil

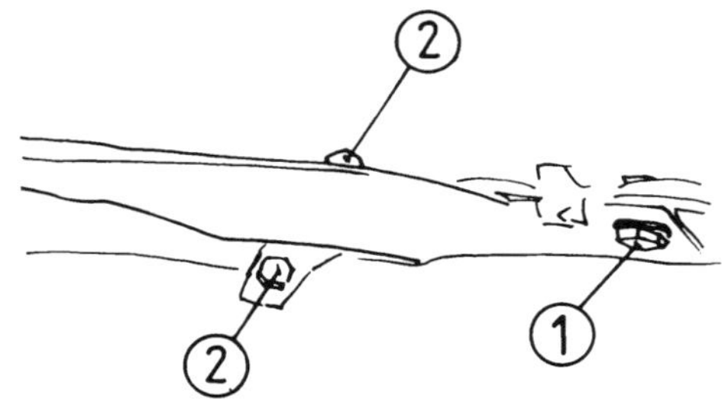

Bild 231
Schrauben des Handbremshebels lösen

1 Schraube Handbremshebel
2 Muttern zu Handbremsseil

18.9 Bremshydraulik entlüften

Nach allen Arbeiten, bei welchen das Hydrauliksystem geöffnet wurde, sowie nach dem jährlichen Wechsel der Bremsflüssigkeit, müssen die beiden Kreise der Bremshydraulik entlüftet werden.
Beim Arbeiten mit Bremsflüssigkeit ist darauf zu achten, dass diese nicht mit Karosserieteilen in Berührung kommt, da sonst der Lack sofort angegriffen wird.

18.9.1 Entlüften mit Bremsentlüftergerät

- Entlüftergerät am Ausgleichsbehälter anschliessen und kontrollieren, ob der maximal erlaubte Fülldruck von 2 atü nicht überschritten wird.
- Staubschutzkappen über einem der Entlüfternippel abnehmen. Dünnen Schlauch über den Nippel stülpen und Schlauchende in einen sauberen Behälter hängen.
- Entlüfternippel vorsichtig öffnen und solange offen halten, bis luftfreie Flüssigkeit austritt.

- Gleiches Vorgehen für die beiden Bremssättel wie für die beiden Radbremszylinder der Hinterachse.
- Staubkappe wieder auf den Nippel setzen.

18.9.2 Entlüften ohne Bremsentlüftergerät

Vorratsbehälter mit Hydraulikflüssigkeit füllen und während dem nachfolgend beschriebenen Entlüftungsvorgang den Flüssigkeitsstand ständig überprüfen:

- Staubschutzkappe am entsprechenden Entlüfternippel entfernen und dünnen Schlauch über den Nippel stülpen. Schlauchende in einen halb mit Hycraulikflüssigkeit gefüllten Behälter stekken (beim Entlüftungsvorgang darf keine Luft angesaugt werden).
- Eine Person setzt das Hydrauliksystem durch mehrmaliges Pumpen bis zum Pedalanschlag unter Druck, dann öffnet eine zweite den Entlüftungsnippel und lässt so Hydraulikflüssigkeit austreten. Dieser Vorgang ist an allen 4 Entlüftungsnippeln (2 an den vorderen Bremssätteln und 2 an den hinteren Radbremszylindern) so lange zu wiederholen, bis an allen Nippeln luftfreie Hydraulikflüssigkeit austritt.
- Entlüftungsnippel wieder mit Staubschutzkappen versehen.

18.10 Anordung der Pedale

Um eine sichere und zuverlässige Bedienung des Fahrzeugs zu ermöglichen, müssen die Pedale auf die untenstehenden Masse eingestellt sein.

Bremsfusshebel
Mass A – 235 ± 10 mm
Mass B – 5 + 1 mm
Kupplungsfusshebel
Mass A – 34,5 mm
Mass B – 253 + 11 mm
Fahrfusshebel
Mass C – 46 mm
Automat Kick-Down – 51 mm

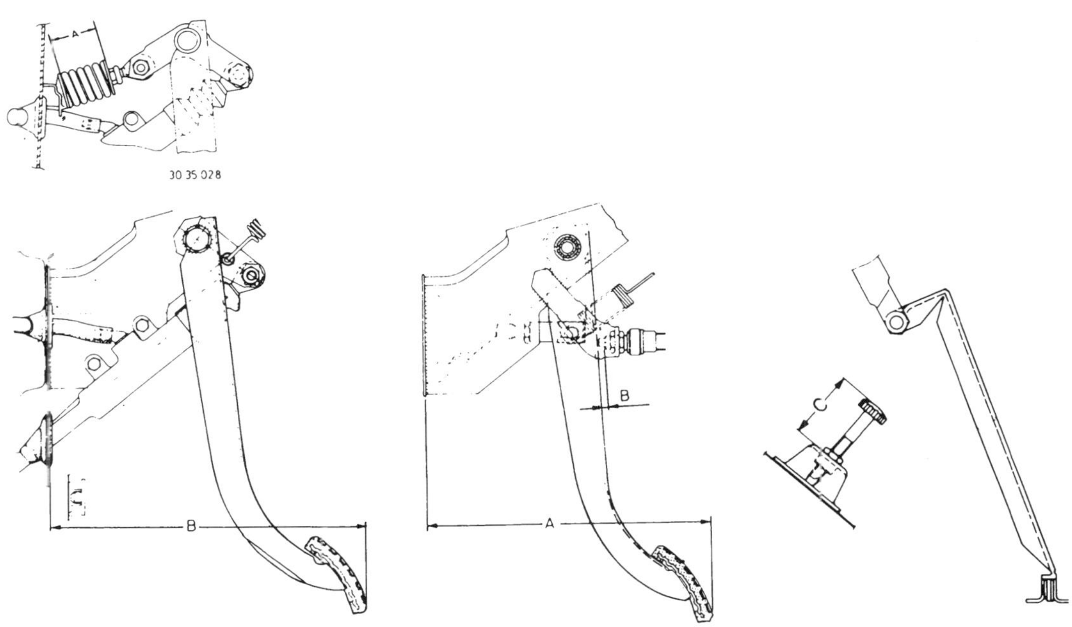

Bild 232
Anordnung Kupplungs-, Brems- und Fahrfusshebel

18.11 Fehlersuche an der Bremsanlage

Störung	*Ursache*	*Abhilfe*
Bremsen ziehen einseitig	a) Reifendruck unvorschriftsmässig b) Ungleichmässig abgefahrene Reifenprofile c) Beläge verölt d) Belagtyp nicht nach Vorschrift e) Verschmutzte Faustsattelschächte f) Führungsschrauben verschmutzt oder beschädigt g) Hinterachsgeometrie stimmt nicht h) Korrosion in den Faustsätteln bzw. Radzylindern i) Stossdämpfer keine Wirkung k) Belag eines Sattels verschlissen l) Belag verglast	a) Reifenluftdruck korrigieren b) Reifen wechseln, erneuern c + d) Bremsklötze erneuern, auf Ursachen überprüfen e) Faustsättel aus- und einbauen, reinigen f) Führungsschrauben erneuern g) Fahrzeugvermessung h) Faustsättel oder Radzylinder aus- und einbauen, instandsetzen oder erneuern. i) Stossdämpfer prüfen ggf. k + l) erneuern Bremsklötze erneuern, Faustsattel prüfen
Bremsen erhitzen sich stark während der Fahrt	a) Ausgleichbohrung im Hauptzylinder verstopft b) Kein Spiel zwischen Druckstange und Hauptzylinderkolben c) Durch Verwendung falscher Bremsflüssigkeit Gummiteile gequollen d) Entlüftungsloch am Ausgleichsbehälter verstopft e) Korrodierte Faustsättel f) Spreizfeder gebrochen g) Nicht vollständig gelöste Handbremse	a) Hauptbremszylinder überholen, ggf. erneuern b) Druckstange einstellen c) Hauptbremszylinder überholen, ggf. erneuern d) Ausgleichsbehälter reinigen e) Faustsättel aus- und einbauen, instandsetzen oder erneuern f) Spreizfeder erneuern g) Handbremse und Handbremsseile überprüfen, ggf. instandsetzen
Bremswirkung trotz sehr hohem Fussdruck schlecht Bremsfusshebelweg normal kurz lang	a) Bremsbeläge verölt oder verbrannt, Belagtyp nicht nach Vorschrift b) Bremsgerät arbeitet nicht – Unterdruckangebot des Motors zu gering Durch Undichtheit oder c) Beschädigung ist ein Bremskreis ausgefallen	a) Bremsklötze erneuern b) Bremskraftverstärkungsanlage überprüfen – Motor überprüfen (Ventile, Zylinderkopfdichtung etc.) c) Dichtheitsprüfung der Bremsanlage
Bremsfusshebel lässt sich weich und federnd durchtreten	a) Luft im Bremssystem Zu wenig Bremsflüssigkeit im b) Ausgleichsbehälter – wie a) Überhitzte Bremsflüssigkeit – c) Dampfblasenbildung durch zu hohen Wassergehalt der Bremsflüssigkeit oder Überbeanspruchung der Bremsen	a, b+c) Bremsflüssigkeit ergänzen bzw. wechseln, Bremsanlage entlüften
Bremse ist entlüftet und nachgestellt, Bremsfusshebel lässt sich trotzdem zu weit durchtreten	a) Primärmanschette im b) Hauptzylinder beschädigt Undichte Trennmanschetten auf dem schwimmenden Kolben des c) Tandem-Hauptzylinders Leck im Bremssystem	a + b) Hauptbremszylinder überholen oder erneuern c) Dichtheitsprüfung der Bremsanlage
Schräg abgenutzter Bremsbelag	a) Radlagerspiel zu gross b) Bremsscheibe fluchtet nicht zur	a) Radlager erneuern b) Faustsattelbefestigung prüfen

Störung	*Ursache*	*Abhilfe*
	Faustsattelbefestigung c) Korrosion in den Faustsätteln bzw. Radzylindern d) Schräg abgenutzte Bremsscheibe e) Mindestbelagstärke unterschritten f) Haltefeder drückt nicht ausreichend g) Führungsschrauben beschädigt	c) Faustsättel bzw. Radzylinder aus- und einbauen, instandsetzen oder erneuern d) Bremsscheiben abdrehen oder erneuern e) Bremsklötze erneuern f) Haltefedern erneuern g) Führungsschrauben erneuern
Festsitzende Bremsbeläge, Belag löst sich nicht von der Bremsscheibe	a) Verschmutzte Faustsattelschächte, Schutzkappen beschädigt b) Korrosion in den Faustsätteln c) Ausgleichsbohrung im Hauptzylinder verstopft	a + b) Faustsättel aus- und einbauen, instandsetzen oder erneuern c) Hauptbremszylinder überholen oder erneuern
Bremse quietscht oder rattert	a) Belagtyp nicht nach Vorschrift b) Verschmutzte Faustsattelschächte c) Haltefederdruck nicht ausreichend d) Bremsscheibe fluchtet nicht zur Faustsattelbefestigung e) Bremsscheibenschlag f) Stärkendifferenz innerhalb der Bremsfläche zu groß g) unrunde Bremstrommeln h) schlagende Bremstrommeln i) Schmutz und Staub in den Bremstrommeln k) Beläge zu stark oder einseitig abgenutzt l) Rostrand an den Bremsscheiben m) Belag hat sich gelöst n) Radlagerspiel zu groß	a) Bremsklötze erneuern b) Faustsättel aus- und einbauen, reinigen c) Haltefeder erneuern d) Faustsattelbefestigung prüfen e) Bremsscheiben auf Schlag prüfen, ggf. erneuern f) Bremsscheibenstärke messen, Scheiben abdrehen oder erneuern g + h) Bremstrommeln ausdrehen oder erneuern i) Bremstrommeln reinigen ,prüfen k) Bremsbacken erneuern l) Bremsscheiben abdrehen oder erneuern m) Bremsklötze erneuern n) Radlager erneuern
Bremsfusshebel-Leerweg zu gross	a) Radlagerspiel zu gross b) Bremsscheibe fluchtet nicht zur Faustsattelbefestigung c) Bremsscheibenschlag d) Stärkendifferenz innerhalb der Bremsfläche zu gross e) Bremssystem undicht f) Luft im Bremssystem g) Belagtyp nicht nach Vorschrift h) automatische Nachstellung der Bremsbacken funktioniert nicht	a) Radlager erneuern b) Faustsattelbefestigung prüfen c) Bremsscheiben auf Schlag prüfen, ggf. erneuern d) Bremsscheibenstärke messen, Scheiben abdrehen oder erneuern e) Dichtheitsprüfung der Bremsanlage f) Bremsanlage entlüften g) Bremsklötze erneuern bzw. Bremsbacken erneuern h) Bremsbacken aus- und einbauen, Nachstellung instandsetzen
Festsitzende Kolben im Bremsfaustsattel	a) Verschmutzte Faustsattelschächte, Schutzkappen beschädigt b) Bremsscheibe fluchtet nicht zur Faustsattelbefestigung c) Korrosion der Kolben in den Faustsätteln bzw. Radzylinder	a) Faustsattel aus- und einbauen, instandsetzen oder erneuern b) Faustsattelbefestigung prüfen c) Faustsattel bzw. Radzylinder aus- und einbauen, instandsetzen oder erneuern
Pulsierende Wirkung am Bremsfusshebel	a) Radlagerspiel zu gross b) Bremsscheibe fluchtet nicht zur Faustsattelbefestigung	a) Radlager erneuern b) Faustsattelbefestigung prüfen c) Bremsscheiben auf Schlag prüfen,

Störung	*Ursache*	*Abhilfe*
	c) Bremsscheibenschlag d) Stärkendifferenz innerhalb der Bremsfläche zu groß	ggf. erneuern d) Bremsscheibenstärke messen, Scheiben abdrehen oder erneuern
Wirkung der Handbremse nicht ausreichend	a) Bremsbacken verölt b) Zu viel Leerweg zwischen Bremsbacken und Bremstrommel c) Zu viel Leerweg in den Seilzügen d) Seilzüge unsachgemäß eingestellt e) Korrodierte Übertragungselemente	a) Bremsbeläge erneuern, Ursache feststellen b, c+d) Handbremse einstellen e) Handbremse und Spreizschlösser aus- und einbauen, Bowdenzüge prüfen, ggf. erneuern

19 Die elektrische Anlage

Alle BMWs sind mit einer 12-Volt-Anlage (Minus an Masse) versehen. Die Drehstromlichtmaschine mit eingebautem Spannungsregler liefert den Strom für Verbraucher und Batterieaufladung.
In diesem Kapitel werden nur Schnellprüfverfahren und Servicearbeiten beschrieben. Weiterreichende Arbeitsgänge und Testläufe erfordern spezielle Einrichtungen (Prüfbank) und sollen deshalb einer entsprechend ausgerüsteten Fachwerkstatt überlassen werden.

19.1 Batterie

Durch Verdunstung und chemischen Verbrauch von Wasser sinkt der Flüssigkeitsstand in der Batterie. Zur Korrektur des Flüssigkeitsstandes darf nur destilliertes Wasser verwendet werden. Der Spiegel sollte sich ca. 10 mm oberhalb der Bleiplatten befinden.
Falls die Batterie schnellgeladen wird (etwa 40 A), muss diese ausgebaut, der Flüssigkeitsstand berichtigt und die Verschlussstopfen während dem Ladevorgang entfernt werden.

Alte Batterien und neue, welche sich während der Lagerung entladen haben, dürfen nicht mit so hohen Strömen geladen werden; bei ihnen soll man nicht über 10 % der Batteriekapazität in Ampere hinausgehen. So lange laden, bis die Batterie gast (Dauer etwa eine Stunde).

19.1.1 Wartung der Batterie

Die Batterie soll immer sauber und trocken sein. Andernfalls können sich Kriechströme entwickeln, die zur Selbstentladung der Batterie führen.
Zur Reinigung ist die Batterie auszubauen. Die Muttern der Polklemmen sollen nur mittels Schraubenschlüssel gelockert werden. Wegen Oxydation festsitzende Polklemmen dürfen nicht mit Gewalt abgehebelt oder abgedreht werden, vielmehr ist bei solchen Klemmen die Mutter weiter als üblich loszudrehen, um mit einem breiten Schraubenzieher, den man zwischen den beiden Enden der Klemme ansetzt, durch Verdrehen desselben die Enden auseinanderdrücken zu können. Die Reinigung erfolgt mit einer warmen Sodalösung und einer hartborstigen Bürste. Verschlussleiste bzw. Zellen-

stopfen dürfen dabei nicht abgenommen sein. Anschliessend die Batterie gut trocknen und die Pole mit reiner Vaseline oder Polfett einschmieren.
Bei Stillegung des Fahrzeuges sollte die Batterie ausgebaut werden. Je nach Dauer der Stillegung ist sie gelegentlich an ein Ladegerät anzuschliessen (Selbstentladung); eine ganz entladene Batterie nimmt Schaden!
Beim Ausbau der Batterie immer zuerst die Minus-Polklemme und danach die Plus-Polklemme abschrauben, um Kurzschlüsse zu vermeiden. Beim Einbau umgekehrt verfahren.

19.1.2 Kontrolle des Ladezustandes

Zur Kontrolle der Batterieladung ist die Säuredichte zu messen. Einen Säureheber verwenden (Bild 233). Die Dichte wird an der Tauchgrenze des Dichtemessers abgelesen, indem man das Aräometer senkrecht hält und prüft, ob der Dichtemesser (Schwimmer) frei auf dem Elektrolyt schwimmt. Bei der Messung soll die Temperatur zwischen 15° C und 25° C liegen. Dichte und Ladezustand hängen wie folgt zusammen:

Dichte	Ladezustand
1,28	100 %
1,25	75 %
1,22	50 %
1,19	25 %
1,16	fast leer
1,11	leer

Falsche Werte ergeben sich bei falschem Säurestand, bei zu kaltem oder zu warmem Elektrolyt, sofort nach dem Nachfüllen von destilliertem Wasser, unmittelbar nach mehreren Anlassversuchen bei siedendem Elektrolyt. Bei sehr hohen Aussentemperaturen (Tropen) ist die Dichte (spezifisches Gewicht) der Schwefelsäure geringer. In den einzelnen Zellen soll die Dichte annähernd gleich sein; die Ursache von Abweichungen liegt meist an defekten Batteriezellen. Altersbedingte Bildung von Bleischlamm und Antimon führen zu rascher Selbstentladung.
Eine Batterie mit sehr geringem Ladezustand ist auszubauen und nachzuladen. Der Ladewert soll 10 % der Batteriekapazität ausmachen, bei einer 40 Ah-Batterie also 4.0 Ampere betragen. Bei Batterie mit Verschlussstopfen die Stopfen für den Ladevorgang herausdrehen. Die Batterie so lange an das Ladegerät anschliessen, bis die Dichte innerhalb von drei bis vier aufeinanderfolgenden Stunden keine Veränderung zeigt. Während der Aufladung den Flüssigkeitsspiegel durch Nachfüllen von destilliertem Wasser ca. 15 mm über den Plattenoberkanten halten.
Auch durch eine längere Fahrt kann die im Fahrzeug eingebaute Batterie wieder aufgeladen werden. Falls die tiefe Entladung nicht durch längere Nichtbenutzung erklärbar ist, muss der Ursache der Entladung auf die Spur gekommen werden.
Prüfung der Batterie unter Belastung vornehmen. Ein Voltmeter an den Batteriepolen anschliessen. Den Anlasser betätigen und die Spannung ablesen. Bei 20° C darf die Spannung während des Startens nicht unter 9,5 Volt abfallen. Sofort zusammenbrechende Spannung, gepaart mit unterschiedlichen Säuredichten in den einzelnen Zellen, lässt auf eine defekte Batterie schliessen.

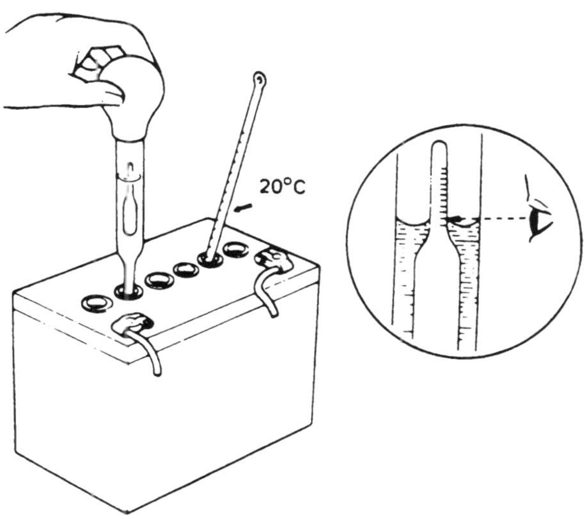

Bild 233
Aräometer zum Messen des Batterieladezustandes

19.2 Alternator

Um teure Schäden am Drehstrom-Generator zu vermeiden, sind folgende Regeln zu beachten:
— Leitungen zwischen Generator, Batterie und Regler nie bei laufendem Motor abklemmen.
— Beim Schnelladen der Batterie (was man möglichst vermeiden sollte) Plus- und Minusleitung immer von der Batterie abklemmen.
— Bei elektrischen Schweissarbeiten am Fahrzeug die Massenklemme des Schweissgeräts immer direkt mit dem zu schweissenden Teil verbinden.

Aufbau des Alternators siehe Bild 234.

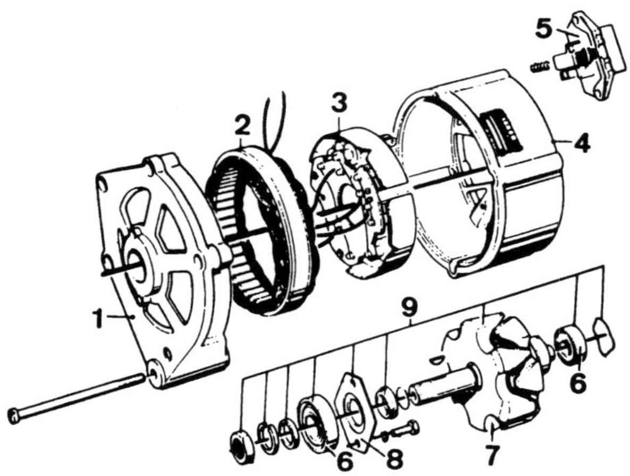

Bild 234
Alternator

1 Antriebslager
2 Stator
3 Diodenplatte
4 Schleifringlager
5 Regler mit Kohlenbürstensatz
6 Kugellager
7 Läufer
8 Halteplatte
9 Reparatursatz

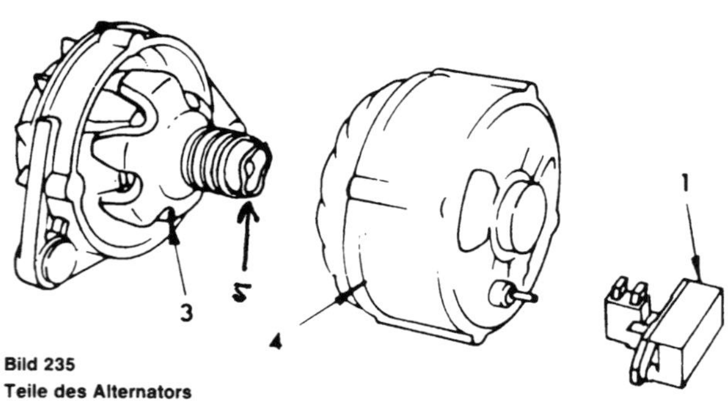

Bild 235
Teile des Alternators

1 Regler
3 Läufer
4 Schleifringlager
5 Gewellte Scheibe

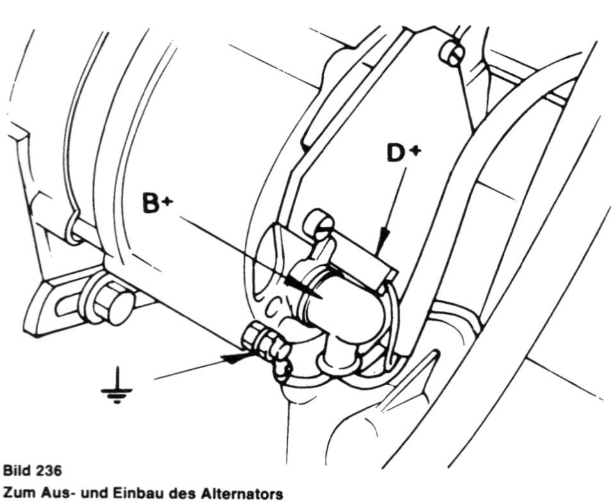

Bild 236
Zum Aus- und Einbau des Alternators

19.2.1 Alternator mit Regler schnellprüfen

Voraussetzung ist eine intakte Batterie.

- Voltmeter zwischen Pluspol der Batterie und Masse schalten, Motor starten und mit 2000/min drehen lassen. Das Voltmeter muss 13,5 bis 14,6 Volt anzeigen. Bei einer Anzeige über 14,6 Volt ist der Regler defekt und muss ersetzt werden. Bei einer Anzeige von weniger als 13,5 Volt ist der Regler unterbrochen oder die Kohlebürsten sind zu kurz und müssen ersetzt werden.
- Spannungsregler vom Generator abbauen und Bosch-Kohlehalter einbauen. D+ und DF miteinander verbinden. Prüflampe zwischen Plus der Batterie und DF oder D+ schalten. Der Generator ist i. O., wenn die Prüflampe bei stehendem Motor brennt und bei laufendem Motor erlischt. Wenn die Lampe glimmt, so sind Statorwicklung oder Dioden defekt.
- Der Spannungsregler ist gleichzeitig Kohlebürstenhalter und kann in der Folge nur als kompletter Bauteil ausgewechselt werden.

19.2.2 Kohlebürsten ersetzen

Regler und Kohlebürstenhalterung sind ein einziges Bauteil. Um die Bürsten zu ersetzen, folgendermassen vorgehen:

- Regler (1 in Bild 235) vom Alternator abbauen.
- Alte Kohlebürsten aus- bzw. neue Bürsten einlöten. Dabei darauf achten, dass kein Lötzinn in die Kupferlitzen fliessen kann, da diese sonst steif und brüchig werden.
- Regler mit Kohlehalterung wieder anbauen.

19.2.3 Aus- und Einbau des Alternators

Ausbau unter Bezug auf Bild 232 vornehmen:

- Minuskabel von der Batterie abklemmen.
- Leitungen vom Drehstrom-Generator abbauen.
- Befestigungsschraube an der Spannlasche des Generators ausbauen, obere Aufhängung lösen und Drehstromgenerator herausnehmen.

Beim Einbau auf folgende Punkte achten:

- Keilriemen so spannen, dass er sich noch 10 bis 15 mm durchdrücken lässt. Zum Spannen des Keilriemens die Spannschraube (1 in Bild 237) und die beiden Halteschrauben (2) und (3) lösen, Lichtmaschine nun an ihrer Oberkante packen und nach rechts ziehen oder einen Schraubenzieher als Hebel benutzen; Spannschraube festziehen, Riemenspannung kontrollieren und bei richtiger Spannung die beiden Halteschrauben anziehen.

- Leitungen am Generator richtig befestigen (siehe Bild 236). Es gilt:
  - — B+ rot
  - — D+ blau
  - — Masse braun

19.2.4 Alternator überholen

Unter Bezug auf Bild 234 vorgehen:

- Generator ausbauen (Kapitel 19.1.3).
- Regler/Kohlebürstenhalter abbauen (siehe 1 in Bild 235). Gegenseitige Lage der Gehäuseteile für den Wiedereinbau kennzeichnen und Gehäuse mit Läufer (3) vom Schleifringlagergehäuse trennen.
- Läuferwicklung mit 12 Volt und Prüflampe zwischen einem Schleifring und einem Pol auf Masseschluss prüfen. Läuferwicklung mit einem Ohmmeter zwischen den beiden Schleifringen auf Windungsschluss prüfen: Der elektrische Widerstand soll 3,6 bis 4,4 Ohm betragen. Nötigenfalls Läufer ersetzen. Dazu diesen so ausbauen, wie beim Ersatz der Lager geschildert (siehe weiter unten).
- Ständerwicklung von der Diodenplatte ablöten und mit Hilfe einer 12-Volt-Quelle und einer Prüflampe auf Masseschluss prüfen (siehe Bild 238). Ständerwicklungen mit einem Ohmmeter abwechslungsweise zwischen 2 Phasen auf Windungsschluss prüfen: Der elektrische Widerstand soll 1,8 bis 2,2 Ohm betragen. Nötigenfalls Ständerwicklung ersetzen.
- Zum Ersatz der Diodenplatten die Schrauben (8) bis (10) vom Schleifringlager lösen (siehe Bild 239). Mutter der Schraube (11) entfernen und Diodenplatte herausnehmen.
- Zum Ersatz der Lagerungen Riemenscheibe und Lüfterrad abbauen, Keil ausheben und Läufer aus dem Lagerschild drücken. Halteblech im Lagerschild ausbauen und vorderes Rillenlager aus dem Lagerschild drücken resp. hinteres Rillenlager vom Läufer abziehen. Neue Lager mit Bosch Ft 1 v 34 fetten und mit offener Lagerseite zum Läufer einbauen.

Der Zusammenbau des Generators erfolgt in umgekehrter Reihenfolge. Darauf achten, dass die gewellte Scheibe (5 in Bild 235) vor dem Zusammenbau der beiden Gehäusehälften mit etwas Fett Ft v 34 angeheftet wird.

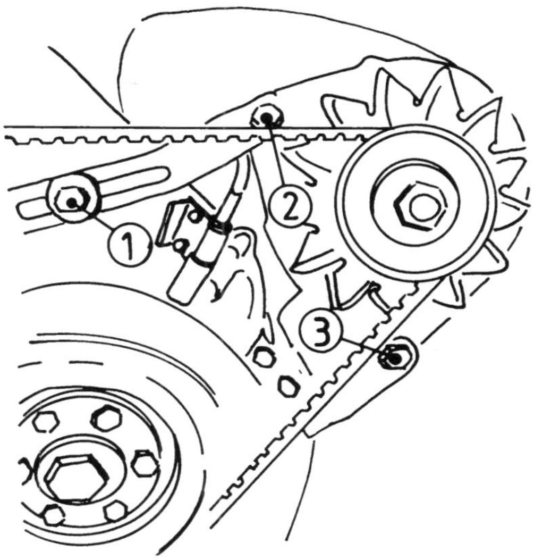

Bild 237
Keilriemenspannung einstellen

1 Spannschraube 2 Obere Halteschraube 3 Untere Halteschraube

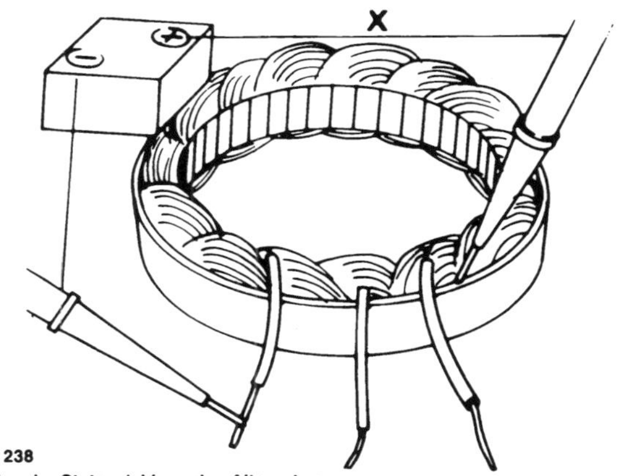

Bild 238
Prüfen der Statorwicklung des Alternators

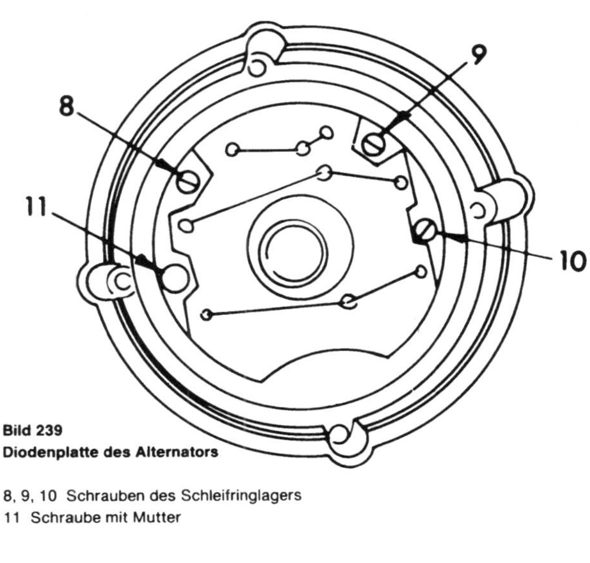

Bild 239
Diodenplatte des Alternators

8, 9, 10 Schrauben des Schleifringlagers
11 Schraube mit Mutter

19.2.5 Fehlersuche am Drehstromgenerator

Störung	*Ursache*	*Abhilfe*
Drehstromgenerator erzeugt Geräusche	Kugellager schadhaft	Kugellager erneuern
	Keilriemen defekt	Kielriemen erneuern
	Riemenscheibe lose	Befestigungsmutter anziehen
Kontroll-Lampe brennt bei laufendem Motor mit halber Helligkeit	Keilriemen lose	Kielriemen spannen
	schlechter Kontakt der Kabelverbindung	Kabelanschlüsse und Kabelverbindung prüfen
	Regler schadhaft	Regler erneuern
	Kohlebürsten schadhaft	Kohlebürsten erneuern
	Gleichrichterdiode ist defekt oder hat Masseschluss	Gleichrichterdiode erneuern
	Stator hat Masseschluss	Stator erneuern
	Läufer hat teilweise Masseschluss	Läufer erneuern
Batterie gast stark	schlechter Kontakt zwischen Regler und Generator	Kabelanschlüsse am Regler und Generator prüfen
	Regler schadhaft	Regler erneuern
Kontroll-Lampe brennt bei laufendem Motor mit halber oder voller Helligkeit	Keilriemen lose	Keilriemen spannen
	Regler schadhaft	Regler erneuern
	Unterbrechung oder Kurzschluss an Zuleitung	Kabelanschlüsse und Kabel prüfen
Kontrollampe brennt bei laufendem Motor mit halber oder voller Helligkeit	Kohlebürsten defekt	Kohlebürsten erneuern
	Läuferwicklung defekt	Läufer erneuern
	Erregerstromkreis unterbrochen	Kabelanschlüsse prüfen
	Dioden oder Diodenträger defekt	Dioden oder Diodenträger prüfen gegebenenfalls ersetzen
	Kabel D+/61 hat Masseschluss	Kurzschluss beseitigen bzw. Kabel ersetzen

Störung	*Ursache*	*Abhilfe*
Kontroll-Lampe brennt nicht bei laufendem Motor	Kontroll-Lampe defekt	Kontroll-Lampe 4 Watt einbauen
	Leitung 61 unterbrochen	Unterbrechung beseitigen
Kontroll-Lampe brennt nicht bei stehendem Motor Zündung eingeschaltet	Kontroll-Lampe defekt	Kontroll-Lampe 4 Watt einbauen
	Batterie entladen	Batterie aufladen
	Batterie defekt	Batterie ersetzen
	Kabel gelöst oder schadhaft	Kabel ersetzen bzw. Anschlüsse befestigen
	Regler schadhaft	Regler ersetzen
	Kurzschluss einer Plusdiode im Generator	Sofort Ladeleitung abklemmen, sonst Entladung im Stand; Generator instandsetzen
	Kohlebürsten abgenützt	Kohlebürsten ersetzen
	Oxydschicht auf Schleifringen, Unterbrechung der Läuferwicklung	Generator instandsetzen

19.3 Anlasser

19.3.1 Anlasser überholen

Unter Bezug auf Bild 240 vorgehen:

- Minuskabel von der Batterie lösen. Kabel vom Magnetschalter und Minuskabel vom Stützwinkel abbauen.
- Stützwinkel von Motorblock und Ansaugleitung lösen. Anlasser von Kurbelgehäuse/Getriebe lösen und mit Stützwinkel herausheben.
- Magnetschalter vom Anlasser lösen und Einrückhebel aushängen. Magnetschalter abnehmen.
- Stützwinkel und Staubkappe (1 in Bild 241) von der Polgehäusekappe abbauen. Sicherungsscheibe (2) ausheben und Ausgleichsscheiben (3) in Dichtung (4) abnehmen. Polgehäuseschrauben (5) lösen und Polkappe (6) abnehmen.
- Plusbürsten ausheben und Bürstenplatte abnehmen. Alte Kohlebürsten aus- und neue Bürsten einlöten. Darauf achten, dass kein Lötzinn in die Kupferlitzen gerät, da diese sonst steif und bruchgefährdet werden.
- Lagerschraube des Einrückhebels ausbauen und Anker herausziehen.
- Muss das Anlassergetriebe ersetzt werden, so ist der Anlaufring (1 in Bild 242) zurückzudrehen, damit der Sicherungsring (2) ausgehoben werden kann. Altes Anlassergetriebe abziehen und neues Getriebe mit gefettetem Stellgewinde und Einrückring aufpressen (Fett: Bosch Ft 2 v 3). Anlaufring (1) wieder über den Sicherungsring (2) ziehen.
- Kollektor sichtprüfen und gegebenenfalls feinst überdrehen. Dabei darf ein Minimaldurchmesser des Kollektors von 33 mm nicht unterschritten werden; anschliessend sind die Kollektorlamellen zu unterschneiden (siehe Bild 243). Die Isolation soll 0,5 mm tiefer als die Lamellen sein.
- Anker mit 12 Volt und Prüflampe zwischen Kollektor und Blechpaket auf Massenschluss prüfen (Bild 243). Leuchtet die Lampe auf, so muss der Anker ersetzt werden.

- Erregerwicklung mit 12 Volt und Prüflampe zwischen Wicklungsanschluss und Gehäuse auf Massenschluss prüfen. Leuchtet die Prüflampe auf oder ergibt eine Sichtprüfung verschmorte oder verbrannte Wicklungen, so werden diese folgendermassen ausgetauscht:
  - — Polschuhe für den Wiedereinbau in ihrer Lage kennzeichnen.
  - — Die vier Polschuhschrauben lösen und Polschuhe mit Erregerwicklungen ausbauen.
  - — Beim Einbau die Polschuhe vor dem Anziehen der Schrauben genau parallel zum Gehäuse ausrichten.

Zusammenbau und Einbau erfolgen in umgekehrter Reihenfolge.

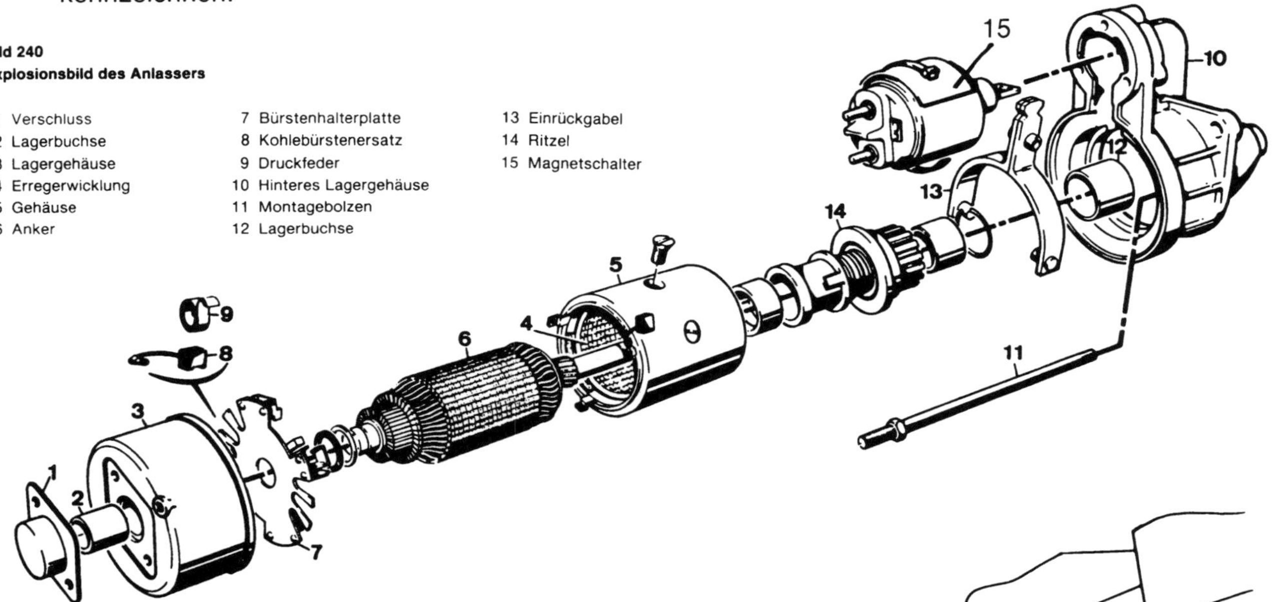

Bild 240
Explosionsbild des Anlassers

1 Verschluss
2 Lagerbuchse
3 Lagergehäuse
4 Erregerwicklung
5 Gehäuse
6 Anker
7 Bürstenhalterplatte
8 Kohlebürstenersatz
9 Druckfeder
10 Hinteres Lagergehäuse
11 Montagebolzen
12 Lagerbuchse
13 Einrückgabel
14 Ritzel
15 Magnetschalter

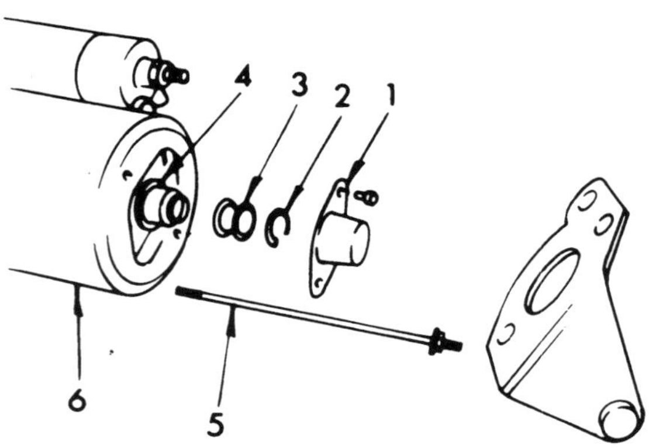

Bild 241
Stützwinkel und Abdeckung

1 Staubkappe
2 Sicherungsscheibe
3 Ausgleichsscheiben
4 Dichtung
5 Polgehäuseschrauben
6 Polkappe

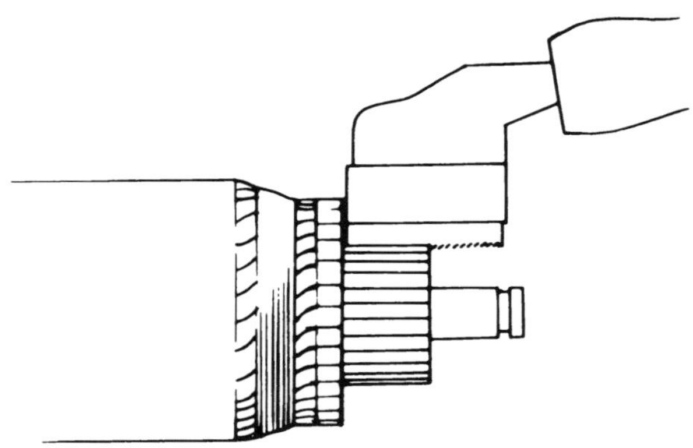

Bild 243
Unterschneiden der Kollektorlamellen

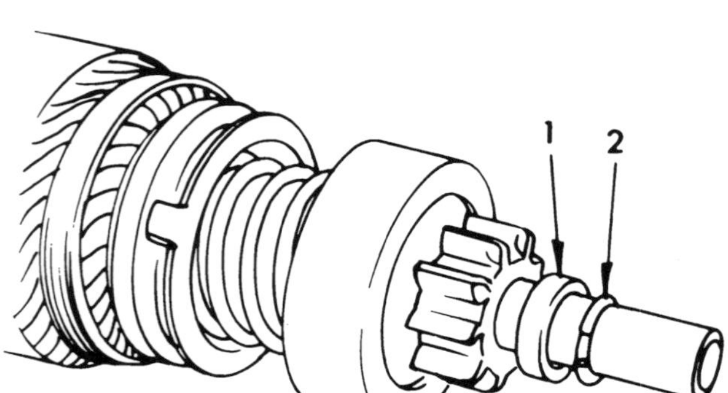

Bild 242
Anlasserritzel mit Teilen Ausrückmechanismus

1 Anlaufring
2 Sicherungsring

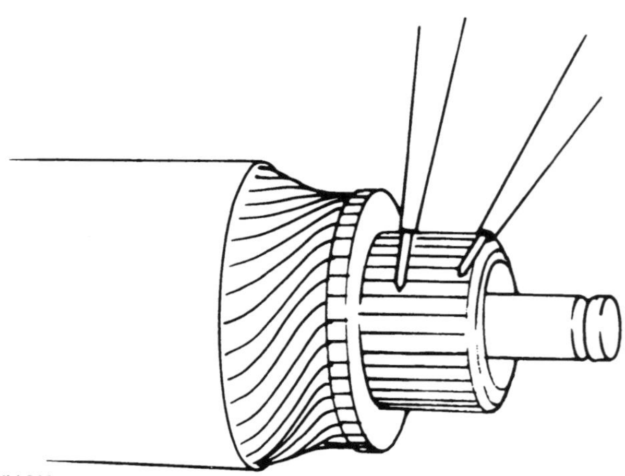

Bild 244
Austesten der Ankerlamellen

19.3.2 Fehlersuche am Anlasser

Störung	*Ursache*	*Abhilfe*
Anlasser dreht sich nicht bei Betätigung des Zündanlassschalters, Licht eingeschaltet	Licht brennt nicht, Batterie leer,	Batteriespannung messen,
	Stromkreis unterbrochen	Kabelanschlüsse überprüfen
	Licht brennt, wird aber bei Betätigung des Anlassers dunkler Batterie leer	Batterie laden
	Licht brennt, geht aber sofort aus, wenn der Anlasser betätigt wird Batterieklemmen oder Masseanschluss an der Karosserie oxydiert	Batterieklemmen bzw. Masseanschluss an der Karosserie reinigen
	Licht brennt normal. Am Anlasser Klemme 50 und 30 überbrücken – Anlasser dreht sich Zündanlassschalter defekt oder Zuleitung unterbrochen	Zündanlassschalter ersetzen, Unterbrechung beseitigen
	Licht brennt normal Magnetschalter zieht an, aber Anlasser dreht sich nicht. Mit entsprechender Kabel-Batterie+ und Klemme 30 am Anlasser überbrücken Anlasser dreh sich Kontakte des Magnetschalters verschmutzt oder verschmort	Magnetschalter ersetzen
Anlasser dreht sich nicht, wenn Kabel direkt von Batterie + an Klemme 30 gelegt wird	Kohlen zu kurz	Kohlen ersetzen
	Kohlen klemmen	Kohlen gängig machen
	Federdruck auf die Kohlen zu gering	Druckfedern ersetzen
Anlasser dreht zu langsam, zieht den Motor nicht durch	Batterie ungenügende Spannung	Batterie aufladen
	Batterieklemme locker, oxydiert	Polköpfe und Klemmen reinigen
	Magnetschalter defekt	Magnetschalter ersetzen
	Leitungsanschlüsse locker	Leitungsanschlüsse befestigen
Anlasser dreht zu langsam, zieht den Motor nicht durch	Kollektor verschmutzt	Kollektor reinigen
	Anker oder Erregerwicklung defekt	Anlasser instandsetzen
Anlasser dreht mit hoher Drehzahl, Motor bleibt stehen oder dreht sich nur ruckweise	Antriebsritzel defekt	Antriebsritzel ersetzen
	Zahnkranz defekt	Zahnkranz erneuern
	Antriebsritzel spurt nicht ein, Steilgewinde verschmutzt oder beschädigt	Anlasser instandsetzen

Störung	*Ursache*	*Abhilfe*
Antriebsritzel spurt nicht ein, Anlasser dreht leer mit hoher Drehzahl	Antriebsritzel stark verschmutzt	Antriebsritzellagerung reinigen
	Druckfeder im Magnetschalter defekt	Magnetschalter ersetzen
	Schwungradverzahnung stark beschädigt	Zahnkranz erneuern
Antriebsritzel spurt ein, Anlasser dreht leer durch	Rollenfreilauf im Antriebsritzel rutscht durch	Antriebsritzel erneuern

19.4 Scheinwerfer einstellen

Falls man nicht über eines der handelsüblichen Scheinwerfer-Einstellgeräte verfügt, kann man sich wie folgt behelfen:

- Fahrzeug normal belasten (3 Personen, 20 kg im Kofferraum und voller Tank).
- Fahrzeug auf ebenem Untergrund in rechtem Winkel zu einer 5 Meter entfernten Wand stellen.
- Höhe der Scheinwerferzentren ab Boden an den Streuscheiben messen. In Höhe des so gefundenen Wertes eine Horizontale über die Messwand ziehen. 5 cm unter dieser Linie eine zweite Horizontale ziehen.
- Auf beiden Linien an der Messwand die Fahrzeugmitte anzeichnen. Von da aus auf der oberen Horizontalen die Distanz von der Wagenmitte zu den Fernlichtscheinwerfern abtragen, auf der unteren Horizontalen die Abstände von der Wagenmitte zu den Abblendlichtscheinwerfern. Die gefundenen Punkte gut markieren.
- Scheinwerfer einzeln einstellen (die übrigen jeweils abdecken), und zwar folgendermassen:
  - Das Abblendlicht muss auf der Messwand links von seinem Punkt genau unterhalb seiner Horizontalen verlaufen und rechts davon um ca. 15° ansteigen.
  - Das Fernlicht muss seine grösste Intensität genau in seinem Messpunkt haben.

  Die Einstellung erfolgt an den Kunststoff-Rändelknöpfen an der Scheinwerfer-Rückseite; diese lassen sich von Hand verdrehen.

19.5 Aus- und Einbau des Scheibenwischermotors

Unter Bezug auf Bild 245:

- Massekabel von der Batterie abklemmen.
- Hauptgestänge (6) vom Wischermotor loskoppeln.
- Position des Betätigungsarmes des Motors (7) markieren.
- Befestigungsmutter des Betätigungsarmes lösen und diesen von seiner Achse ziehen.
- Die drei Befestigungsschrauben des Motors (Pfeile in Bild 246) lösen.
- Elastischen Anschlag (8 in Bild 245) losschrauben und Kabelstecker (1 in Bild 246) ausziehen.
- Motor herausheben.

Der Einbau des Scheibenwischermotors erfolgt in umgekehrter Reihenfolge des Ausbaus. Position des Betätigungsarmes beachten. Nach dem Einbau eine Funktionskontrolle der Scheibenwischer vornehmen.

19.6 Heizung – Lüftung

Das Heizungs- und Lüftungssystem gehört sowohl zur elektrischen Anlage (Lüftermotor), als auch zum Kühlsystem (Heizung). Bild 246 zeigt das Leitsystem für Heiss- und Kaltluft, Bild 246 den Lüfter, den Wärmetauscher und die Heisswasserschläuche der Heizung inklusive Abschaltventil.

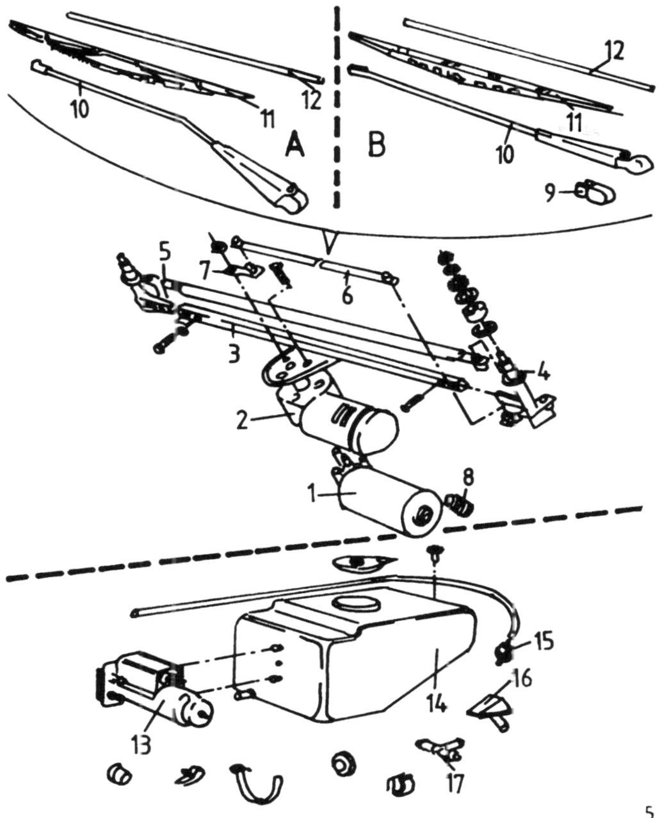

Bild 245
Scheibenwaschanlage

1 Motor
2 Schutz
3 Halter
4 Lager
5 Übertragungsarm
6 Hauptarm
7 Betätigungsarm
8 Elastischer Anschlag
9 Deckel
10 Arm
11 Wischer
12 Gummilippe
13 Pumpe der Scheibenwaschanlage
14 Wassertank
15 Rückschlagventil
16 Düse
17 Verzweigung

Bild 246
Blick auf den Scheibenwischermotor

Pfeile = Befestigungsschrauben des Motors

1 Kabelstecker

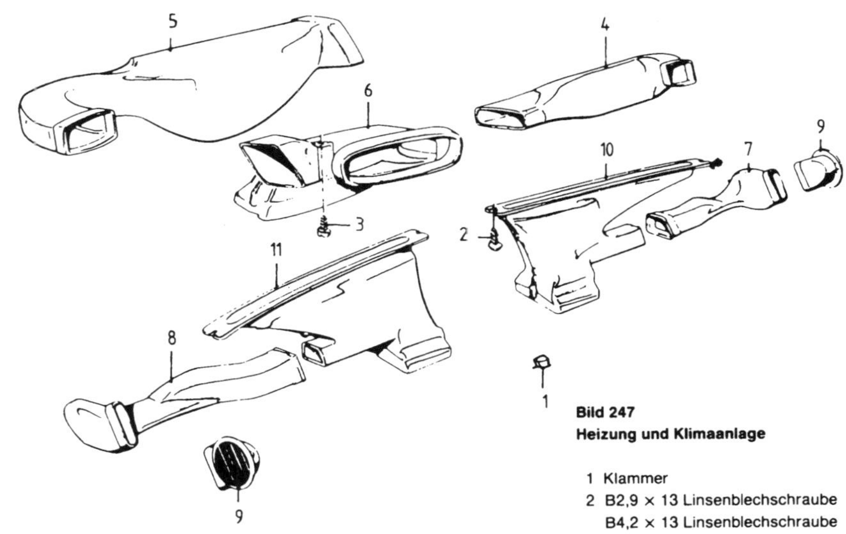

Bild 247
Heizung und Klimaanlage

1 Klammer
2 B2,9 × 13 Linsenblechschraube
B4,2 × 13 Linsenblechschraube
3 B3,5 × 13 Linsenblechschraube
B4,2 × 13 Linsenblechschraube
4 Kaltluftkanal rechts
5 Kaltluftkanal links
6 Kaltluftkanal mitte
7 Warmluftkanal rechts
8 Warmluftkanal links
9 Entfrosterdüse
10 Entfrosterdüse rechts
11 Entfrosterdüse links

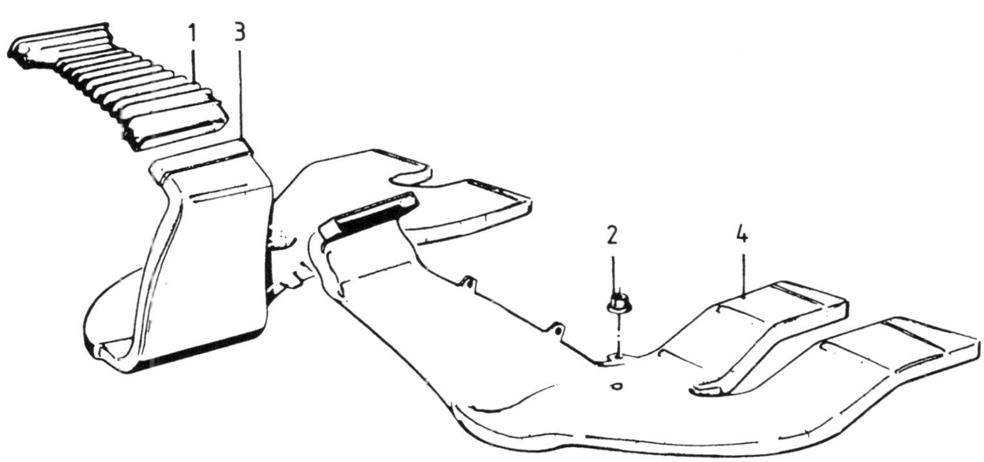

Bild 248
Heizung und Klimaanlage

1 Verbindungsstück
2 Mutter
3 Heizkanal Fondraum rechts
4 Heizkanal Fondraum links

Bild 249
Heizgerät (Vorlauf Kunststoff)

1 Klammer
2 D=14,5 mm Kabelhalter
3 Dichtung
4 Verschlussdeckel
5 Schraube
6 Luftkanal rechts
Luftkanal links
7 Widerstand
8 Klammer
9 Dichtung
10 Dichtung
11 Gehäuse

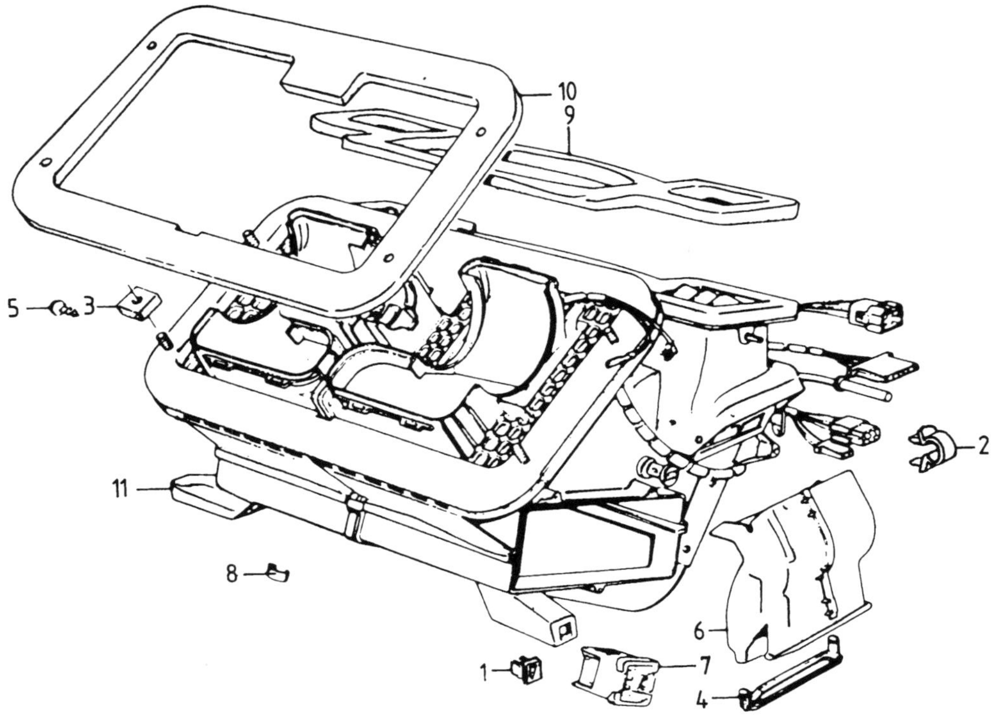

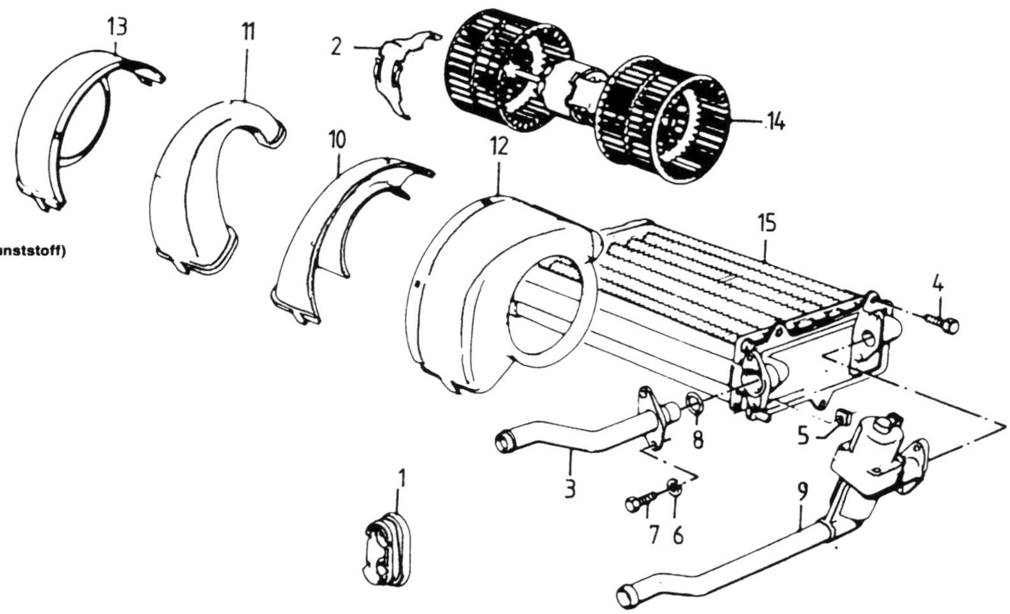

Bild 250
Nur passend zu Heizgerät (Vorlauf Kunststoff)

1 Gummitülle
2 Lasche
3 Rohr
4 Schraube
5 MS Vierkantmutter
6 Für diese Modelle nicht zutreffend
7 M5 × 20 Sechskantschraube
8 D=17,12 mm Dichtring
9 Wasserventil
10 Abdeckung links
11 Abdeckung rechts
12 Abdeckung links
13 Abdeckung rechts
14 Gebläse
15 Heizkörper

19.6.1 Aus- und Einbau von Lüftermotor und Wärmetauscher

Ausbau:

- Batterie abklemmen.
- Mittelkonsole demontieren.
- Heizungsbetätigung auf Position «heiss» stellen.
- Kühlwasserkreislauf teilweise entleeren, so dass später die Anschlüsse des Wärmetauschers abgezogen werden können.
- Abdeckung des Lüfters im Motorraum inklusive Dichtung demontieren.
- Bayonettverschluss des Lüftermotors im Motorraum lösen, elektrische Kabel abziehen und Lüfter als Einheit seitlich herausheben. (Achtung, Lüfterräder sind zusammen mit dem Elektromotor ausgewuchtet, daher diese nach Möglichkeit nicht demontieren.)
- Knöpfe der Betätigungselemente für Heizung/Lüftung im Fahrgastraum abziehen.

- Befestigungsschrauben der Armaturenbrettabdeckung entfernen, Zentralstecker und Kabel für Zigarettenanzünder abziehen und Verkleidung wegnehmen. Man hat nun Zugang zu den Leitelementen der Heizung/Lüftung.
- Elemente um den Wärmetauscher herum demontieren, Wasserschläuche abklemmen und das Heizelement aus seinem Sitz ziehen.

Vor dem Zusammenbau, der in umgekehrter Reihenfolge erfolgt, sind das Heisswasser-Abschaltventil, die Wasserschläuche und die Briden gründlich zu kontrollieren; diese Teile sind beim geringsten Zweifel zu ersetzen.

Neue Dichtungen verwenden. Nach dem Zusammenbau Kühlwasserstand auffüllen und System entlüften (Kapitel 4.2).

Notizen

20 Mass- und Einstelltabelle

Motor

Modelljahr 1983	*316*	*318i (ausser Schweiz)*	*318i (Schweiz)*
Hubraum	1767 ccm	1767 ccm	1767 ccm
Bohrung	89 mm	89 mm	89 mm
Hub	71 mm	71 mm	71 mm
Zylinderzahl	4 in Reihe		
Anzahl Kurbelwellenlager	5		
Leistung bei U/min	90 PS 5500	105 PS 5800	102 PS 5800
Drehmoment bei U/min	14,3 mkp 4000	14,8 mkp 4500	13,8 mkp 4500
Verdichtung	9,5:1	10,0:1	9,3:1
Oktanbedarf	Super	Super	Super
Kraftstoffaufbereitung	Vergaser Solex 2 B 4	Einspritzung Bosch K-Jetronic	
Hinterachsübersetzung	3,64:1	3,64:1	3,64:1

Modelljahr 1984	*316*	*318i*
Hubraum	1767 ccm	1767 ccm
Bohrung	89 mm	89 mm
Hub	71 mm	71 mm
Zylinderzahl	4 in Reihe	
Anzahl Kurbelwellenlager	5	
Leistung bei U/min	90 PS 5500	105 PS 5800
Drehmoment bei U/min	14,3 mkp 4000	14,8 mkp 4500
Verdichtung	9,5:1	9,5:1
Oktanbedarf	Super	Super
Kraftstoffaufbereitung	Vergaser Pierburg 4/2 BE (elektronisch)	Einspritzung Bosch L-Jetronic
Hinterachsübersetzung	3,64:1	3,64:1

Modelljahr 1985	*316*	*318i*	*318i Katalysator*
Hubraum	1767 ccm	1767 ccm	1767 ccm
Bohrung	89 mm	89 mm	89 mm
Hub	71 mm	71 mm	71 mm
Zylinderzahl	4 in Reihe		
Anzahl Kurbelwellenlager	5		
Leistung bei U/min	90 PS 5500	105 PS 5800	102 PS 5700
Drehmoment bei U/min	14,3 mkp 4000	14,8 mkp 4500	14,2 mkp 4500
Verdichtung	9,5:1	9,5:1	9,3:1
Oktanbedarf	Super	Super	Normal unverbleit
Kraftstoffaufbereitung	Vergaser Pierburg 2 BE(el.)	Einspritzung Bosch LE-Jetronic	
Hinterachsübersetzung	3,91:1	3,64:1 oder 3,91:1	

Zylinderkopf

Ventilspiel kalt	0,20 – 0,25 mm
Ventilspieleinstellung	durch Exzenter an Kipphebeln
Ventilsteuerzeiten bei	0,28 mm (0,50 mm) Ventilspiel:
— Einlass öffnet bei	18° (4°) vOT
— Einlass schliesst bei	66° (52°) nUT
— Auslass öffnet bei	66° (52°) vUT
— Auslass schliesst bei	18° (4°) nOT
— Ventilöffnungszeiten	264° (236°)
— Überschneidung	36° (8°)
— Ventilhub	8,8 mm
Ventilbetätigung	über Leichtmetall-Kipphebel mit Hartgussdruckstücken und obenliegender Nockenwelle
Nockenwellenantrieb	Einfachrollenkette mit automatischem ölgedämpftem Kettenspanner mit Rückschlagsicherung
Anzahl Glieder Steuerkette	94
Ventillänge	

— Einlass	103,8 ± 0,2 mm
— Auslass	104,3 ± 0,2 mm
Ventiltellerdurchmesser:	
— Einlass	46 −0 −0,16 mm
— Auslass	38 −0 −0,16
Ventilschaftdurchmesser:	
— Einlass	8 −0,025 −0,040 mm 8,1/8,2
— Auslass	8 −0,040 −0,055 mm 8,1/8,2
Randdicke des Ventiltellers:	
— Einlass neu	1,5 ± 0,10 mm
— Auslass neu	2,0 ± 0,15 mm
— Einlass min.	1,3 ± 0,10 mm
— Auslass min.	2,0 ± 0,15 mm
Ventilsitzwinkel am Ventil:	
— Einlass	45°
— Auslass	45° Korrekturwinkel 15/75°
Zul. Schlag Ventilsitz/Schaft	0,02 mm
Radiales Ventillaufspiel	
— Einlass	0,025 – 0,055 mm
— Auslass	0,040 – 0,070 mm
Max. Verschleissspiel	0,15 mm
Aussendurchmesser Ventilsitz im Zylinderkopf:	
— Einlass	47,15 −0,009 −0,025 mm
— Auslass	40,15 −0,009 −0,025 mm
Übergrössen Ventile und Ventilsitze	+0,20 mm +0,40 mm
Bohrung im Zylinderkopf für Ventilsitzring:	
— Einlass	47 +0,025 −0 mm
— Auslass	40 +0,025 −0 mm
Schrumpfsitz für Ventilsitzring (Zylinderkopf auf ca. 50° C erwärmt, Ventilsitzring mit Trockeneis auf ca. −15° C abgekühlt)	0,10 bis 0,15 mm
Ventilsitzwinkel im Zylinderkopf	45°
Gesamtlänge Ventilführung	50,5 mm
Aussendurchmesser Führung	14 mm u. 6
Übermassgrössen-∅ Ventilführung	+0,1 +0,2 +0,3 mm
Ventilführung-Innen-∅ im Zylinderkopf	8 +0,015 −0 mm
Bohrungs-∅ im Zylinderkopf für Ventilführung	14 +0 −0,018 mm
Überstand im Zylinderkopf Ventilführung	15,0 ± 0,5 mm
Schrumpfsitz im Zylinderkopf	0,18 – 0,044 mm
Anwärmtemperatur im Zylinderkopf	50° C
Führung	–150° C

Nockenwelle

Einbaulage	im Zylinderkopf dreifach gelagert
Nockenwellenlagersitzdurchmesser	35/42/43 −0,025 −0,041 mm
Bohrungsdurchmesser im Zylinderkopf	35/42/43 +0,034 +0,009 mm
Laufspiel (Radial)	0,034 – 0,075 mm
Axialspiel	0,2 – 0,13 mm

Höchstzulässiger Höhenschlag der Schneckenwelle (Zündverteilerantrieb)	0,025 mm
Nockengrundkreisdurchmesser	26,761 mm
Nockenerhebung	7,03 ± 0,08 mm
Kolbenlänge Kettenspanner	62 mm
Druckfeder für Spannschiene Länge ungespannt	155,5 mm

Kurbelwelle

Typ	fünffach gelagert, vier Gegengewichte
Lagerbohrungsdurchmesser im Kurbelgehäuse:	
— rot	60 +0 +0,010 mm
— blau	60 +0,010 +0,019 mm

	Original	*Stufe 1*	*Stufe 2*
Hauptlagerzapfendurchmesser: — rot	$55{,}00^{-0{,}010}_{-0{,}020}$ mm	$54{,}75^{-0{,}010}_{-0{,}020}$ mm	$54{,}50^{-0{,}010}_{-0{,}020}$ mm
— blau	$55{,}00^{-0{,}020}_{-0{,}029}$ mm	$54{,}75^{-0{,}020}_{-0{,}029}$ mm	$54{,}50^{-0{,}020}_{-0{,}029}$ mm
Lagerschaltenstärke Hauptlager: — rot	$2{,}5^{-0{,}010}_{-0{,}020}$ mm	$2{,}625^{-0{,}010}_{-0{,}020}$ mm	$2{,}750^{-0{,}010}_{-0{,}020}$ mm
— blau	$2{,}51^{-0{,}010}_{-0{,}020}$ mm	$2{,}635^{-0{,}010}_{-0{,}020}$ mm	$2{,}760^{-0{,}010}_{-0{,}020}$ mm
Lagerspiel radial Hauptlager: — rot	0,030–0,070 mm		
— blau	0,030–0,068 mm		
Führungslagerbreite Hauptlager	$30{,}00^{+0{,}064}_{+0{,}025}$ mm	$30{,}20^{+0{,}064}_{+0{,}025}$ mm	$30{,}40^{+0{,}064}_{+0{,}025}$ mm
Pleuellagerdurchmesser	$48{,}00^{-0{,}009}_{-0{,}025}$ mm	$47{,}75^{-0{,}009}_{-0{,}025}$ mm	$47{,}50^{-0{,}009}_{-0{,}025}$ mm
Pleuelzapfen ⌀	47,975–47,991	47,725–47,741	47,475–47,491
Lagerspiel	0,020–0,055		

Max. zul. Unwucht der Kurbelwelle (ohne Schwungrad, dynamisch)	50 gcm / 500 U/min
Kurbelwellenaxialspiel	0,085–0,174 mm
Max. zul. Radialspiel des 25-⌀ und 22-⌀-Zapfens (Zapfen für Kettenrad und Riemenscheibe) zu den Hauptlagerzapfen	0,1 mm
Kurbelwellenhub	71 ± 0,1 mm
Max. Unwucht des Schwungrades statisch (Automatikmodelle dynamisch)	15 gcm
Max. Seitenschlag des Schwungrades:	
— bei 200 mm	0,1 mm
— bei 92 mm	0,03 mm
— bei 220 mm	0,1 mm
Max. Nacharbeiten der Reibfläche	0,4 ± 0,1 mm (gilt nicht für Automatikmodelle
Mindeststärke der Reibfläche	23,6 mm (ausser Automatikmodelle)

Kolben

Gewichtsgruppe Kolben	+ oder – (Schlagzeichen)
Kolben-∅ (Kolbenausführung beachten):	
— Original	88,97 mm
— Zwischenmass	89,05 mm
— 1. Übermass +0,25 mm	89,22 mm
— 2. Übermass +0,50 mm	89,47 mm
— Messort (im rechten Winkel zur Kolbenbolzenbohrung):	16 mm von der Kolbenunterkante an gemessen KS-Kolben: 24 mm von der Kolbenunterkante an gemessen
Kolbeneinbauspiel	0,02–0,05 mm
Max. zul. Gewichtsunterschied der kompl. Kolben innerhalb des Motors	10 g
Kolbenringe:	
— 1. Nut (Rechteckring) Höhe	1,75 −0,010 −0,022 mm
— 1. Nut (Rechteckring) Stossspiel	0,30 – 0,70 mm
— 1. Nut (Rechteckring) Flankenspiel	0,06 – 0,092 mm
— 2. Nut (Nasen-Minutenring) Höhe	2,00 −0,010 −0,022 mm
— 2. Nut (Nasen-Minutenring) Stossspiel	0,20 – 0,40 mm
— 2. Nut (Nasen-Minutenring) Flankenspiel	0,030 – 0,072 mm 0,040 – 0,072 mm
— 3. Nut (Nasen-Minutenring) Höhe	4,00 −0,010 −0,022 mm
— 3. Nut (Nasen-Minutenring) Stossspiel	0,25 – 0,50 mm
— 3. Nut (Nasen-Minutenring) Flankenspiel	0,030 – 0,062 mm
Kolbenbolzenversetzung	1,0 mm
Kolbenbolzendurchmesser	22 +0 −0,003 mm

Pleuel

Pleuellänge	135 ± 0,1 mm
Pleuelkopfbohrung	24 +0,21 −0 mm
Pleuelfussbohrung	
– rot	52 + 0,008 -0 mm
– blau	52 + 0,009 -0 mm 52 + 0,016 -0 mm
Pleuelbuchsen-Aussendurchmesser	24,060 – 24,100 mm
Pleuelbuchsen-Innendurchmesser	22 +0,010 +0,005 mm
Stärke Pleuellagerschalen:	
— Original	1,983 – 1,993 mm
— Stufe 1	1,995 – 2,005 mm
— Stufe 2	2,108 – 2,118 mm
Max. Parallelitätsabweichung Pleuel	0,04 mm bei 150 mm Abstand
Max. zulässige Verdrehung Pleuel	0° 30′
Zulässige Gewichtsabweichung:	
— Pleuel	± 4 g
— grosses Auge	± 2 g
— kleines Auge	± 2 g

Zylinder

Bohrungs-Original der Zylinder	89,0 ± 0,01 mm
Bohrungs-Zwischenmass der Zylinder	89,08 ± 0,01 mm
1. Ausschleifmass der Zylinder	89,25 ± 0,01 mm
2. Ausschleifmass der Zylinder	89,5 ± 0,01 mm
Max. zul. Unrundheit der Zylinderbohrung	0,01 mm
Max. zul. Konizität der Zylinderbohrung	0,01 mm
Max. zul. Abweichung der Zylindermitte von der Senkrechten auf Lagerbohrung	0° 0,5′
Max. zul. Gesamtverschleissspiel an Kolben und Zylinder	0,15 mm

Motorschmierung

Schmiersystem	Druckumlaufschmierung; Hauptstrom-Ölfilter, Rotorpumpe mit Kettenantrieb, Druckventil
Ölfilter	Patronen-Wechselfilter im Hauptstrom Purolator PC 205
Öffnungsdruck des Überdruckventils in Filter	2,5 bar
Ölpumpen-Bauart	System EATON
Öldruck-Kontrollampe leuchtet auf unter	0,2 – 0,5 bar
Ölfüllmenge bei Ölfilterwechsel	4,0 Liter
Ölverbrauch max.	1,5 Liter/1000 km
Ölsorte bei Aussentemperaturen:	
— vorwiegend über +30° C	SAE 20 W 50
— vorwiegend unter +10° C	SAE 10 W 50
Öldruck:	
— im Leerlauf	0,5 – 2,0 bar
— bei 4000/min	ca. 4,0 bar – 6 bar
Öffnungsdruck des Überdruckventils in Pumpe	4,12 – 4,5 bar
Länge der Überdruckfeder ungespannt	68 mm
Radialspiel Aussenrotor Pumpengehäuse	0,1 ± 0,15 mm
Axialspiel Rotor	0,04 – 0,1 mm
Spalt zwischen Rotoren	0,012 – 0,20 mm
Flanschabstand zum Innenrotor	42,7
Einlauftiefe im Deckel max.	0,05 mm
Antrieb Rotorölpumpe	Einfach-Rollenkette
Anzahl Kettenglieder	46

Kühlanlage

Kühlwassermenge mit Heizung	ca. 7,2 Liter
Kühlwasserverschluss:	
— Überdruckventil öffnet bei	1,0 −0,1 +0,15 bar
— Unterdruckventil öffnet bei	0,08 ± 0,02 bar
Überdrucktest Wasserkühler max.	1,5 bar
Betriebsdruck Getriebeölkühler (Automatik-Modelle)	8,0 bar
Überdrucktest Getriebeölkühler max.	9,0 bar

Frostschutzmittel	60%/40% Wasser/Frost- und Korrosionsschutz
Thermostat:	
— Öffnungsbeginn	80 ± 1,5° C
— Vollöffnung	8 mm bei 94 – 95° C
Wasserpumpe Spaltmass Gehäuse/Flügelrad	1 ± 0,2 mm
Axialspiel des Rotors	max. 0,4 mm
Radialspiel des Rotors	max. 0,5 mm

Kraftstoffanlage

Modelljahr bis 3.83	*316*	*318i (ausser Schweiz)*	*318i (Schweiz)*
Kraftstoff-aufbereitung	Vergaser Solex 2 B 4	Einspritzung Bosch K-Jetronic	

Modelljahr ab 3.83	*316*	*318i*
Kraftstoff-aufbereitung	Vergaser Pierburg 4/2 BE (elektronisch)	Einspritzung Bosch L-Jetronic

Modelljahr 1985	*316*	*318i*	*318i Kata-lysator*
Kraftstoff-aufbereitung	Vergaser Pierburg 2 BE (el).	Einspritzung Bosch LE-Jetronic	

Vergaser Solex 2 B4:	*1. Stufe*	*2. Stufe*
— Typ	Register-Vergaser	
— Lufttrichter	24 mm	28 mm
— Hauptdüse	120	90
— Luftkorrekturdüse	135	–
— Leerlaufdüse	50	40
— Leerlaufluftdüse	120	125
— Leerlaufluftdüse (Übergangsres.)	–	110
— Leerlaufluft-Übergang	–	180
— Starterdüse (TN)	–	55
— Düse mit Mischrohr TN-Start	–	50
— Anreicherungsventil	60	–
— Schwimmerhöhe	28 mm	30 mm

— Öffnung Starterklappe	4,5–5,15 mm
— Federvorspannung (ungespannte Federlänge)	23 mm
— Mass X zwischen Einstellschraube und Hebel	7 mm
— Leerlaufdrehzahl	900 ± 50/min
— CO-Wert	1 bis 1,5 %

Vergaser Bosch-Pierburg:

— Typ	Mikrocomputer-gesteuerter (8-Bit-Mikroprozessor), Einfach-Vergaser mit Drosselklappenansteller und Vordrossel, der beim Ausfall der Elektronik Notlaufeigenschaften besitzt; Drehzahlstabilisierung und Warmlauf sind softwaremässig realisiert
— Einstellmöglichkeiten	hardwaremässig nichts ausser CO-Wert über Leerlaufsystem
— Leerlaufdrehzahl	900/min
— CO-Wert	1 %

Kraftstoffpumpe für Vergasermotor:

— Typ	mechanisch, Pierburg PE 15615
— statischer Kraftstoffdruck bei 4000/min	0,1–0,3 bar
— minimale Fördermenge bei 4000/min	55 Liter/Stunde
— Pumpenstössellänge	88,2 ± 0,1 mm
— Pumpenstösseldurchmesser	8 –0,080 –0,102 mm
— Isolierflansch	20 mm

Einspritzanlage K-Jetronic:

— System	mechanische, kontinuierlich einspritzende Saugrohreinspritzung mit Luftmengenmessung mittels Stauscheibe
— Systemdruck	4,9–5,1 bar
— Steuerdruck warm	3,4–3,8 bar
— Öffnungsdruck der Ventile	2,5 bar
— Leerlaufdrehzahl	900/min
— CO-Wert	1 %
— Kraftstoffpumpe:	
— Typ	elektrische Bosch-Rollenzellenpumpe mit im Kraftstoff laufendem Anker
— Betriebsdruck	4,5–5,2 bar
— Förderleistung	120 Liter/h
— Kraftstoffrücklaufventil	Pierburg PE 20103

Einspritzanlage L- und LE-Jetronic:

— System	elektronische, intermittierend einspritzende Saugrohreinspritzung mit Luftmengenmessung mittels Stauklappe; LE-Jetronic ohne Kaltstartventil (Anreicherung über Einspritzventile) mit Schubabschaltung und auf Wunsch Lambda-Sonde und Katalysator

— Kraftstoffdruck	2,8–3,2 bar
— Leerlaufdrehzahl	900/min
— CO-Wert	1 % (mit Katalysator 0,1 %)
— Kraftstoffpumpe:	
— Typ	elektronische Bosch-Rollenzellenpumpe mit im Kraftstoff laufendem Anker
— Betriebsdruck	2,8–3,2 bar
— Förderleistung	120 Liter/h

Zündanlage

Typ	Bosch TSZi, unterbrecherlose Zündung mit Induktionsgeber, aber konventioneller Verstellung des Zündzeitpunktes
Verteiler:	
— Typ:	
— Vergasermotor	Bosch JGFUD4 0 237 011 004
— Einspritzmotor	Bosch JGFUD4 0 237 005 003
— Luftspalt Induktionsgeber	0,35–0,70 mm
— Zündfolge	1-3-4-2
— Schliesswinkel	nicht einstellbar, variabel, wird elektronisch optimiert
Zündzeitpunkt dynamisch ohne Unterdruckverstellung (Unterdruckschläuche abgezogen) bei betriebswarmem Motor	
— Vergasermotor	25° vor OT bei 2500/min
— Einspritzmotor	25° vor OT bei 2300/min
— Zündspule	Bosch 0 221 122 319
— Steuergerät TS 2	Bosch 0 227 100 111
Zündkerzen:	
— Typ	Bosch W 8 D (W 8 DC) Beru RS-33 Champion N 9 YC
— Gewinde	M14 × 1,25 × 19 mm
— Elektrodenabstand	0,7 mm

Kupplungssystem

Typ	hydraulisch betätigte Einscheiben-Trockenkupplung mit Drehschwingungsdämpfer und automatischer Nachstellung MF 215 IC/LUKT 215
Max. Unwucht der Kupplung	15 gcm
Max. Planlaufabweichung der Tellerfederspitzen	0,6 mm
Aussendurchmesser Mitnehmerscheibe	216 ± 1 mm
Innendurchmesser Mitnehmerscheibe	144 ± 1 mm

Belagstärke motor- und getriebeseitig	min 7,5 mm
Max. Schlag der Mitnehmerscheibe	0,5 mm
Max. Unwucht der Mitnehmerscheibe	10 gcm
Max. zul. Unparallelität der Belagplanflächen	0,15 mm
Geberzylinder:	
— Typ	Teves oder Kugelfischer
— Bohrungs-∅	19,05 mm
— Hub	32,00 mm
Nehmerzylinder:	
— Typ	Teves oder Kugelfischer
— Bohrungs-∅	20,64 mm
— Hub	23,00 mm

Mechanisches Getriebe

Übersetzungsverhältnisse:	4-Gang	5-Gang Schong.	5-Gang SPORT
— 1. Gang	3,764:1	3,68:1	3,764:1
— 2. Gang	2,043:1	2,00:1	2,325:1
— 3. Gang	1,320:1	1,33:1	1,612:1
— 4. Gang	1,000:1	1,00:1	1,229:1
— 5. Gang	–	0,81:1	1,000:1
— R. Gang	4,096:1	3,68:1	4,096:1

Verschleissmass Synchronring	bei Abstand Synchronring Kupplungskörper von weniger als 0,8 mm (neu 1,0 mm)
Schaltgabel Führungsstegbreite	min 4–8 mm
Anwärmtemperatur der Getriebegehäuse für Lagermontage	80° C
Ölsorte	Marken-Getriebeöl SAE 80 oder SAE 90
Ölfüllmenge	
— 4-Ganggetriebe	1,0 Liter
— 5-Ganggetriebe	1,4 Liter
Gewicht (ohne Öl)	ungefähr 25 kg

Getriebeautomat

Getriebehersteller	Zahnradfabrik Friedrichshafen
Typ	3-Ganggetriebe 3 HP 22 oder 4-Ganggetriebe 4 HP 22 (ab Modell 84)

Übersetzungsverhältnisse		
— 1. Gang	2,48:1	2,73:1
— 2. Gang	1,48:1	1,56:1
— 3. Gang	1,00:1	1,00:1
— 4. Gang	–	0,73:1
— R. Gang	2,09:1	2,09:1

Drehmomentwandler	hydrodynamischer Drehmomentwandler
Zulässige Unwucht Wandler	15,5 gcm
Zulässige Planlaufabweichung der Schweisslappen	0,3 mm
Gesamtölmenge (Getriebe und Kühler)	5 bis 6 Liter
Ölmenge zwischen beiden Markierungen am Ölmessstab	ungefähr 0,4 Liter
Ölwechsel	alle 30 000 km bei laufendem, betriebswarmem Motor in Schaltstellung P, danach alle Gänge durchschalten und Stand nachkontrollieren
Nachfüllmenge bei Ölwechsel	etwa 3 Liter
Axialspiel der Innenteile	0,3 – 1,5 mm (nicht einstellbar)
Radialspiel getriebenes Pumpenrad/Gehäuse	0,072 – 0,161 mm
Axialspiel Pumpenräder/Gehäuse	0,03 – 0,065 mm
Abschleppen	bis zu einer Entfernung von 50 km, zulässige Höchstgeschwindigkeit 50 km/h
Zugelassene Ölsorten:	AGIP F1 ATF DEXTRON BP AUTRAN DX CHEVRON ATF ESSO AUTOM. TRANSM. FLUID (D) MOBIL ATF 220 SHELL ATF DEXTRON SUNAMATIC 128 TEXAMATIC FLUID 6673

Kardanwelle

Typ	Gelenkwelle mit zwei Kreuzgelenken, Mittellager und Guibo-Kupplung oder Gelenkscheibe (Automatikmodelle)
Unwucht max. je Seite bei Prüfdrehzahl 3000/min	10 gcm
Max. zul. Beugemoment der Kreuzgelenke	20 – 70 Ncm
Vorspannung des Mittellagers in Fahrtrichtung	4–6 mm

Hinterachsgetriebe

Verzahnungsart	Gleason
Kennzeichnung am Getriebegehäuse	seitlich am Gehäuse, Übersetzung am hinteren Gehäusedeckel
Ölsorte	Marken-Hypoid-Getriebeöl SAE 90
Ölfüllmenge:	
— bei Erstbefüllung	0,95 Liter
— bei Ölwechsel	bis Überlauf an Öleinfüllung
Verdrehflankenspiel Antriebskegelrad und Tellerrad	0,08 – 0,13 mm

Spiel zwischen Tellerfeder/Ausgleichsscheibe und Hinterachswellenrad	0,03 – 0,10 mm
Reibmoment der Antriebskegelradlagerung max.:	
— ohne Wellendichtung	300 ± 30 Ncm
— mit Wellendichtung	320 ± 30 Ncm
Gesamtreibmoment (Antriebskegelradlagerung und Tellerradlagerung) max. mit Wellendichtring	420 ± 30 Ncm
Reibmoment der Ausgleichsgehäuselagerung ohne Wellendichtring	200 – 280 Ncm
Tellerrad-Montage bei	80 – 100° C
Kegelrollenlager-Montage	kalt
Antriebskegelradschlag max.	0,03 mm
Kopfhöhe des Antriebskegelrades:	
— Gleason	32,5 ± 0,0195 mm
Sperrdifferential:	
— Sperrwert	25 % (S 25)
— Rotationsdrehmoment bei Blockierung eines Planetenrades und Verdrehen des anderen	3 bis 5 mkp
— Dicke der männlichen Sperrscheiben	1,9 – 2,0 – 2,1 mm
— Dicke der weiblichen Sperrscheiben	2,0 mm
— Ölfüllung	0,95 Liter Spezial-Hypoidöl für Sperrgetriebe

Abtriebswellen

Bauart	Gleichlauf-Doppelgelenke
Fettfüllung je Gelenk	80 g Shell Retinax AM
Kleber für Staubbälge	Bostik 1513 rot/Epple 4851 rot
Abdichtung, Dichtfläche an beiden Gelenken	Epple 39

Vorderradaufhängung

Typ	selbsttragende Karosserie, Federbeine mit Querlenkern, Schrauben- und Gummizusatzfedern
Radlagerspiel axial (Montagevorschrift beachten)	> 0 – 0,05 mm
Seitenschlag Radnabe max.	0,1 mm
Stossdämpferfabrikat	hydraulisch, doppelwirkend, Fichtel & Sachs
Ölfüllung zwischen Federbein und Stossdämpfer	20 – 25 ccm Motoröl SAE 30
Führungsgelenk:	
— Zul. axialer Federweg des Kugelzapfens bei max. Verschleiss, Prüfkraft 12 000 N.	1,4 mm
Lenkgeometrie Normallage	
— Nachlauf bei 10° Einschlag	8° 30′ ± 30′
— Sturz	−40′ ± 30′
— Vorspur	2,0 ± 0,6 mm
— Spreizung bei 10° Einschlag	13° 52′ ± 30′
Differenz zwischen links/rechts	30′
Radversatz	0° ± 15′
Spurdifferenzwinkel (20°)	1° 40′ ± 30′

Hinterradaufhängung

Typ	selbsttragende Karosserie, Einzelradaufhängung mit schräggestellten Längslenkern, Federbeine und Schraubenfedern
Radlagerspiel axial	0,05 – 0,1 mm
Radlagerschmierung pro Rad	35 g Shell Retinax AM
Stossdämpferfabrikat	hydraulisch, doppelwirkend, Fichtel & Sachs
Hinterachsgeometrie (belastet):	
— Vorspur	2,0 ± 0,8mm
— Sturz	−1°50′ ± 30′
Geometrische Fahrachse	0° 15′

Lenkung

Bauart Lenkung	Zahnstangenlenkung, elastisch in Gummi gelagert
Lenksäule	Sicherheitslenksäule mit geteilter Lenkspindel, 2 Kreuzgelenke und 1 Gummigelenkscheibe
Nullstellung	Markierung an Gehäuse und Staubdichtung für Ritzel 0,9 – 1,3 Nm
Durchdrehmoment ± 0,5 Lenkradumdrehung	
- ausserhalb	2,0 Nm
Max. axiales Spiel des Druckstückes bei korrekter Druckstück- und Durchdrehmoment-Einstellung	0,1 mm
Fettart für Lenkgetriebe	Calypsol-Fett D 4024-OK
Fettmenge für Lenkgetriebe	20 – 30 g
Hydraulikdruck Servolenkung	110/120 bar
Ölmenge Hydraulik Servolenkung	1,0 Liter Hydrauliköl

Bremsanlage

Typ:	
— vorne	Girling-Faustsattel-Scheibenbremsen mit automatischer Nachstellung
— hinten	Trommelbremsen mit automat. Nachstellung
Handbremse	mechanisch über Seilzug auf Hinterräder wirkend
Prüfdruck nach ATE-Vorschrift	50 bar (darf nach 2 Min. max. um 8% gesunken sein)
Bremsflüssigkeit (muss jährlich erneuert werden)	ATE-SL (DOT 4)
Bremsservo	Typ Master-Vac ATE T 52
Tandem-Hauptzylinder-Kolben-Durchmesser	20,64 mm
Spiel zwischen Hauptbremszylinderkolben und Druckstange	0,5 mm
Kolben-Durchmesser	48 mm
Radbremszylinder hinten, Kolben-Durchmesser	19,05 mm

Bremsscheiben-Durchmesser vorne	
Stärke der Bremsscheibe	12,7 –0,27 mm
Mindeststärke der Bremsscheibe	10,7 mm
Höchst zul. Dickentoleranz der Bremsscheibe innerhalb der Bremsfläche	0,02 mm
Höchst zul. Seitenschlag der Bremsscheibe im eingebauten Zustand	0,2 mm
Höchst zul. Seitenschlag der Bremsscheibe im ausgebauten Zustand	0,05 mm
Mindeststärke der Bremsklötze	7,65 mm
Mindeststärke des Belagmaterials	2,00 mm
Bremstrommel hinten:	
— Sollwert	250 mm
— Bearbeitungsgrenze	229,5 mm
Höchst zul. Ovalität	0,05 mm
Bremsbelagbreite	40 ± 0,5 mm
Bremsbelagstärke	$5^{+0}_{-0,3}$ mm
Mindeststärke der Bremsbeläge	1,5 mm
Handbremse:	
— Betätigung	über Seil auf Hinterradtrommelbremsen
— Trommeldurchmesser	$160^{+0,16}_{-0}$ mm
— Max. Ovalität	0,1 mm
— Belagbreite	25 ± 0,2 mm
— Handbremseinstellung	5 Rasten
Bremskraftregler:	
— Typ	nach Ersatzteilliste

Elektrische Anlage

Batterie:		
— Spannung	12 Volt	
— Kapazität	44 Ah	
— Pol an Masse	minus	
— niedrigste Anlasserspannung	8,5 Volt	
Alternator:		
— Typ	Drehstromgenerator Bosch K 14 V mit eingebautem Spannungsregler	
— Referenz	120 489 718/17	
— Nennspannung	14 Volt	
— Nennstrom	65 Ampere	80 Ampere
— Nennleistung	910 Watt	1120 Watt
— Höchstdrehzahl	15 000/min	
— Ladebeginn bei	1060/min	
— 2/3 der Stromstärke bei	2100/min	
— volle Stromstärke bei	6000/min	
— geregelte Spannung	13,7 – 14,5 Volt	
Übersetzung Kurbelwelle/Generator	1 : 1,76	

Anlasser

Herstellernummer	Bosch 0 001 311 100
Drehrichtung	rechts
Ankeraxialspiel	0,1 – 0,2
Kohlenbürstenlänge	min 13 mm
Betriebsspannung	6 – 12 V
Prüfspannung	13 V
Nennleistung	1,1 Kw
Zähnezahl Ritzel	9
Magnetschalter	
Stromaufnahme K1 50	40 A
Haltewicklung	7,5 A
Stromaufnahme nach 5 sec	
Betrieb	kleiner 200 A
Batterie	
Spannung 12 V	
Kapazität 44 Ah	Schweiz 50 Ah

21 Anzugsdrehmomente

In der Tabelle fehlende Anzugsdrehmomente befinden sich innerhalb des Textes zu den einzelnen Beschreibungen.

1 mkp = 9,81 Nm; 1 Nm = 1,02 mkp

Motor

Motor an Getriebe: – M8	25 bis 27 Nm
– M10	47 bis 51 Nm
Tragbügel an Motor: – links M8	25 bis 27 Nm
– rechts M10	47 bis 51 Nm
Muttern an Gummilager M10	25 bis 27 Nm
Zylinderkopfschrauben, aus der Mitte über Kreuz in 3 Durchgängen:	
— 1. Durchgang	35 bis 45 Nm
— 2. Durchgang	60 bis 65 Nm
— 3. Durchgang	68 bis 72 Nm
Hauptlagerdeckel	58 bis 63 Nm

Pleuelschrauben	52 bis 57 Nm
Schwungrad an Kurbelwelle	100 bis 115 Nm
Verschlussschraube für Kettenspanner	30 bis 40 Nm
Klemmschraube im Kipphebel	9 bis 11 Nm
Ölpumpe	22 bis 24 Nm
Verschlussschraube für Überdruckventil an Ölpumpengehäuse	25 bis 30 Nm
Ölablassschraube	25 bis 30 Nm
Hauptstromölfilter	24 bis 26 Nm
Kupplung an Schwungrad	22 bis 24 Nm
Ölwanne an Kurbelgehäuse und Räderkastendeckel	9 bis 11 Nm
Hohlschraube für Ölleitung zur Nockenwellenschmierung	11 bis 13 Nm
Wasserpumpe	22 bis 24 Nm
Riemenscheibe Wasserpumpe	9 bis 10 Nm
Thermostatgehäuse	9 bis 10 Nm
Keilriemenscheibe an Kurbelwelle	140 bis 150 Nm
Zündkerzen	25 bis 30 Nm
Kraftstoffpumpe (Vergasermodell)	10 bis 14 Nm
Vergaser an Saugrohr	10 bis 14 Nm
Räderkastendeckel oben und unten	9 bis 11 Nm
Verteilerflansch an Zylinderkopf: – M6	9 bis 11 Nm
– M8	23 bis 27 Nm
Auspuffkrümmer an Zylinderkopf	30 bis 33 Nm
Überwurfmuttern der Einspritzventile	25 Nm
Exzenter an Kipphebel	9 bis 11 Nm
Temperaturzeitschalter	20 bis 25 Nm
Temperaturgeber	20 bis 25 Nm
Fernthermometergeber	20 bis 25 Nm
Öldruckschalter	30 bis 35 Nm

Kühlanlage

Kühler an Vorderwand-Karosserie M6	6 bis 7 Nm
Vor- und Rücklaufleitung an Getriebeölkühler	12 bis 15 Nm
Hohlschraube Vor- und Rücklaufleitung an Wandlerglocke	12 bis 15 Nm
Thermoschalter	20 bis 25 Nm
Wasserpumpe	22 bis 24 Nm
Riemenscheibe Wasserpumpe	9 bis 10 Nm
Thermostatgehäuse	9 bis 10 Nm
Temperaturgeber in Motorblock	25 bis 28 Nm

Kraftstoffanlage

Kraftstoffpumpe (Vergasermodell)	10 bis 14 Nm
Vergaser an Saugrohr	10 bis 14 Nm
Leerlaufabschaltventil max.	5 Nm
Überwurfmuttern der Einspritzventile	25 Nm
Temperaturzeitschalter	20 bis 25 Nm
Temperaturgeber	20 bis 25 Nm
Kraftstoffbehälter-Befestigung	20 + 2 Nm

Zündanlage

Klemmschraube Verteiler	10 bis 14 Nm
Zündkerzen	25 bis 30 Nm

Kupplung

Kupplung an Schwungrad	22 bis 24 Nm
Druckstange an Kupplungsfusshebel	32 bis 36 Nm
Überwurfschrauben für Kupplungsleitung (Geber- und Nehmerzylinder)	13 bis 16 Nm
Befestigungsschrauben für Geberzylinder	22 bis 24 Nm
Befestigungsschrauben für Nehmerzylinder	25 bis 28 Nm
Lagerschraube für Kupplungs- und Bremsfusshebellagerung	25 bis 28 Nm
Kupplungs- bzw. Getriebegehäuse an Motor: – M8	25 bis 27 Nm
– M10	47 bis 51 Nm
Befestigungsschrauben M6 für Abdeckblech an Gehäuse	8 bis 10 Nm

Mechanische Getriebe

Getriebe an Motor: – M8	25 bis 27 Nm
– M10	47 bis 51 Nm
Gummilager/Querträger	43 bis 48 Nm
Abtriebsflansch	100 Nm
Stützring	10 Nm
Gehäusedeckel	25 Nm
Schaltarm an Lagerbock	25 bis 28 Nm
Ölablassschraube	40 bis 60 Nm
Lagerbock an Getriebe	20 bis 25 Nm
Führungshülse	10 Nm
Rückfahrschalter	6 bis 10 Nm

Automatisches Getriebe

Sechskantschraube M8 Getriebe an Motor	22 bis 24 Nm
Sechskantschraube M10 Getriebe an Motor	43 bis 48 Nm
Sechskantschraube M8 Drehmomentwandler an Mitnehmerscheibe	22 bis 27 Nm
Sechskantschraube M6 Abdeckblech an Wandlerglocke	8 bis 10 Nm
Sechskantmutter M8 Wandlerglocke an Getriebe	40 bis 45 Nm
Sechskantschraube M6 zur Befestigung der Lasche für Öleinfüllrohr	8 bis 10 Nm
Wählhebel an Getriebe	8 bis 10 Nm
Ölwanne an Getriebe	8 bis 9 Nm
Verschlussschraube an Getriebe	40 bis 45 Nm
Ölablassschraube an Ölwanne	35 bis 39 Nm

Kreuzschlitzschrauben an Steuergerät	5 bis 6 Nm
Anschluss für Ölkühlerleitungen	35 bis 40 Nm
Öleinfüllrohr an Ölwanne	100 bis 120 Nm
Reglerflansch an Getriebegehäuse	15 bis 17 Nm
Getriebeverlängerung an Getriebe	23 bis 27 Nm
Steuergerät an Getriebe	10 bis 11 Nm
Befestigung Ölpumpe	10 bis 11 Nm
Zwischenplatte an Wandlerglocke	10 bis 11 Nm
Verschlussschraube an Zwischenplatte	15 bis 17 Nm
Sechskantschraube für Tachobuchse	23 bis 25 Nm
Bundmutter an Antriebswelle	100 bis 120 Nm

Gelenkwelle, Achsantrieb

Gelenkwelle an Automatik-Getriebe	43 bis 48 Nm
Gelenkwelle an Schaltgetriebe	68 bis 76 Nm
Gelenkwelle an Hinterachsgetriebe	68 bis 76 Nm
Guibo-Kupplung an Gelenkwelle	68 bis 76 Nm
Gelenkscheibe an Gelenkwelle (Automat)	43 bis 48 Nm
Mittellager an Karosserie	22 bis 24 Nm
Wärmeschutzblech Mittellager	12 bis 14 Nm
Kronenmutter an Diffgehäuse mit «Loctite 270»	87 bis 102 Nm
Gehäusedeckel hinten	43 bis 48 Nm
Tellerrad an Ausgleichsgehäuse	85 bis 100 Nm
Flanschdeckel seitlich an Hinterachsgetriebe	20 bis 24 Nm
Hauptdeckel hinten an Achsgetriebegehäuse	44 bis 49 Nm
Flansch an Antriebskegelrad min.	153 Nm
Abtriebswelle an Mitnehmerflansch	30 bis 33 Nm
Abtriebswelle an Hinterachsgetriebe	30 bis 33 Nm
Hinterachsgetriebe an Hinterachsträger	81 bis 90 Nm
Pendelstütze an Hinterachsgetriebe	81 bis 90 Nm
Pendelstütze an Karosserie	81 bis 90 Nm
Abstützwinkel an Karosserie	22 bis 24 Nm
Gelenkwelle an Hinterachsgetriebe	68 bis 76 Nm

Hinterradaufhängung

Federbein-Stossdämpfer unten	49 bis 54 Nm
Federbein-Stossdämpfer oben	20 bis 25 Nm
Federbein-Stossdämpfer oben an Radhaus	25 bis 28 Nm
Hinterachswelle an Mitnehmerflansch (Hinterachswellen-Befestigungsmutter)	450 bis 500 Nm
Hinterachsträger mit Gummilager an Karosserie	180 bis 200 Nm
Gummilager an Hinterachsträger	49 bis 54 Nm
Längslenker an Hinterachsträger	81 bis 90 Nm
Stabilisatorbefestigungen	22 bis 24 Nm
Bremsträger an Längslenker	60 bis 67 Nm

Vorderradaufhängung

Federbeinstossdämpfer an Stützlager	78 bis 86 Nm

Stützlager an Radhaus	22 bis 24 Nm
Federbeinstossdämpfer-Schraubring	120 bis 140 Nm
Führungsgelenk an Achsschenkel	60 bis 70 Nm
Querlenker an Vorderachsträger	81 bis 90 Nm
Vorderachsträger an Motorträger	43 bis 48 Nm
Verschraubung Radnabe/Bremsscheibe	60 bis 67 Nm
Bremsscheibe an Radnabe (mit Zylinderschraube M6)	4 bis 5 Nm
Schutzblech für Bremsscheibe	9 bis 10 Nm
Lenkgetriebe an Vorderachsträger: – M8	25 bis 28 Nm
– M10	49 bis 54 Nm
Spurstange an Lenkgetriebe	70 bis 78 Nm
Spurstangen-Kronenmutter	55 bis 65 Nm
Spurstange an Achsschenkel	35 bis 40 Nm
Stabilisator an Querlenker	70 bis 90 Nm
Haltebügel für Stabilisator	47 bis 52 Nm

Lenkung

Lenkrad an Lenkspindel	85 bis 95 Nm
Kreuzgelenkbefestigung oben an Lenkspindel	22 bis 24 Nm
Kreuzgelenkbefestigung an Lenkgetriebe-Ritzel	25 bis 28 Nm
Kreuzgelenk an Gelenkscheibe bzw. unterer Lenkspindel	20 bis 23 Nm
Schelle für Mantelrohr	20 bis 24 Nm
Stellschraube für Lenkgetriebe-Antriebsritzellagerung	22 bis 26 Nm
Kontermutter Spurstange an Kugelgelenk	55 bis 65 Nm
Spurstangenaxialgelenk bei Lenkgetriebe	70 bis 80 Nm
Spurstange an Achsschenkel	35 bis 40 Nm
Lagerschale an Lenkgetriebe	25 bis 28 Nm
Lenkgetriebe an Vorderachsträger	49 bis 54 Nm
Führungsgelenk an Achsschenkel	60 bis 70 Nm
Lenkungsdämpfer-Befestigung aussen	15 bis 18 Nm
Lenkungsdämpfer-Befestigung innen	15 bis 18 Nm

Bremsanlage

Festsattel an Achsschenkel	80 bis 95 Nm
Bremsscheibe an Radnabe	60 bis 67 Nm
Überwurfschrauben auf Bremsleitungen	13 bis 16 Nm
Bremsleitung an Bremskraftregler	13 bis 16 Nm
Lagerschraube für Kupplungs- und Bremspedal	25 bis 28 Nm
Kontermutter für Kolbenstange Bremsgerät	43 bis 48 Nm
Kontermutter für Bremslichtschalter	3 bis 4 Nm
Entlüfterventil am Radzylinder hinten	2,5 bis 4,0 Nm
Entlüfterventil am Festsattel vorne	3 bis 5 Nm
Bremssattelhälften	26 bis 30 Nm
Hauptzylinder an Bremsgerät	25 bis 29 Nm
Bremsgerät an Lagerbock für Fusshebelwerk	22 bis 24 Nm
Bremsträger an Längslenker	60 bis 67 Nm
Handbremsseil-Kontermutter	8 bis 9 Nm

Elektrische Anlage

Drehstromgenerator-Riemenscheibe	35 bis 45 Nm
Anlasser-Befestigungsschrauben	43 bis 48 Nm

Allgemein, ausser bei anderer Vorschrift

6-mm-Schraube/Mutter	10 Nm
8-mm-Schraube/Mutter	22 Nm
10-mm-Schraube/Mutter	45 Nm
12-mm-Schraube/Mutter	75 Nm
14-mm-Schraube/Mutter	110 Nm

Schaltplan BMW 316/318 Vergaser – E 30

1 Blinker vorne rechts
2 Scheinwerfer rechts mit Standlicht
3 Scheinwerfer rechts
4 Nebelscheinwerfer rechts (Zusatzeinrichtung)
5 Hupe rechts
6 Hupe links
7 Nebelscheinwerfer links (Zusatzausrüstung)
8 Scheinwerfer links
9 Scheinwerfer links mit Standlicht
10 Blinker links
11 Anschlussstecker für Blinker rechts
12 Abzweigung für Motorraumbeleuchtung
13 Anschlussstecker für Blinker links
14 Abzweigung für Modelle ausserhalb Europas
15 Abzweigung für Schiebedach
16 Motorraumbeleuchtung (Zusatzausrüstung)
17 Schalter für Motorraumbeleuchtung (Zusatzausrüstung)
18 Pumpe für Scheibenwaschanlage
19 Zündspule 1)
20 Zündverteiler 1)
21 Batterie 12 V
22 Relais und Sicherungskasten
   a) Relais für Nebelscheinwerfer (Zusatzausrüstung)
   b) Relais für Abblendlicht
   c) Relais für Fernlicht
   d) Zusatzrelais
   e) Relais für zweite Stufe des Ventilators
   f) Stecker
   g) Relais für Hupe
   h) Motorstecker
   i) Diagnosestecker
   k) Kabelanschluss
   l) Verzweigung 30

23 Motor für Zusatzventilator
24 Anschluss
25 Thermokontakt
26 Alternator mit Regler
27 Anlasser 1)
28 Thermokontakt
29 Öldruckschalter
30 Wassertemperaturgeber
32 Schalter für automatisches Getriebe
33 Scheibenwischermotor
34 Anlasserrelais
35 Handbremskontakt
36 Kontrollkontakt für Bremsflüssigkeitsstand
37 Intermittierendes Relais für Warnblinkanlage
38 Hupkontakt
39 Anschluss für Zünd-/Anlasserschalter

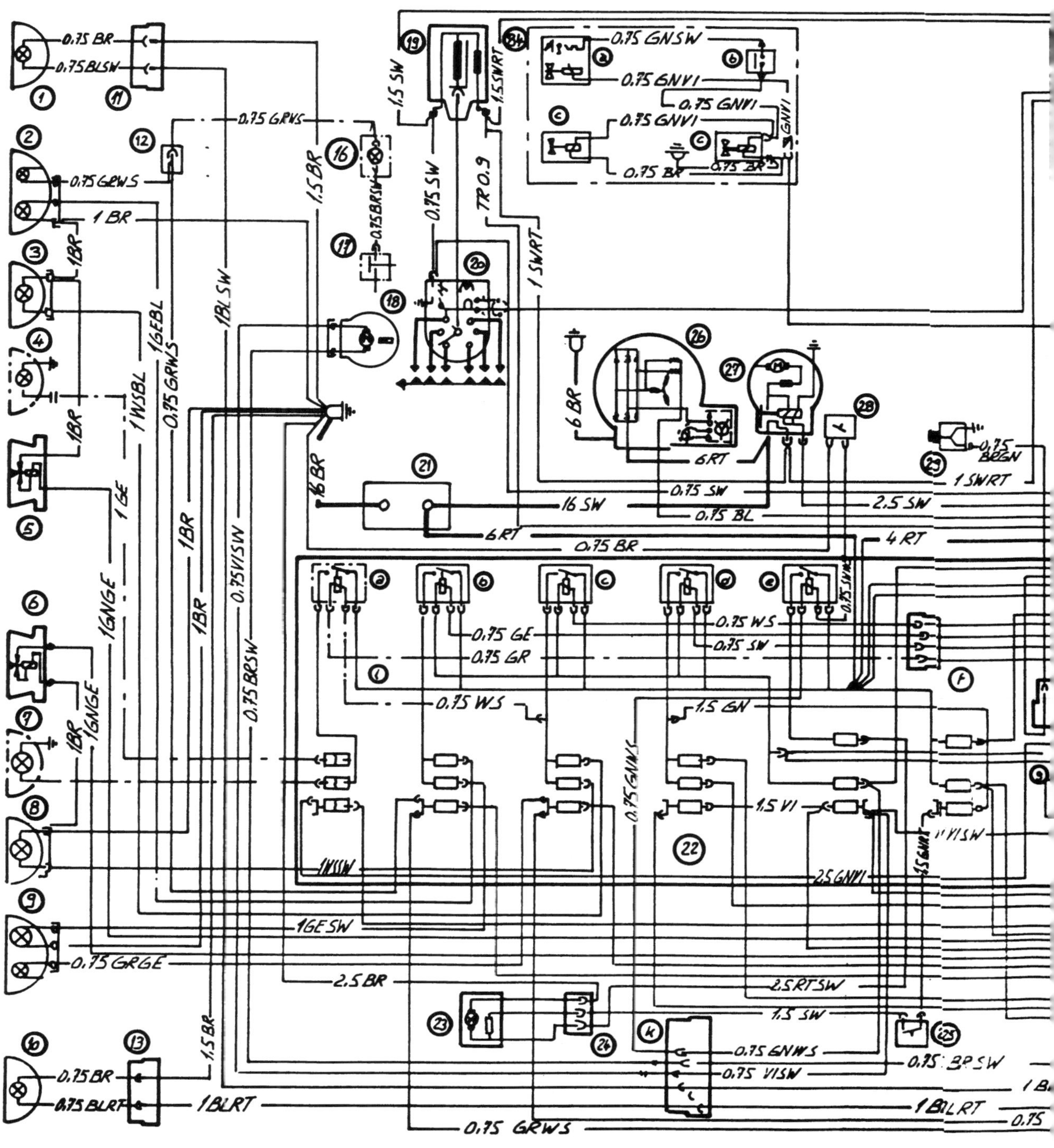

40 Abzweigung von Zünd-/Anlasserschalter
41 Zentrale für Scheibenwaschanlage
42 Beleuchtung für Gangschaltung (automatisches Getriebe)
43 Anschluss für Getriebeschalter (automatisches Getriebe)
44 Kontakt für Rückfahrscheinwerfer (Handschaltgetriebe)
45 Verzweigung für Zusatzausrüstung
46 Verzweigung für Rückfahrscheinwerfer oder Getriebekontakt
47 Anschluss für Scheibenwischerschalter
48 Zünd-/Anlasserschalter
49 Verzweigung für Blink- und Abblendschalter
50 Anschluss für Blink- und Abblendschalter
51 Lichtschalter
52 Blinkrelais und Relais für Warnblinkanlage
53 Blink- und Abblendlichtschalter
54 Scheibenwischerschalter
55 Motor für Heizgebläse
56 Schalter für Heizgebläsemotor
57 Zigaretten-Anzünder
58 Beleuchtung für Schalttafel
60 Aschenbecher-Beleuchtung
61 Verzweigung für Radio
62 Uhr
63 Armaturenbrettbeleuchtung
64 Schalter für Heckscheibenheizung
65–66 Schalter für Nebelscheinwerfer
67 Kombi-Anzeige
  a) Öldruckwarnlicht
  b) Ladekontrolleuchte (rot)
  c) Fernlichtkontrolleuchte (blau)
  d) Anschlussstecker rechts
  e) Anzeige für Kühlwassertemperatur
  f) Drehzahlmesser
  g) Geschwindigkeitsmesser
  h) Blinkerkontrolleuchte
  i) Kontrolleuchte für Bemsflüssigkeitsstand
  k) Anschlussstecker links
  l) Anzeige für Kraftstoffstand
  m) Anschlussstecker links
68 Beleuchtung für Handschuhfach
69 Handlampe (Zusatzausrüstung)
71 Türkontakt rechts
72 Kraftstoffstandgeber
73 Innenbeleuchtung
74 Kontakt für Kofferraumbeleuchtung (Zusatzausrüstung)
75 Türkontakt links
76 Kofferraumbeleuchtung (Zusatzausrüstung)
77 Heckscheibenheizung
78 Anschluss
79 Anschluss für Bremslicht

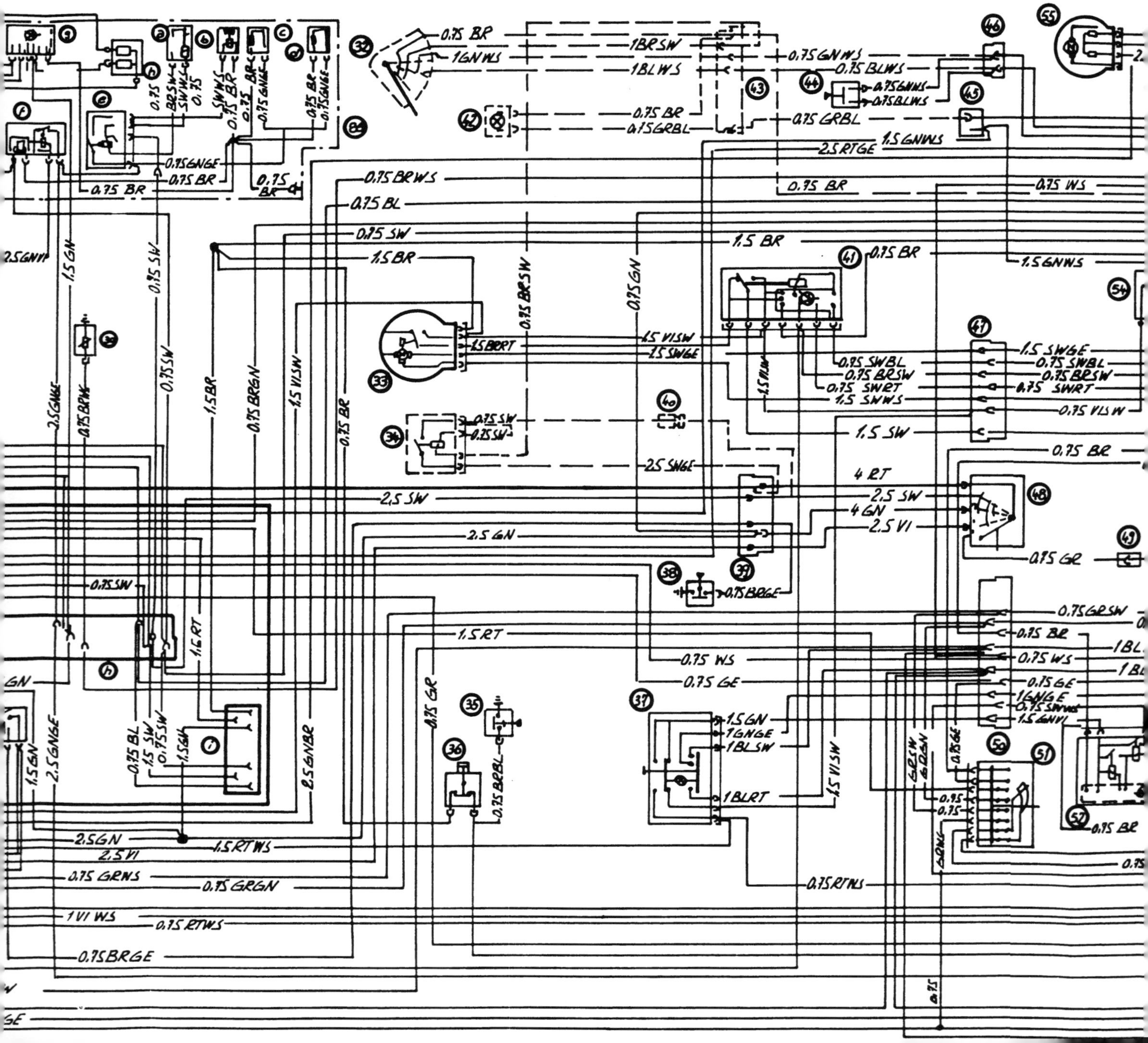

80 Standlicht hinten links
81 Nummernbeleuchtung links
82 Nummernbeleuchtung rechts
83 Standlicht hinten rechts
a) Blinklicht
b) Bremslicht
c) Rückfahrscheinwerfer
d) Rücklicht

89–90 Nebelrückleuchte (Zusatzausrüstung)
92 Anschluss

Kabelfarben

BL – blau
BR – braun
GE – gelb
GN – grün
GR – grau
RT – rot
SW – schwarz
VI – violett
WS – weiss
TR – transparent

Kabelkennzeichnungen
Der Kabelquerschnitt ist vor der Kabelfarbe angegeben, die nachfolgende Zahl stellt die Nummer der Leitung dar. Beispiel: 0,75 GRVI 181 – das Kabel Nr. 181 ist grau mit violettem Kennstreifen und hat einen Querschnitt von 0,75 mm²).

1) Verzweigung 1 mit Unterbrecher, nicht für TSZ-Zündanlage.
Verzweigungen A und B mit Induktionsgeber, nur für TSZ-Zündanlage

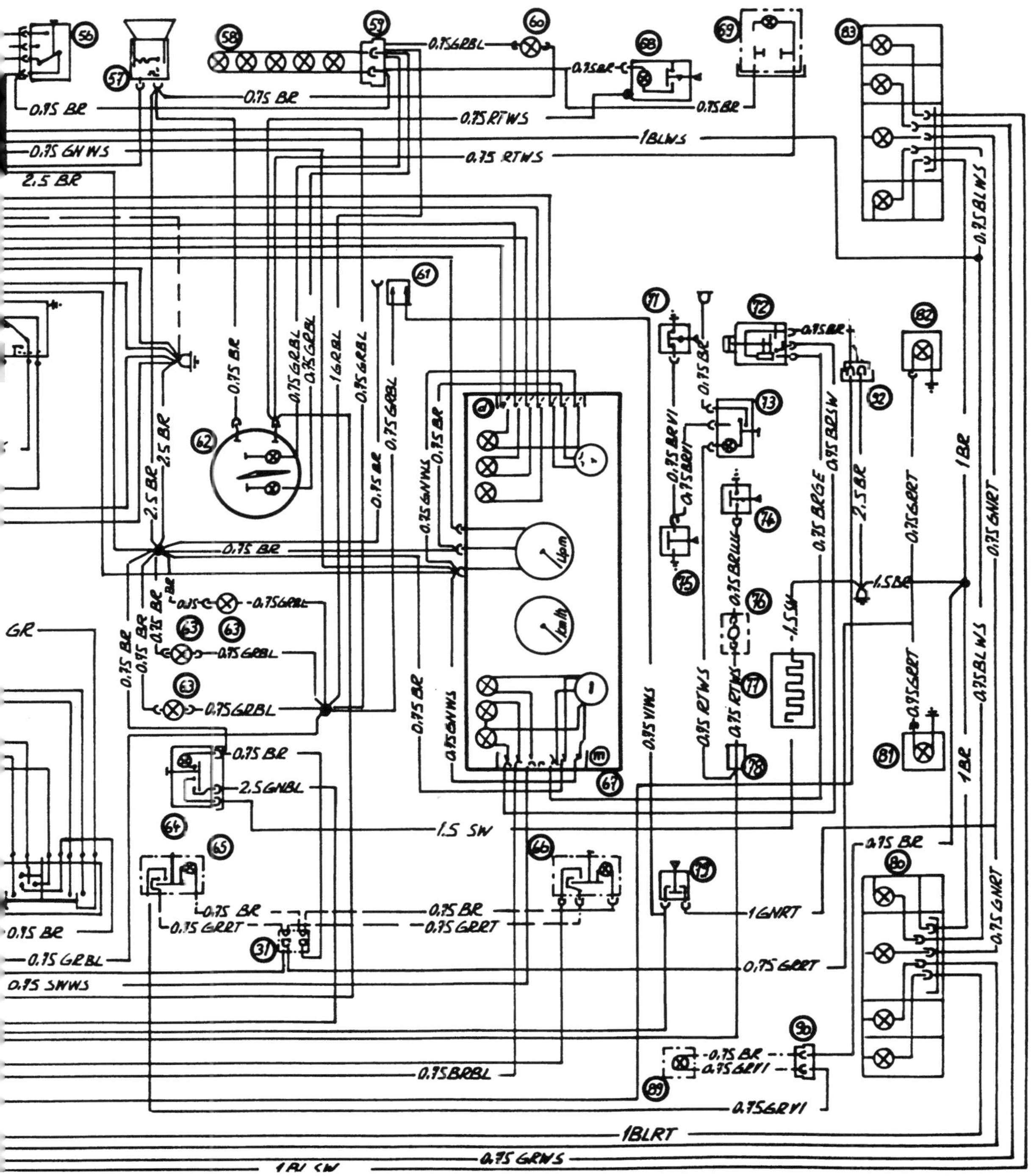

FSC
www.fsc.org
MIX
Papier | Fördert
gute Waldnutzung
FSC® C083411

Kolibri 360 GmbH
Ferdinand-Jühlke-Straße 7
99095 Erfurt, Deutschland
produktsicherheit@kolibri360.de